普通高等教育机械类“十二五”规划系列教材

机械CAD项目化教程

潘志国　林悦香　杜宏伟　主　编

刘艳芬　苏文海　田绪东　郭业民　副主编

江景涛　主　审

電子工業出版社

Publishing House of Electronics Industry

北京·BEIJING

内容简介

本书与机械制图内容相结合，采用5章11个项目对AutoCAD在机械制图方面的应用进行了介绍，5章内容包括AutoCAD计算机绘图基础、平面图形的绘制、视图与剖视图的绘制、零件图的绘制和装配图的绘制。本书结合实际应用，以项目为主体，通过11个项目由简单到复杂对AutoCAD机械制图的主要应用进行了详细讲解。

全书采用AutoCAD 2012作为绘图软件，以图文并茂的形式详细介绍了计算机绘图基础及其在机械制图领域的具体应用，帮助读者更加直观地掌握AutoCAD操作界面、零件图、装配图等具体应用的操作步骤，易学易用。

本书是青岛农业大学应用型人才培养特色名校建设工程教材建设项目，突出教学与实际应用相结合，以项目作为主要内容；可作为本科、高职机械相关专业学生的计算机绘图课程教材，适用于全国CAD技能等级考试一级工业产品类的培训教材，也可作为各企业、CAD应用的广大工程技术人员的参考用书。

图书在版编目(CIP)数据

机械CAD项目化教程 / 潘志国，林悦香，杜宏伟主编. —北京：电子工业出版社，2016.1
普通高等教育机械类“十二五”规划系列教材
ISBN 978-7-121-27612-5

Ⅰ. ①机… Ⅱ. ①潘… ②林… ③杜… Ⅲ. ①机械设计－计算机辅助设计－AutoCAD软件－高等学校－教材 Ⅳ. ①TH122

中国版本图书馆CIP数据核字(2015)第277739号

策划编辑：赵玉山
责任编辑：王凌燕
印　　刷：北京捷迅佳彩印刷有限公司
装　　订：北京捷迅佳彩印刷有限公司
出版发行：电子工业出版社
　　　　　北京市海淀区万寿路173信箱　邮编 100036
开　　本：787×1092　1/16　印张：15　字数：403.4千字
版　　次：2016年1月第1版
印　　次：2025年1月第6次印刷
定　　价：35.00元

凡所购买电子工业出版社图书有缺损问题，请向购买书店调换。若书店售缺，请与本社发行部联系，联系及邮购电话：(010)88254888，88258888。

质量投诉请发邮件至zlts@phei.com.cn，盗版侵权举报请发邮件至dbqq@phei.com.cn。

本书咨询联系方式：（010）88254556，zhaoys@phei.com.cn。

前　言

AutoCAD 是由美国 Autodesk 公司推出的计算机辅助绘图与设计软件，具有功能强大、易于掌握、使用方便和体系结构开放等特点，其在二维绘图领域得到了广泛的应用。自从 AutoCAD 1.0 版开始，其功能和操作方便性不断提高，二维绘图和三维建模功能不断完善，很多 AutoCAD 书籍都会对该软件进行泛泛的介绍，从操作界面到各种命令，从二维绘图到三维建模，书籍不仅厚，而且不易学，有些内容用不到，书籍针对性不强。因此，在总结了很多 AutoCAD 书籍的基础上，通过对机械类往届毕业生以及工程技术人员的调研，以及与授课教师的交流，决定了本书的特点和内容格局，其主要特点如下：

1．针对对象

有工程图学、机械制图基础的机械专业类学生、科技工作者，有二维绘图基础或者零基础的人员。

2．主要内容

以机械制图为基础，以 AutoCAD 作为工具，以项目化教学方法介绍 AutoCAD 机械制图基础及具体应用，并采用了中国工程图学学会 CAD 等级考试一级工业产品类的大量题目，可以作为 CAD 等级考试一级工业产品类辅导用书。本书主要介绍 AutoCAD 机械制图的绘图基础，以及平面图形、视图、剖视图、零件图和装配图的绘制，并附有大量的案例和练习。本书放弃了 AutoCAD 3D 的内容，因为无论它怎么变化加强，都改变不了结构上的问题，以及事后的编辑和三维转二维的不足，这就导致了机械类相关企业及其设计部门几乎无人使用，学生们学习这部分内容用处不大。但是，AutoCAD 二维绘图功能强大，使用范围广得到了企业和学生的认可，因此，我们将在本书集中介绍 AutoCAD 二维机械制图的内容。

3．软件版本

Autodesk 公司每年都会推出 AutoCAD 新版本，无论其界面怎么变化，功能怎么增加，但其二维机械制图的基本命令和用法几乎没有变化，新版本都为老客户准备了 AutoCAD 经典界面，方便老用户的使用。本书将以 AutoCAD 2012 为基础，采用 AutoCAD 经典操作界面给读者介绍 AutoCAD 机械制图的相关知识。

本书由潘志国、林悦香、杜宏伟任主编，刘艳芬、苏文海、田绪东、郭业民担任副主编。

本书在编写过程中得到了青岛农业大学、东北农业大学、青岛科技大学、山东理工大学相关领导与老师的大力支持和帮助，谨此表示衷心感谢！

由于时间和水平所限，书中疏漏欠妥之处在所难免，恳请读者指正并提出宝贵意见。

目　　录

第1章 AutoCAD计算机绘图基础

本章提要：本章主要介绍 AutoCAD 计算机绘图入门的基础知识，包括 AutoCAD 的概况、工作界面、命令的执行方式、坐标系统、对象选择方式、视图操作等基础知识，通过 A3 图纸样板介绍样板的建立方法，最后通过五角星的绘制实例介绍一个简单的平面图形绘制的方法和步骤。

1.1 AutoCAD 计算机绘图概况及工作界面

1.1.1 AutoCAD 计算机绘图概况

计算机绘图是 20 世纪 60 年代发展的新型学科，其以计算机图形学为理论基础，随着计算机技术的发展，计算机绘图技术也迅速发展起来，其将图形和数据建立关联，把数字化的图形信息经过存储和处理，然后通过输出设备将图形显示或打印。计算机绘图是由计算机绘图软件来完成的，AutoCAD 软件是目前世界上最流行的计算机绘图软件之一，其在机械、建筑、冶金、电子、地质、气象、航空、商业、轻工、纺织等各个领域得到了广泛的应用。

AutoCAD 是美国 Autodesk 公司在 1982 年推出的集二维绘图、三维设计、渲染及关联数据库管理和互联网通信功能于一体的计算机辅助设计与绘图软件，具有功能强大、用户界面良好、使用方便及体系结构开放等特点，其能快速又精确地绘制二维零件图和装配图，因此在机械设计的二维绘图领域得到了广泛的应用。本教材主要介绍使用 AutoCAD 软件绘制二维图形的基本知识和方法，使学生能够初步掌握 AutoCAD 2012 中的各种操作命令，能够独立完成零件图和装配图等工程图样的绘制。由于 AutoCAD 软件的二维绘图功能自 2000 版开始已经非常成熟，后期版本二维绘图功能变化不大，高版本兼容低版本，且目前高版本都提供 AutoCAD 经典界面，这使得学习过低版本的人员能够无障碍地掌握高版本的使用。本教材从实际应用出发，采用 AutoCAD 2012 的经典界面，重点介绍采用 AutoCAD 进行二维机械图样的绘制方法和步骤，淡化版本信息，可适用于不用 AutoCAD 版本的二维绘图教学需求。

1.1.2 AutoCAD 2012 工作界面

AutoCAD 2012 提供了“二维草图与注释”、“三维基础”、“三维建模”和“AutoCAD 经典”4 种工作空间模式。中文版 AutoCAD 2012 的经典工作界面如图 1-1 所示，该工作界面中包括标题栏、下拉菜单栏、工具栏、命令窗口、状态栏、绘图窗口等几个部分。

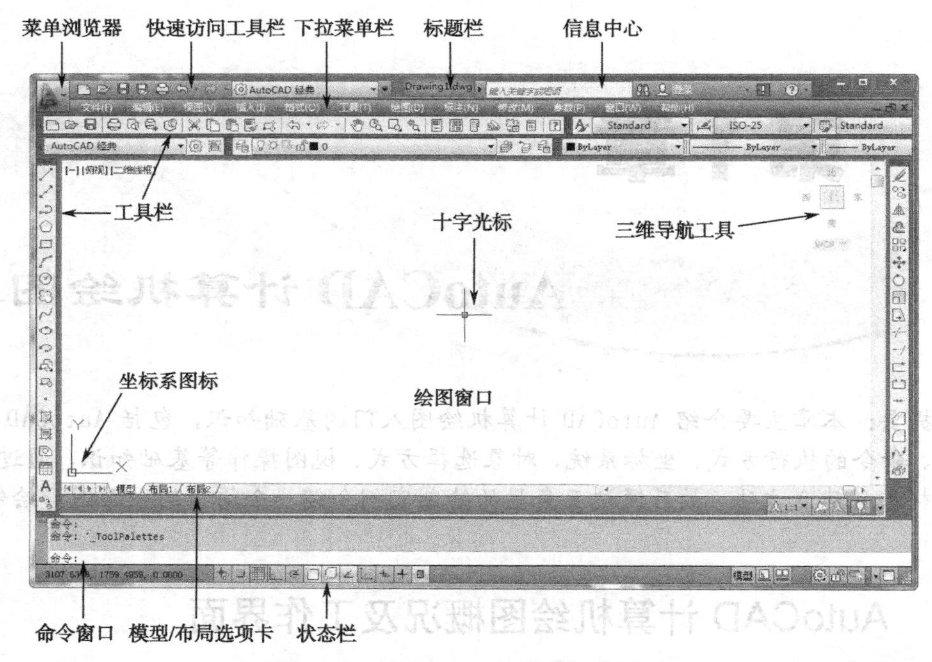

图 1-1　AutoCAD 2012 经典工作界面

1．标题栏

标题栏与其他 Windows 应用程序类似，用于显示 AutoCAD 2012 的程序图标及当前所操作图形文件的名称。

2．下拉菜单栏

菜单栏是主菜单，可利用其执行 AutoCAD 的大部分命令。单击菜单栏中的某一项，会弹出相应的下拉菜单。

一般来讲，AutoCAD 2012 下拉菜单中的命令有以下 3 种：

① 带有小三角形的菜单命令。这种类型的命令后面带有子菜单。例如，选择菜单栏中的“绘图”→“圆弧”命令，屏幕上就会下拉出“圆弧”子菜单中所包含的命令，如图 1-2 所示。

② 直接操作的菜单命令。这种类型的命令将直接进行相应的绘图或其他操作。例如，选择菜单栏中的“视图”→“重画”命令，系统将直接对屏幕图形进行重生成，如图 1-3 所示。

③ 打开对话框的菜单命令。这种类型的命令后面带有省略号。例如，选择菜单栏中的“格式”→“表格样式”命令（如图 1-4 所示），屏幕上就会打开对应的“表格样式”对话框，如图 1-5 所示。

3．工具栏

AutoCAD 2012 提供了 40 多个工具栏，每一个工具栏上均有一些形象化的图标。单击某一图标，可以启动 AutoCAD 的对应命令。

用户可以根据需要打开或关闭任意一个工具栏。方法是：在已有工具栏上右击，AutoCAD 弹出工具栏快捷菜单，通过其可实现工具栏的打开与关闭。此外，通过选择与下拉菜单“工具”→“工具栏”→“AutoCAD”对应的子菜单命令，也可以打开 AutoCAD 的各工具栏。

工具栏是一组图标工具的集合，把光标移动到某个图标上，稍停片刻即在该图标一侧显示相应的工具提示，同时在状态栏中显示对应的说明和命令名。

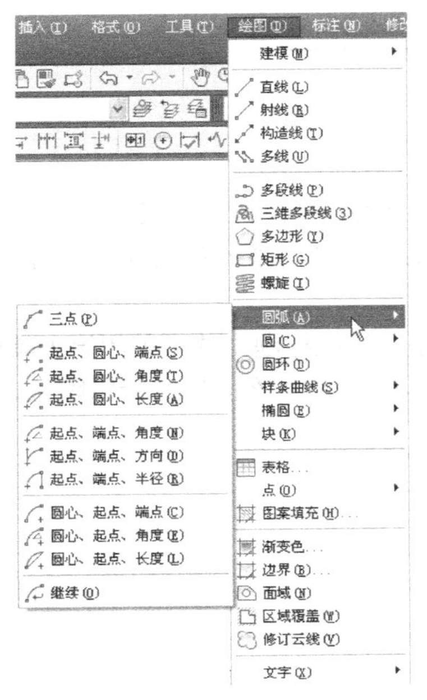

图 1-2　带有子菜单的菜单命令

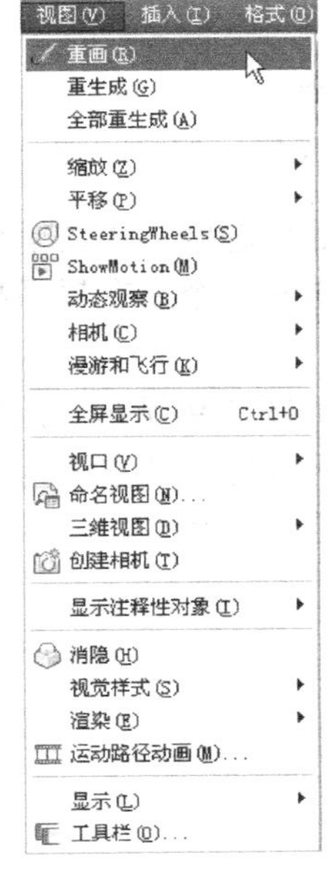

图 1-3　直接执行菜单命令

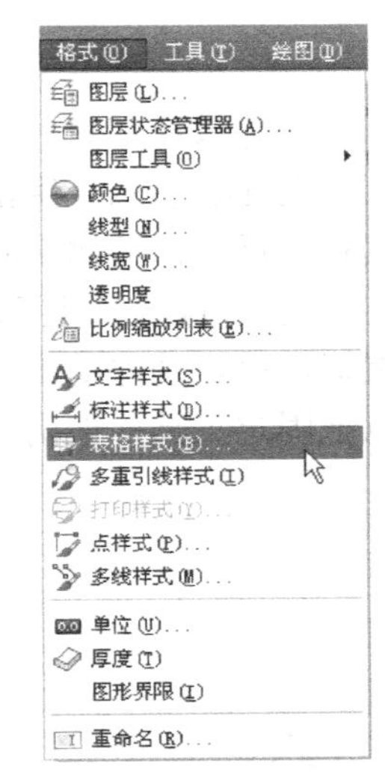

图 1-4　打开对话框的菜单命令

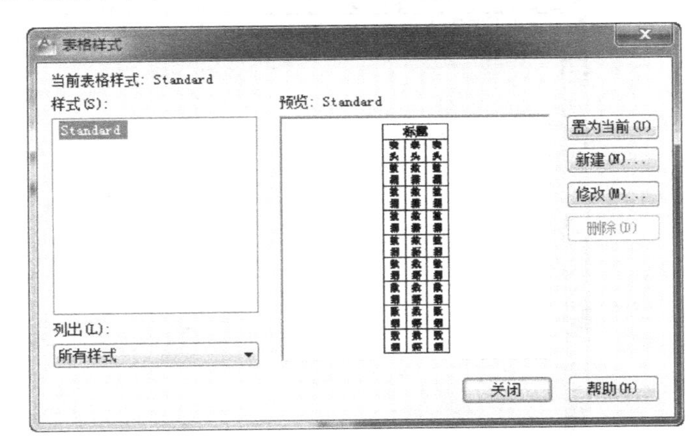

图 1-5　“表格样式”对话框

在默认情况下，可以看到如图 1-6 所示的绘图区顶部的“标准”工具栏、“样式”工具栏、“特性”工具栏、“图层”工具栏，以及位于如图 1-7 所示的绘图区域左侧的“绘制”工具栏、右侧的“修改”工具栏和“绘图次序”工具栏。

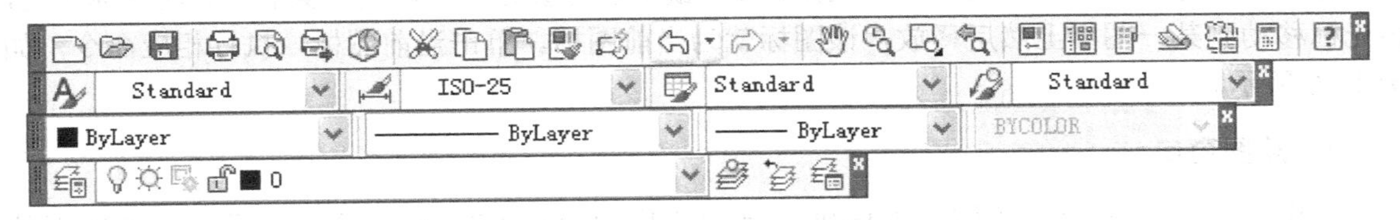

图 1-6　“标准”、“样式”、“特性”和“图层”工具栏

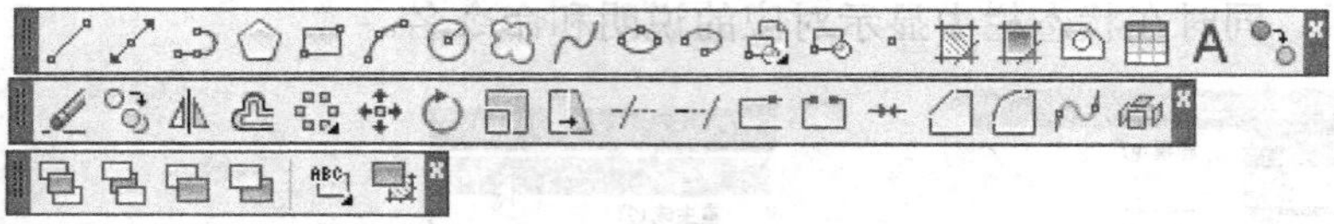

图 1-7 “绘图”、“修改”和“绘图次序”工具栏

将光标放在任意一个工具栏的非标题区，单击鼠标右键，系统会自动打开单独的工具栏标签，如图 1-8 所示。用鼠标左键单击某一个未在界面显示的工具栏名，系统自动在界面打开该工具栏；反之，关闭工具栏。

工具栏可以在绘图区“浮动”，如图 1-9 所示。此时显示该工具栏标题，并可关闭该工具栏，用鼠标可以拖动浮动工具栏到图形区边界，使它变为固定工具栏，此时该工具栏标题隐藏，也可以把固定工具栏拖出，使它成为浮动工具栏。

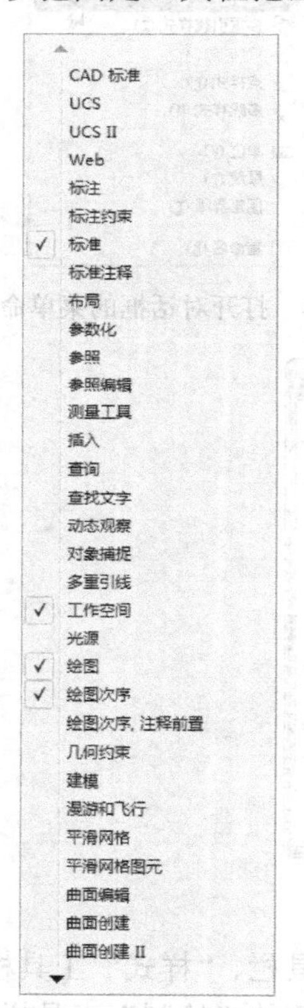

图 1-8 工具栏标签

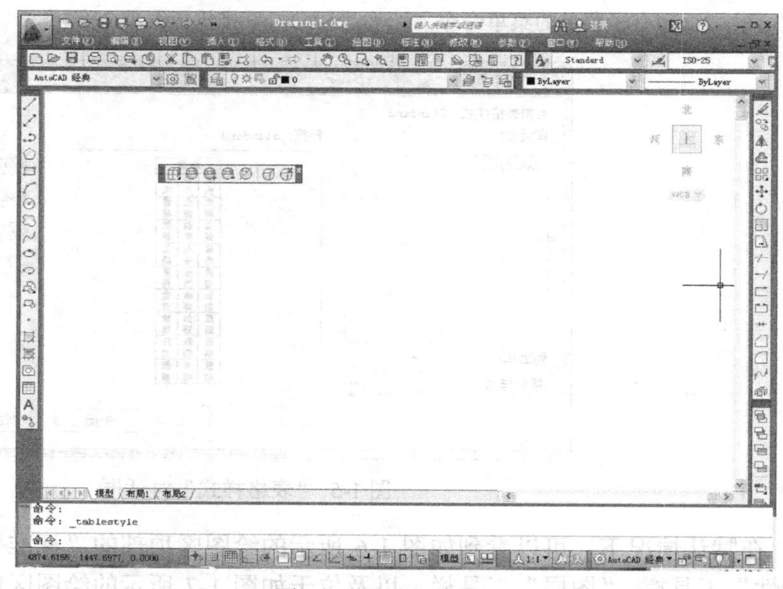

图 1-9 浮动工具栏

在有些图标的右下角带有一个小三角，按住鼠标左键会打开相应的工具栏。按住鼠标左键，将光标移动到某一图标上然后释放，该图标就为当前图标。单击当前图标，执行相应命令，如图 1-10 所示。

4. 绘图窗口

绘图窗口类似于手工绘图时的图纸，是用户用 AutoCAD 2012 绘图并显示所绘图形的区域。

5. 十字光标

当光标位于 AutoCAD 的绘图窗口时为十字形状，所以又称其为十字光标。十字线的交点为光标的当前位置，AutoCAD 的光标用于绘图、选择对象等操作。

6. 坐标系图标

坐标系图标通常位于绘图窗口的左下角，表示当前绘图所使用的坐标系的形式及坐标方向等。AutoCAD 提供世界坐标系（World Coordinate System，WCS）和用户坐标系（User Coordinate System，UCS）两种坐标系，世界坐标系为默认坐标系。

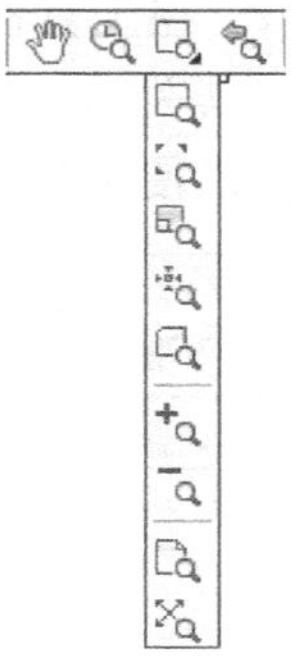

图 1-10　缩放下拉工具栏

7. 命令窗口

命令窗口是 AutoCAD 显示用户从键盘键入的命令和显示 AutoCAD 提示信息的地方。默认时，AutoCAD 在命令窗口保留最后 3 行所执行的命令或提示信息。用户可以通过拖动窗口边框的方式改变命令窗口的大小，使其显示多于 3 行或少于 3 行的信息。

8. 状态栏

状态栏用于显示或设置当前的绘图状态。状态栏上位于左侧的一组数字反映当前光标的坐标，其余按钮从左到右分别表示当前是否启用了捕捉模式、栅格显示、正交模式、极轴追踪、对象捕捉、对象捕捉追踪、动态 UCS（用鼠标左键双击，可打开或关闭）、动态输入等功能及是否显示线宽、当前的绘图空间等信息。

9. 模型/布局选项卡

模型/布局选项卡用于实现模型空间与图纸空间的切换。

1.2　命令的执行方式和坐标系统

1.2.1　命令的执行方式

AutoCAD 采用命令的方式完成各项操作，命令是 AutoCAD 进行机械绘图和图形编辑的核心内容，要熟练地绘制机械图样，首先要熟练掌握 AutoCAD 命令及其执行方式。命令在执行过程中，在命令行上方都会有相应的历史记录。

1. 通过菜单执行命令

AutoCAD 是一个基于 Windows 系统的应用程序，通过菜单执行命令的方式和 office 软件的方式是一样的，菜单在标题栏下方，通过鼠标左键单击执行命令；Windows 系统常用的一些快捷键仍然可用，还扩展和定义了有关的快捷键和功能键。

2. 通过工具栏执行命令

由于 AutoCAD 的工具栏较多，可以根据实际需要打开或者关闭工具栏，常用的工具栏分布在绘图区的上面、左边和右边，默认情况下左边是绘图工具栏，右边是修改工具栏，这两个工具栏是绘图必备的工具栏；另外，对于绘制工程图，标注工具栏也是常用工具栏，如图 1-11（a）所示。在工具栏上单击鼠标右键，选择 AutoCAD，选择标注打开标注工具栏，用同样的方法也可将其关闭，如图 1-11（b）所示，或者直接单击工具栏右上角的×。通过鼠标左键单击工具栏图标，便可执行相应的命令。

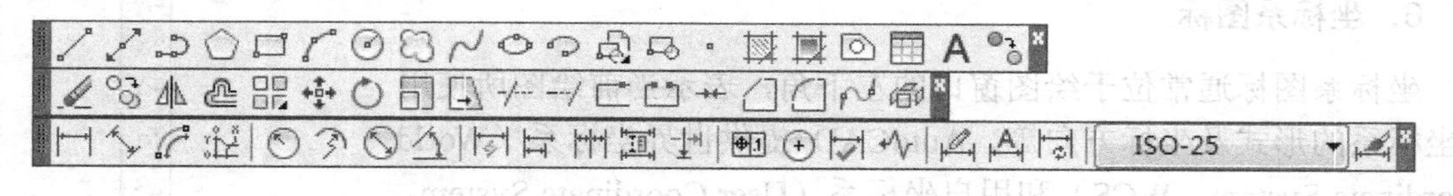

（a）

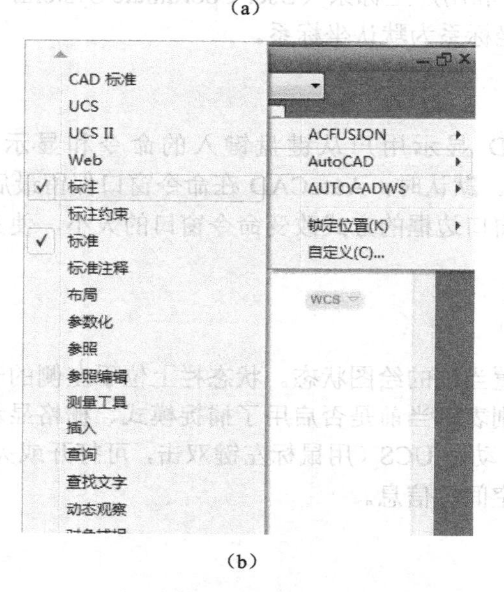

（b）

图 1-11　常用工具栏

3．通过命令行输入命令执行

在命令行直接输入命令后，按回车键即可执行命令；如图 1-12 所示显示用直线命令绘制 A3 图纸纸边界限的过程。

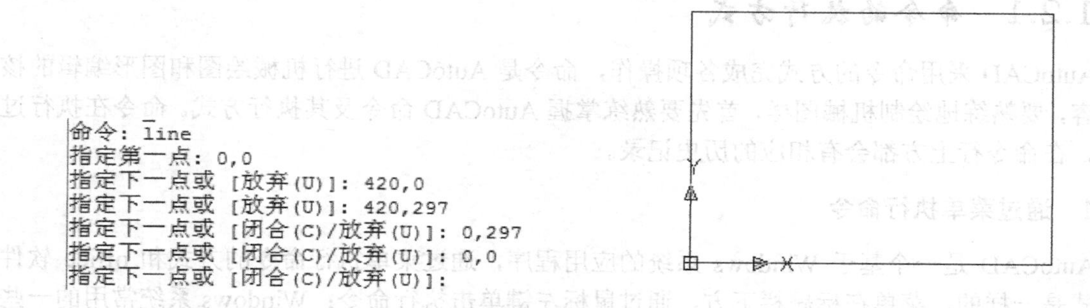

命令: line
指定第一点: 0,0
指定下一点或 [放弃(U)]: 420,0
指定下一点或 [放弃(U)]: 420,297
指定下一点或 [闭合(C)/放弃(U)]: 0,297
指定下一点或 [闭合(C)/放弃(U)]: 0,0
指定下一点或 [闭合(C)/放弃(U)]:

图 1-12　直线命令绘制纸边界限

4．重复执行命令

在绘图过程中，快速重复执行同一命令可以提高绘图速度。重复上一命令的方法如下：

① 按键盘上的 Enter 键或空格键。

② 使光标位于绘图窗口，单击鼠标右键，AutoCAD 弹出快捷菜单，并在菜单的第一行显示出重复执行上一次所执行的命令，选择此命令即可重复执行对应的命令。

对于重复绘制同一类型的图形，重复命令的使用会大大提高绘图效率。

5．终止命令

① Enter 键或空格键：最常用的结束命令方式，一般直接按 Enter 键即可结束命令。

② 在命令执行中，可以随时按键盘 Esc 键，终止执行任何命令。

③ 鼠标右键：单击后，在弹出的右键快捷菜单中选择“确认”或 “取消” 结束命令。

6．透明命令执行

透明命令是指当执行 AutoCAD 的命令过程中可以执行的某些命令。

当在绘图过程中需要透明执行某一命令时，可直接选择对应的菜单命令或单击工具栏上的对应按钮，而后根据提示执行对应的操作。透明命令执行完毕后，AutoCAD 会返回到执行透明命令之前的提示，即继续执行对应的操作。

通过键盘执行透明命令的方法为：在当前提示信息后输入“'”符号，再输入对应的透明命令后按 Enter 键或 Space 键，就可以根据提示执行该命令的对应操作，执行后 AutoCAD 会返回到透明执行此命令之前的提示。

1.2.2 坐标系统

在 AutoCAD 中运行绘图命令，首先要了解 AutoCAD 中坐标系统和点的坐标输入方式。

在二维图形的绘制中，主要用到笛卡尔坐标和极坐标，笛卡尔坐标也就是通常所说的三维直角坐标，直角坐标或极坐标根据是否相对坐标原点位置又分为相对坐标和绝对坐标。绝对坐标基于 UCS 原点（0，0)，这是 *X* 轴和 *Y* 轴的交点。已知点坐标的精确的 *X* 和 *Y* 值时，使用绝对坐标。相对坐标是基于上一输入点的，如果知道某点与前一点的位置关系，可以使用相对 *X*，*Y* 坐标。

在命令提示输入点时，可以使用鼠标左键单击指定点，也可以在命令行中输入坐标值。启用“动态输入”时，可以在光标附近的工具栏提示中输入坐标值，对于初学者一般将动态输入关掉以便于更好地观察点坐标的输入。

1．绝对直角坐标和绝对极坐标

三维直角坐标系有三个轴，即 *X*、*Y* 和 *Z* 轴。输入坐标值时，需要指示沿 *X*、*Y* 和 *Z* 轴相对于坐标系原点（0，0，0）点的距离（公制以 mm 为单位)。在二维绘图中，以 *XY* 平面为工作平面，直角坐标的 *X* 值指定水平距离，*Y* 值指定垂直距离。原点（0，0）表示两轴相交的位置。图 1-12 所示点坐标的输入方式即为绝对直角坐标的输入方式，*X*、*Y* 两个坐标中间用“，”隔开。

注意：点坐标在输入时要将输入法设置为英文、半角模式，在全角模式下输入的数字和标点，AutoCAD 不能识别。

极坐标使用距离和角度来输入点，绝对极坐标是基于坐标原点（0，0）输入绝对坐标。绝对极坐标点的输入格式为：长度<角度。例如，从原点 *O* 作一条直线到 *A* 点，直线的起始绝对直角坐标输入（0，0）点，*A* 点绝对极坐标输入：100<45，表示所要输入点 *A* 相对于坐标原点 *O* 的距离为 100，*OA* 线与 *X* 轴正方向的角度为 45°，如图 1-13 所示。

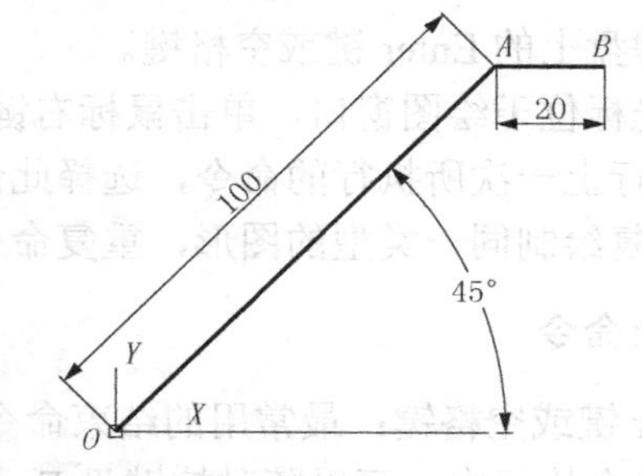


```
命令: _line 指定第一点: 0,0
指定下一点或 [放弃(U)]: 100<45
指定下一点或 [放弃(U)]: *取消*
```

图 1-13　绝对极坐标

2．相对直角坐标和相对极坐标

相对坐标在计算机绘图，特别是绘制工程图样时应用较多。在指定相对坐标时，要在坐标前面添加一个@符号。从 *A* 点到 *B* 点画线，采用相对直角坐标输入 *B* 点：@20，0，如图 1-14 所示，即 *B* 点相对于 *A* 点的 *X* 正方向的坐标为 20，*Y* 方向的坐标为 0；相对坐标值可正可负。

```
指定下一点或 [放弃(U)]: @20,0
指定下一点或 [放弃(U)]: *取消*
```

图 1-14　相对直角坐标

相对极坐标的输入也要在极坐标前面添加一个@符号，如@100<30，表示所要确定的点相对于上一点的距离为 100，两点连线与 *X* 轴正方向的夹角为 30°。

1.3　对象选择方法及视图操作

1.3.1　对象选择方法

对象的选择操作直径影响绘图速度，掌握好对象选择方法将在很大程度上提高绘图效率。主要的对象选择方法如下：

- 鼠标左键点选（每次选择一个对象）。
- 窗口选择（从左往右框选，选择窗口内多个对象）。
- 交叉窗口选择（从右往左框选，窗口经过和窗口内对象均被选中）。
- 快捷键 Ctrl+A（当前文件所有对象全部选中）。

1.3.2　视图操作

对于一个较为复杂的图形而言，在观察整幅图形时，通常无法对其局部细节进行查看和操作，而当在屏幕上显示一个细部时又看不到其他部分。为解决这类问题，AutoCAD 提供了缩放、平移、视图、鸟瞰视图和视口等一系列图形显示控制命令，可以用来任意地放大、缩小或移动屏幕上的图形，还可以同时从不同的角度、不同的部位来显示图形，如图 1-15 所示。AutoCAD 还提供了重画和重新生成命令来刷新屏幕、重新生成图形。

1．图形缩放

图形缩放命令类似于照相机的镜头，可以放大或缩小屏幕所显示的范围，只改变视图的比例，但是对象的实际尺寸并不发生变化。当放大图形一部分的显示尺寸时，可以更清楚地查看这个区域的细节；相反，如果缩小图形的显示尺寸，则可以查看更大的区域，如整体浏览。

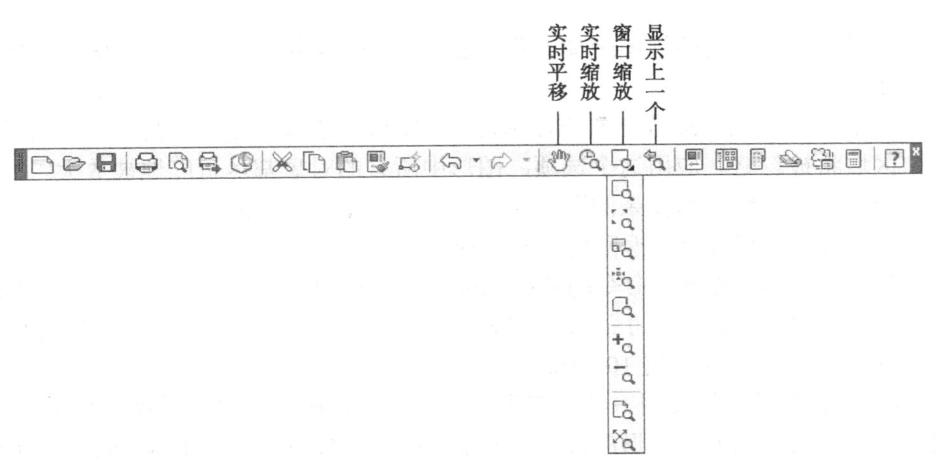

图 1-15 标准工具栏

图形缩放功能在绘制大幅面机械图，尤其是装配图时非常有用，是使用频率最高的命令之一。这个命令可以透明地使用，也就是说，该命令可以在其他命令执行时运行。当用户完成涉及透明命令的操作时，AutoCAD 会自动返回到在用户调用透明命令前正在运行的命令。执行图形缩放的方法如下。

（1）执行方式

- 命令行：ZOOM。
- 菜单栏："视图"→"缩放"。
- 工具栏："标准"→"实时缩放"。

（2）操作步骤

执行上述命令后，系统提示如下：

[全部(A)/中心点(C)/动态(D)/范围(E)/上一个(P)/比例(S)/窗口(W)] <实时>:

（3）选项说明

- 实时：这是"缩放"命令的默认操作，即在输入"ZOOM"后，直接按回车键，将自动执行实时缩放操作。实时缩放就是可以通过上下移动鼠标交替进行放大和缩小操作。在使用实时缩放时，系统会显示一个"+"号或"–"号。当缩放比例接近极限时，AutoCAD 将不再与光标一起显示"+"号或"–"号。当需要从实时缩放操作中退出时，可按回车键、Esc 键或是从菜单中选择 Exit 命令退出。
- 全部(A)：执行 ZOOM 命令后，在提示文字后输入"A"，即可执行"全部(A)"缩放操作。不论图形有多大，该操作都将显示图形的边界或范围，即使对象不包括在边界以内，它们也将被显示。因此，使用"全部(A)"缩放选项，可查看当前视口中的整个图形。
- 中心点(C)：通过确定一个中心点，该选项可以定义一个新的显示窗口。操作过程中需要指定中心点及输入比例或高度。默认新的中心点就是视图的中心点，默认的输入高度就是当前视图的高度，直接按回车键后，图形将不会被放大。输入比例，则数值越大，图形放大倍数也将越大，也可以在数值后面紧跟一个 X，如 3X，表示在放大时不是按照绝对值变化，而是按相对于当前视图的相对值缩放。
- 动态(D)：通过操作一个表示视口的视图框，可以确定所需显示的区域。选择该选项，在绘图窗口中出现一个小的视图框，按住鼠标左键左右移动可以改变该视图框的大小，定形后释放左键，再按下鼠标左键移动视图框，确定图形中的放大位置，系统将清除当前视口并显示一个特定的视图选择屏幕。这个特定屏幕由有关当前视图及有效视图的信息所构成。

➢ 范围(E)：可以使图形缩放至整个显示范围。图形的范围由图形所在的区域构成，剩余的空白区域将被忽略。应用这个选项，图形中所有的对象都尽可能地被放大。

➢ 上一个(P)：在绘制一幅复杂的图形时，有时需要放大图形的一部分以进行细节的编辑。当编辑完成后，有时希望返回到前一个视图。这个操作可以使用“上一个(P)”选项来实现。当前视口由“缩放”命令的各种选项或移动视图、视图恢复、平行投影或透视命令引起的任何变化，系统都将做保存。每一个视口最多可以保存 10 个视图。连续使用“上一个(P)”选项可以恢复前 10 个视图。

➢ 比例(S)：提供了 3 种使用方法。在提示信息下，直接输入比例系数，AutoCAD 将按照此比例因子放大或缩小图形的尺寸。如果在比例系数后面加一个 X，则表示相对于当前视图计算的比例因子。使用比例因子的第三种方法就是相对于图形空间，如可以在图纸空间阵列布排或打印出模型的不同视图。为了使每一张视图都与图纸空间单位成比例，可以使用“比例(S)”选项，每一个视图可以有单独的比例。

➢ 窗口(W)：最常使用的选项。通过确定一个矩形窗口的两个对角来指定所需缩放的区域，对角点可以由鼠标指定，也可以输入坐标确定。指定窗口的中心点将成为新的显示屏幕的中心点，窗口中的区域将被放大或者缩小。调用 ZOOM 命令时，可以在没有选择任何选项的情况下，利用鼠标在绘图窗口中直接指定缩放窗口的两个对角点。

注意：这里所提到的诸如放大、缩小或移动的操作，仅仅是对图形在屏幕上的显示进行控制，图形本身并没有任何改变。

2．图形平移

当图形幅面大于当前视口时，如使用图形缩放命令将图形放大，如果需要在当前视口之外观察或绘制一个特定区域时，可以使用图形平移命令来实现。平移命令能将在当前视口以外的图形的一部分移动进来查看或编辑，而不会改变图形的缩放比例。执行图形缩放的方法如下。

➢ 命令行：PAN。

➢ 菜单栏：“视图”→“平移”。

➢ 工具栏：“标准”→“实时平移”。

➢ 快捷菜单：在绘图窗口中单击鼠标右键，在弹出的快捷菜单中选择“平移”命令。

激活“平移”命令之后，光标将变成一只“小手”，可以在绘图窗口中任意移动，表示当前正处于平移模式。单击并按住鼠标左键将光标锁定在当前位置，即“小手”已经抓住图形，然后拖动图形使其移动到所需位置上，释放鼠标左键将停止平移图形。可以反复按下鼠标左键、拖动、松开，将图形平移到其他位置上。

“平移”命令预先定义了一些不同的菜单选项与按钮，它们可用于在特定方向上平移图形，在激活“平移”命令后，这些选项可以从菜单“视图”→“平移”→“*”中调用。

➢ 实时：该选项是平移命令中最常用的选项，也是默认选项，前面提到的平移操作都是指实时平移，通过鼠标的拖动来实现任意方向上的平移。

➢ 点：该选项要求确定位移量，这就需要确定图形移动的方向和距离。可以通过输入点的坐标或用鼠标指定点的坐标来确定位移。

➢ 左：该选项移动图形使屏幕左部的图形进入显示窗口。

➢ 右：该选项移动图形使屏幕右部的图形进入显示窗口。
➢ 上：该选项向底部平移图形后，使屏幕顶部的图形进入显示窗口。
➢ 下：该选项向顶部平移图形后，使屏幕底部的图形进入显示窗口。

在标准工具栏上有实时平移、实时缩放、窗口缩放、显示上一个视图等命令，可以通过鼠标单击来执行相应的命令，单击窗口缩放（右下角有个小黑箭头）并拖动鼠标可以展开缩放命令，在相应命令按钮上松开鼠标即可执行相应缩放命令。也可以通过在工具栏上右击，打开缩放工具栏，从左往右依次为窗口缩放、动态缩放、比例缩放、中心缩放、缩放对象、放大、缩小、全部缩放、范围缩放，如图 1-16 所示。

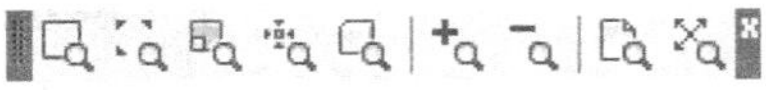

图 1-16 缩放工具栏

3. 操作视图的常用快捷方法

➢ 实时平移：鼠标中间或者滚轮按下拖动。
➢ 滚轮向上滚动：放大。
➢ 滚轮向下滚动：缩小。
➢ 常用（Z+空格，A+空格）：显示全部。
➢ 鼠标滚轮双击：显示全部。

1.4 精确绘图辅助定位工具

在绘制图形时，可以使用直角坐标和极坐标精确定位点，但是有些点（如端点、中心点等）的坐标我们是不知道的，要想精确地指定这些点，可想而知是很难的，有时甚至是不可能的。AutoCAD 提供了辅助定位工具，使用这类工具，可以很容易地在屏幕中捕捉到这些点进行精确的绘图。

1.4.1 栅格

AutoCAD 的栅格由有规则的点的矩阵组成，延伸到指定为图形界限的整个区域。使用栅格与在坐标纸上绘图是十分相似的，利用栅格可以对齐对象并直观地显示对象之间的距离。如果放大或缩小图形，可能需要调整栅格间距，使其更适合新的比例。虽然栅格在屏幕上是可见的，但它并不是图形对象，因此它不会被打印成图形中的一部分，也不会影响在何处绘图。

可以单击状态栏上的“栅格显示”按钮或按 F7 键打开或关闭栅格。启用栅格并设置栅格在 *X* 轴方向和 *Y* 轴方向上的间距的方法如下。

（1）执行方式

➢ 命令行：DSETTINGS 或 DS，SE 或 DDRMODES。
➢ 菜单栏：“工具”→“草图设置”。
➢ 快捷菜单：右击“栅格”按钮，在弹出的快捷菜单中选择“设置”命令。

（2）操作步骤

执行上述命令，系统弹出“草图设置”对话框，如图 1-17 所示。

用户可改变栅格与图形界限的相对位置。默认情况下，栅格以图形界限的左下角为起点，沿着与坐标轴平行的方向填充整个由图形界限所确定的区域。在“捕捉”选项组中的“角度”选项可决定栅格与相应坐标轴之间的夹角；“X 基点”和“Y 基点”选项可决定栅格与图形界限的相对位移。

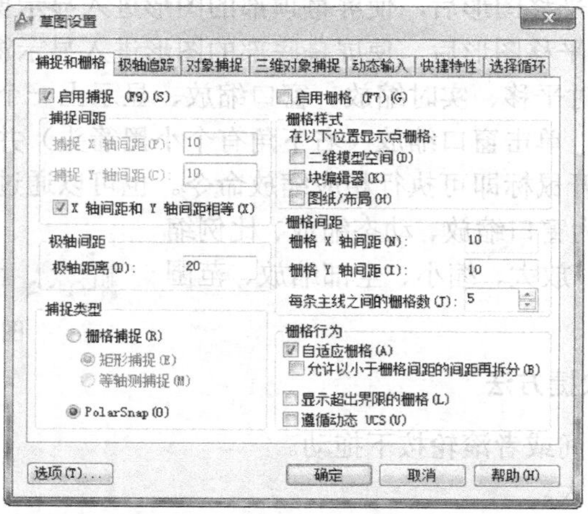

图 1-17 “草图设置”对话框

注意：如果栅格的间距设置得太小，当进行打开栅格操作时，AutoCAD 将在文本窗口中显示“栅格太密，无法显示”信息，而不在屏幕上显示栅格点。或者使用“缩放”命令时，将图形缩放很小，也会出现同样提示，不显示栅格。新建一个文件，默认的绘图界限是 A3 图纸大小，可将图 1-17 中“显示超出界限的栅格”勾选去掉，栅格显示的范围默认为 A3 图纸大小。

另外，可以使用 GRID 命令通过命令行方式设置栅格，功能与“草图设置”对话框类似。

1.4.2 捕捉模式

捕捉是指 AutoCAD 可以生成一个隐藏分布于屏幕上的点，这种点能够捕捉光标，使得光标只能落到其中的一个点上。AutoCAD 2012 的捕捉类型可分为极轴捕捉和栅格捕捉，栅格捕捉又分为“矩形捕捉”和“等轴测捕捉”两种类型，捕捉模式默认为极轴捕捉，即 PolarSnap，如图 1-18 所示。

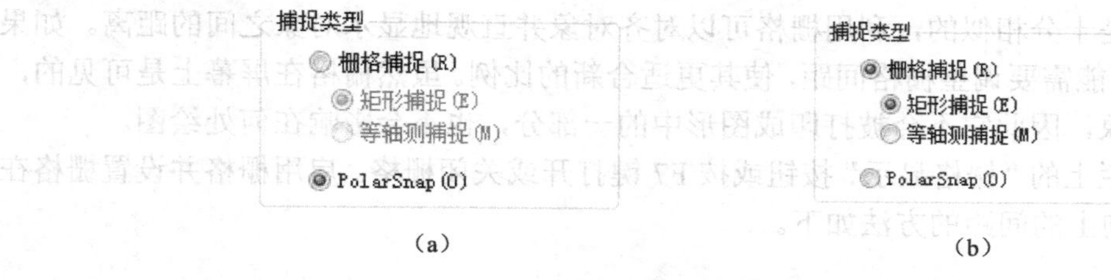

（a）　　　（b）

图 1-18 捕捉模式

栅格捕捉默认设置为“矩形捕捉”，即捕捉点的阵列类似于栅格，如图 1-19（a）所示，用户可以指定捕捉模式在 X 轴方向和 Y 轴方向上的间距，如图 1-17 所示。“等轴测捕捉”表示捕捉模式为等轴测模式，此模式是绘制正等轴测图时的工作环境，如图 1-19（b）所示。两种模式的切换方法是：打开“草图设置”对话框，选择“捕捉和栅格”选项卡，在“捕捉类型”选项组中，通过选中相应单选按钮可在“矩形捕捉”模式与“等轴测捕捉”模式间切换。

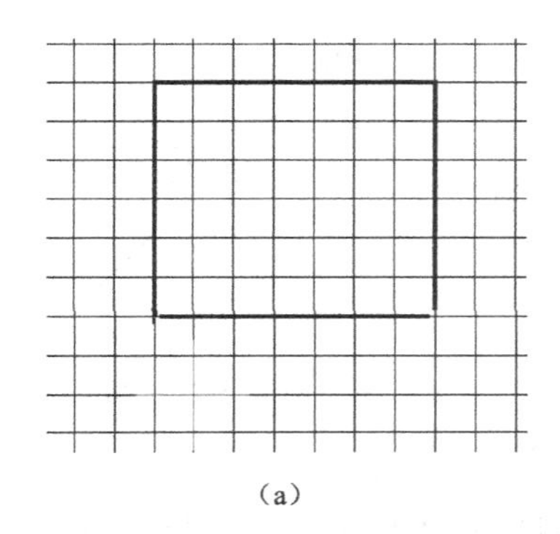

（a）

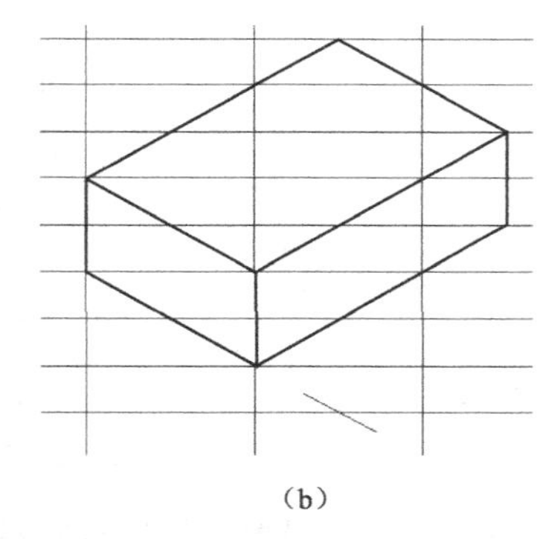

（b）

图 1-19　栅格捕捉

1.4.3　极轴捕捉和极轴追踪

极轴捕捉是在创建或修改对象时，按事先给定的角度增量和距离增量来追踪特征点，即捕捉相对于初始点且满足指定极轴距离和极轴角的目标点。

极轴追踪设置主要是设置追踪的距离增量和角度增量，以及与其相关联的捕捉模式。这些设置可以通过“草图设置”对话框的“捕捉和栅格”选项卡与“极轴追踪”选项卡来实现，如图 1-20 和图 1-21 所示。

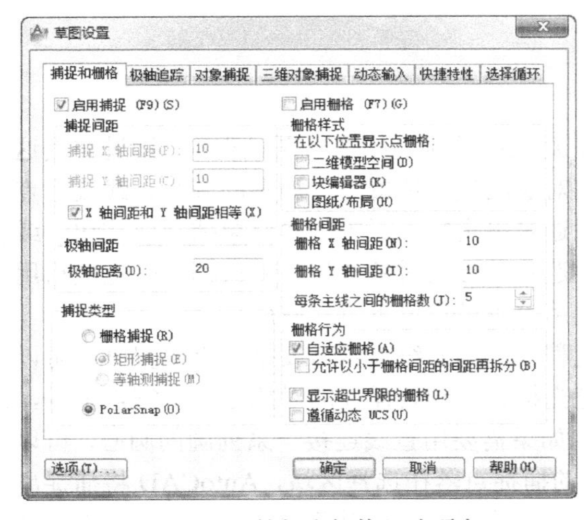

图 1-20　“捕捉和栅格”选项卡

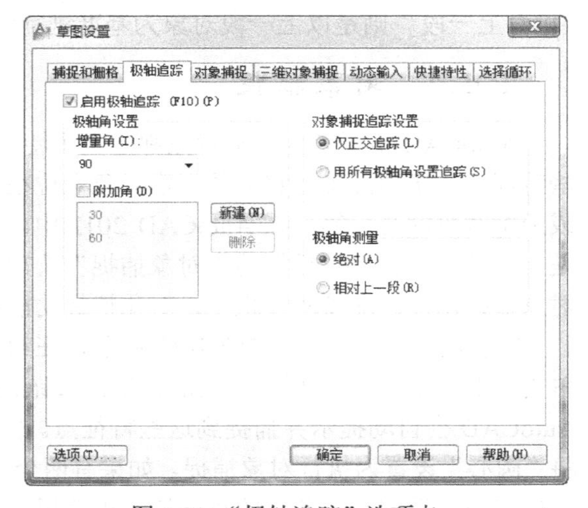

图 1-21　“极轴追踪”选项卡

（1）设置极轴距离

在“草图设置”对话框的“捕捉和栅格”选项卡中，可以设置极轴距离，中文版默认长度单位为毫米。绘图时，光标将按指定的极轴距离增量进行移动。

（2）设置极轴角

如图 1-21 所示，在“草图设置”对话框的“极轴追踪”选项卡中，可以设置极轴角增量角度。设置时，可以使用向下箭头所打开的下拉列表框中的 90、45、30、22.5、18、15、10 和 5 的极轴角增量，也可以直接输入指定其他任意角度。光标移动时，如果接近极轴角，将显示对齐路径和工具栏提示。例如，如图 1-22 所示为当极轴角增量设置为 45、极轴距离为 20 时的极轴捕捉和极轴追踪。

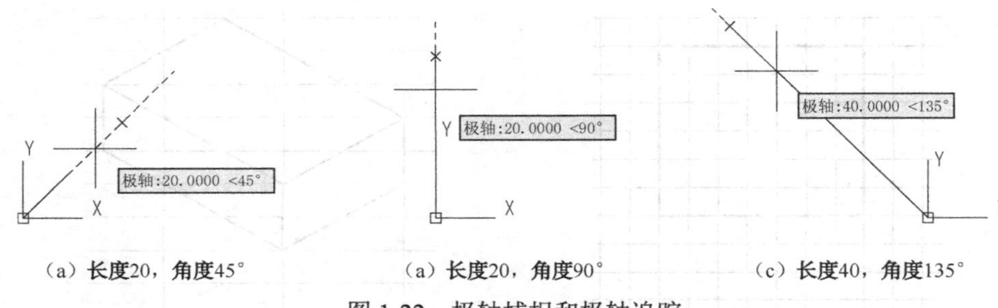

（a）长度20，角度45°　　（a）长度20，角度90°　　（c）长度40，角度135°

图 1-22　极轴捕捉和极轴追踪

“附加角”复选框用于设置极轴追踪时是否采用附加角度追踪。选中该复选框，通过“新建”按钮或者“删除”按钮来增加、删除附加角度值。

（3）对象捕捉追踪设置

该选项用于设置对象捕捉追踪的模式。如果选中“仅正交追踪”单选按钮，则当采用追踪功能时，系统仅在水平和垂直方向上显示追踪数据；如果选中“用所有极轴角设置追踪”单选按钮，则当采用追踪功能时，系统不仅可以在水平和垂直方向显示追踪数据，还可以在设置的极轴追踪角度与附加角度所确定的一系列方向上显示追踪数据。

（4）极轴角测量

该选项用于设置极轴角的角度测量采用的参考基准，“绝对”则是相对水平方向逆时针测量，“相对上一段”则是以上一段对象为基准进行测量。

1.4.4　对象捕捉

AutoCAD 给所有的图形对象都定义了特征点，对象捕捉则是指在绘图过程中，通过捕捉这些特征点，迅速准确地将新的图形对象定位在现有对象的确切位置上，如圆的圆心、线段中点或两个对象的交点等。在 AutoCAD 2012 中，可以通过单击状态栏中的“对象捕捉”按钮，或是在“草图设置”对话框的“对象捕捉”选项卡中选中“启用对象捕捉”复选框，来完成启用对象捕捉功能。在绘图过程中，对象捕捉功能的调用可以通过以下方式完成。

“对象捕捉”工具栏如图 1-23 所示，在绘图过程中，当系统提示需要指定点位置时，可以单击“对象捕捉”工具栏中相应的特征点按钮，再把光标移动到要捕捉的对象上的特征点附近，AutoCAD 会自动提示并捕捉到这些特征点。例如，如果需要用直线连接一系列圆的圆心，可以将“圆心”设置为执行对象捕捉。如果有两个可能的捕捉点落在选择区域，AutoCAD 将捕捉离光标中心最近的符合条件的点。还有可能指定点时需要检查哪一个对象捕捉有效，如在指定位置有多个对象捕捉符合条件，在指定点之前，按 Tab 键可以遍历所有可能的点。

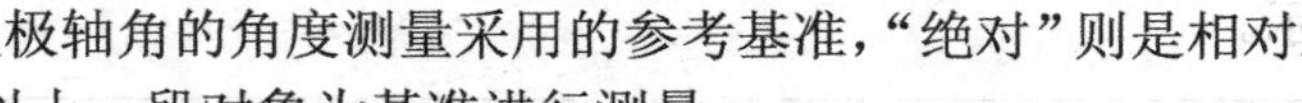

图 1-23 “对象捕捉”工具栏

按住 Ctrl 键或 Shift 键，单击鼠标右键，弹出“对象捕捉”快捷菜单，如图 1-24 所示。从该菜单中可以选择某一种特征点执行对象捕捉操作，把光标移动到要捕捉对象上的特征点附近，即可捕捉到这些特征点。

当需要指定点位置时，在命令行中输入相应特征点的关键字，把光标移动到要捕捉对象上的特征点附近，即可捕捉到这些特征点。对象捕捉特征点的关键字如表 1-1 所示。

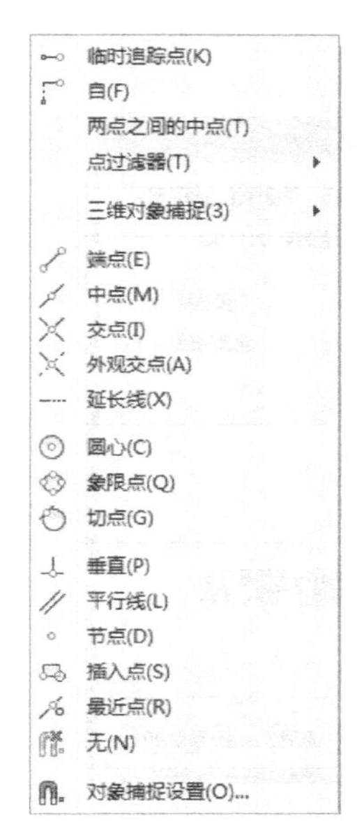

图 1-24　“对象捕捉”快捷菜单

表 1-1　对象捕捉模式

模　式	关　键　字	模　式	关　键　字	模　式	关　键　字
临时追踪点	TT	捕捉自	FROM	端点	END
中点	MID	交点	INT	外观交点	APP
延长线	EXT	圆心	CEN	象限点	QUA
切点	TAN	垂足	PER	平行线	PAR
节点	NOD	最近点	NEA	无捕捉	NON

注意：① 对象捕捉不可单独使用，必须配合其他的绘图命令一起使用。仅当 AutoCAD 提示输入点时，对象捕捉才生效。如果在命令提示下使用对象捕捉，AutoCAD 将显示错误信息。

② 对象捕捉只影响屏幕上可见的对象，包括锁定图层、布局视口边界和多段线上的对象。不能捕捉不可见的对象，如未显示的对象、关闭或冻结图层上的对象及虚线的空白部分。

1.4.5　自动对象捕捉

在绘制图形的过程中，使用对象捕捉的频率非常高，如果每次在捕捉时都先选择捕捉模式，将使工作效率大大降低。出于此种考虑，AutoCAD 提供了自动对象捕捉模式。如果启用自动捕捉功能，当光标距指定的捕捉点较近时，系统会自动精确地捕捉这些特征点，并显示出相应的标记及该捕捉的提示。如图 1-25（a）所示，每个捕捉对象前面标记会在相应捕捉出现时显示。可以在状态栏“对象捕捉”按钮上单击鼠标右键来设置自动捕捉选项，如图 1-25（b）所示。在执行绘图命令后，将鼠标放到矩形和圆相应的位置，可自动捕捉中点、端点、圆心、象限点，如图 1-26 所示。

注意：用户可以设置自己经常要用的捕捉方式。一旦设置了运行捕捉方式后，在每次运行时，所设定的目标捕捉方式就会被激活，而不是仅对一次选择有效；当同时使用多种方式时，系统将捕捉距光标最近同时又是满足多种目标捕捉方式之一的点。当光标距要获取的点非常近时，按下 Shift 键将暂时不获取对象。

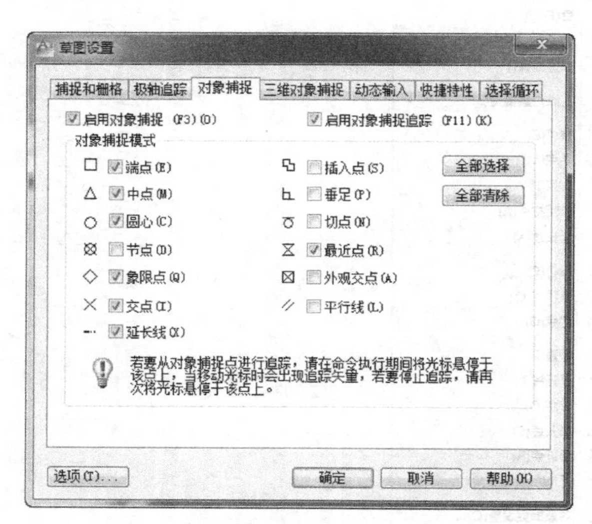

（a）“对象捕捉”选项卡

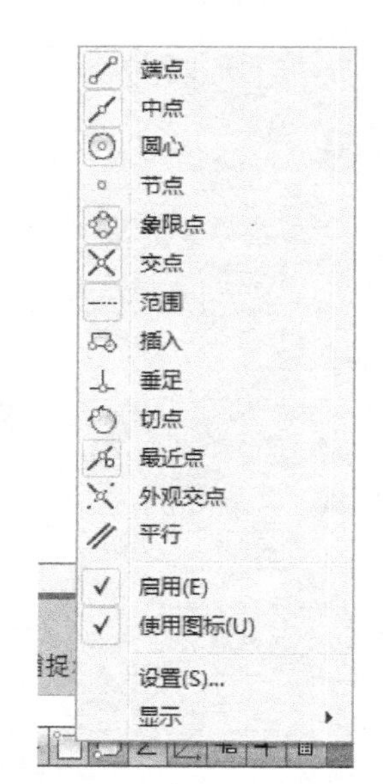

（b）右键设置自动捕捉

图 1-25 “对象捕捉”设置

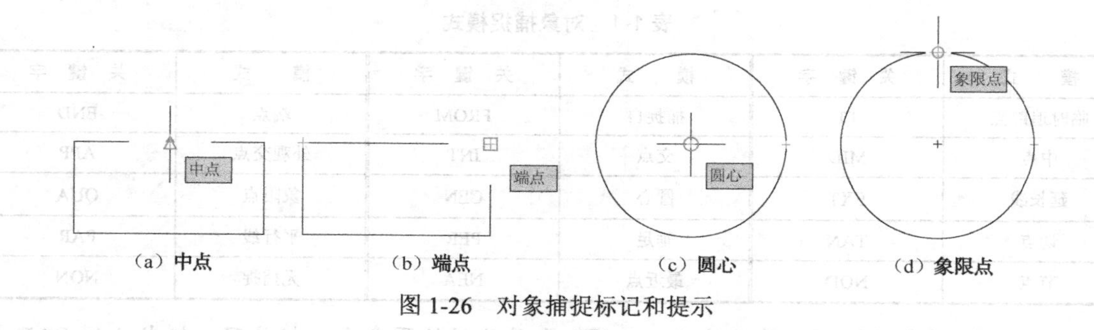

（a）中点　（b）端点　（c）圆心　（d）象限点

图 1-26 对象捕捉标记和提示

1.4.6 正交模式

正交绘图模式，即在命令的执行过程中，光标只能沿 *X* 轴或者 *Y* 轴移动。所有绘制的线段和构造线都将平行于 *X* 轴或 *Y* 轴，因此它们相互垂直成 90° 相交，即正交。正交绘图对于绘制水平和垂直线非常有用，特别是绘制构造线时。而且当捕捉模式为等轴测模式时，它还迫使直线平行于 3 个等轴测中的一个。

设置正交绘图可以直接单击状态栏中的“正交模式”按钮或按 F8 键，文本窗口中会显示开/关提示信息；也可以在命令行中输入“ORTHO”，开启或关闭正交绘图。

注意：“正交”模式将光标限制在水平或垂直（正交）轴上。因为不能同时打开“正交”模式和极轴追踪，因此当“正交”模式打开时，AutoCAD 会关闭极轴追踪。如果再次打开极轴追踪，AutoCAD 则会关闭“正交”模式。

1.4.7 对象捕捉追踪

对象捕捉追踪是对象捕捉与极轴追踪的综合应用。例如，已知图 1-27 中有一个圆和一条直线，当执行 LINE 命令确定直线的起始点时，利用对象捕捉追踪可以找到一些特殊点。

图 1-27 中“端点<90°，圆心：<180°”表示图中捕捉到的点的 *X*、*Y* 坐标分别与已有直线

端点的 X 坐标和圆心的 Y 坐标相同。如果单击拾取键，就会得到对应的点，该点与直线左端点的连线与 X 轴正方向的夹角为 90°，该点与圆心的连线与 X 轴正方向的夹角为 180°。

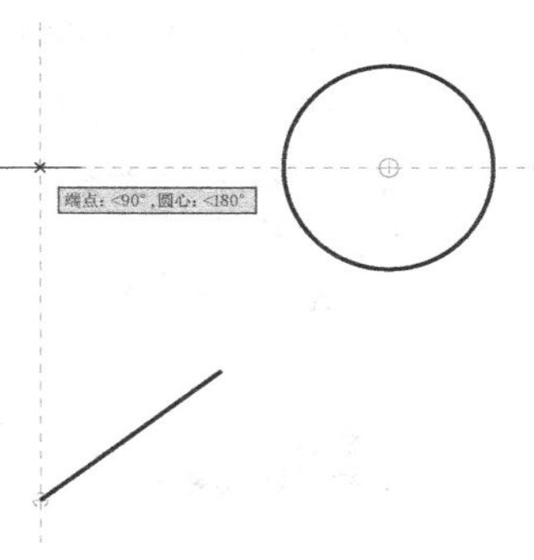

图 1-27　对象捕捉追踪

注意：对于初学者绘图练习，捕捉模式选择极轴捕捉，通常状态栏上的栅格显示、极轴追踪、对象捕捉、对象捕捉追踪、线宽处于打开状态，如图 1-28 所示。由于动态输入框跟随光标位置移动，初学者最好将其关闭，所有的输入都在命令行输入即可，以方便查看输入是否正确。

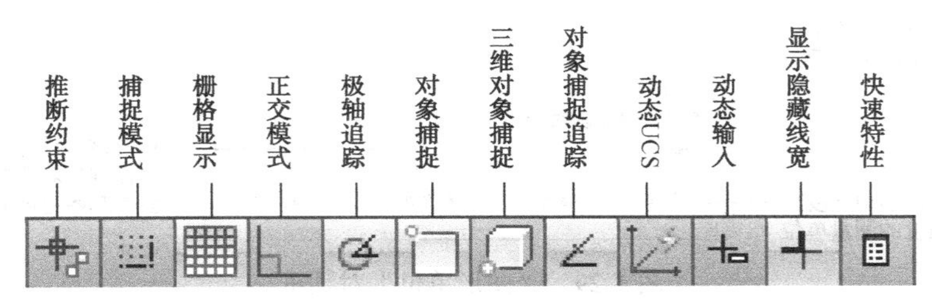

图 1-28　状态栏精确绘图辅助工具

1.5　设置绘图环境

由于每台计算机所使用的显示器、输入设备和输出设备的类型不同，用户喜好的风格及计算机的目录设置也是不同的。一般来讲，使用 AutoCAD 2012 的默认配置就可以绘图，但为了提高绘图的效率，AutoCAD 推荐用户在开始作图前先进行必要的配置，包括单位、绘图界限、设置参数选项等。

1.5.1　绘图单位设置

1. 执行方式

- 命令行：DDUNITS（或 UNITS）。
- 菜单栏："格式"→"单位"。

2. 操作步骤

执行上述命令后，系统弹出"图形单位"对话框，如图 1-29 所示。根据具体要求在该对话框定义单位和角度格式。

3. 选项说明

- "长度"选项组：指定测量长度的当前单位及当前单位的精度。
- "角度"选项组：指定测量角度的当前单位、精度及旋转方向，默认方向为逆时针。
- "插入时的缩放单位"选项组：控制使用工具选项板（如 DesignCenter 或 i-drop）拖入当前图形的块的测量单位。如果块或图形创建时使用的单位与该选项指定的单位不同，则在插入这些块或图形时将对其按比例缩放。插入比例是源块或图形使用的单位与目标图形使用的单位之比。如果插入块时不按指定单位缩放，可选择“无单位”。

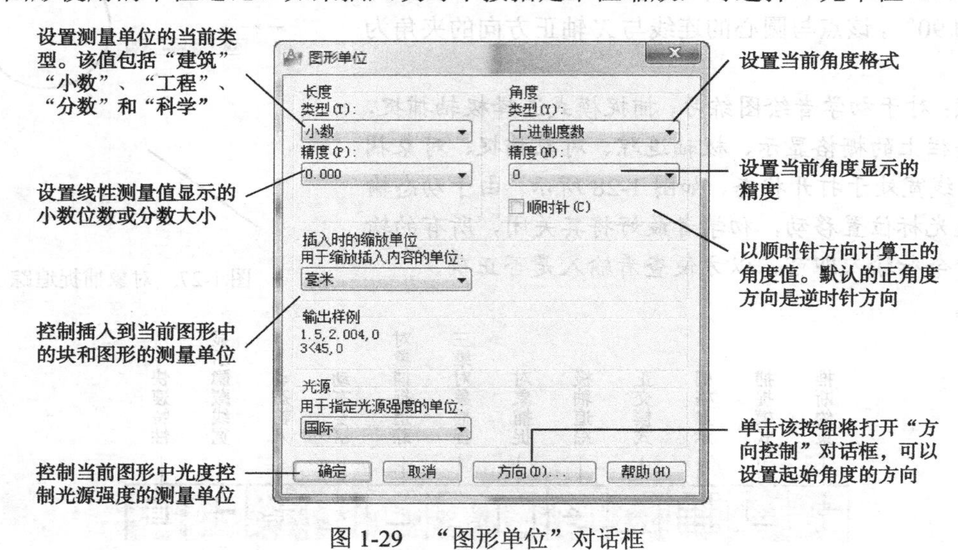

图 1-29 “图形单位”对话框

➢ “输出样例”选项组：显示当前输出的样例值。
➢ “光源”选项组：用于指定光源强度的单位。
➢ “方向”按钮：单击该按钮，可以在系统弹出的“方向控制”对话框中进行方向控制设置，如图 1-30 所示。

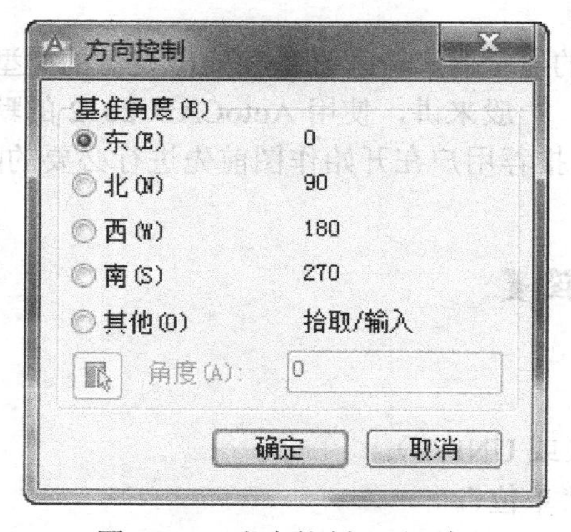

图 1-30 “方向控制”对话框

1.5.2 绘图界限设置

1．执行方式

➢ 命令行：LIMITS。
➢ 菜单栏：“格式”→“图形界限”。

将显示以下提示：指定左下角点或 [开(ON)/关(OFF)] <当前>:（指定点，输入 on 或 off，或按 Enter 键。）

2. 操作步骤

设定 A3 图纸大小图形界限，A3 图纸的大小为 420×297，具体步骤如下：

命令：LIMITS↙

重新设置模型空间界限：

指定左下角点或 [开(ON)/关(OFF)] <0.0000，0.0000>:0，0（输入图形边界左下角的坐标后按回车键，如果采用默认值直接按回车键即可）

指定右上角点 <420.0000，297.0000>:420，297（输入图形边界右上角的坐标后按回车键，如果采用默认值直接按回车键即可）

3. 选项说明

- 开（ON）：使绘图边界有效。系统将在绘图边界以外拾取的点视为无效。
- 关（OFF）：使绘图边界无效。用户可以在绘图边界以外拾取点或实体。
- 动态输入角点坐标：动态输入功能可以直接在屏幕上输入角点坐标，输入了横坐标值后，按下“，”键，接着输入纵坐标值。也可以按光标位置直接按下鼠标左键确定角点位置。

1.5.3 设置参数选项

单击“菜单浏览器”按钮，在弹出的菜单中单击“选项”按钮（OPTIONS），打开“选项”对话框，或者通过菜单“工具”→“选项”来打开。在该对话框中包含“文件”、“显示”、“打开和保存”、“打印和发布”、“系统”、“用户系统配置”、“绘图”、“三维建模”、“选择集”和“配置”选项卡，如图 1-31 所示。用户可以根据个人需要设置绘图环境。

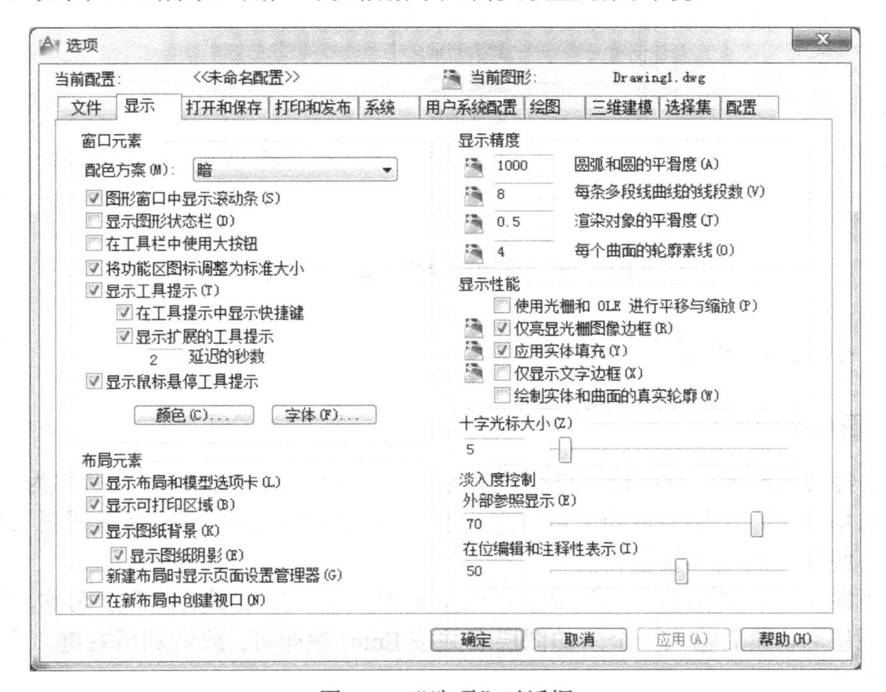

图 1-31 “选项”对话框

注意：在采用 AutoCAD 中文版软件绘制 A3 图纸练习时，这 3 项通常不需要设置，采用默认选项即可。随着学习的深入，可以通过系统自带的帮助文件了解更多的内容；在相应的选项卡，按F1键即可打开相应的帮助文件。了解相关命令，也可以将鼠标放到有关命令上，按F1键即可。

1.6 设置图层

图层是AutoCAD软件组织和管理图形的工具。所有图形对象都具有图层、颜色、线型和线宽4个基本属性。使用不同的图层、不同的颜色、不同的线型和线宽绘制不同的对象和元素，方便控制了对象的显示和编辑，从而提高绘制复杂图形的效率和准确性。

选择“格式”→“图层”命令，或者单击图层工具栏上的按钮，执行LAYER命令，打开“图层特性管理器”对话框，如图1-32所示。它包括新建图层、删除图层和置为当前等内容。开始绘制新图形时，AutoCAD将自动创建一个名为0的特殊图层。默认情况下，图层0将被指定使用7号颜色、Continuous线型、“默认”线宽及normal打印样式，用户不能删除或重命名该图层0。在绘图过程中需要先创建必要的新图层来组织图形。

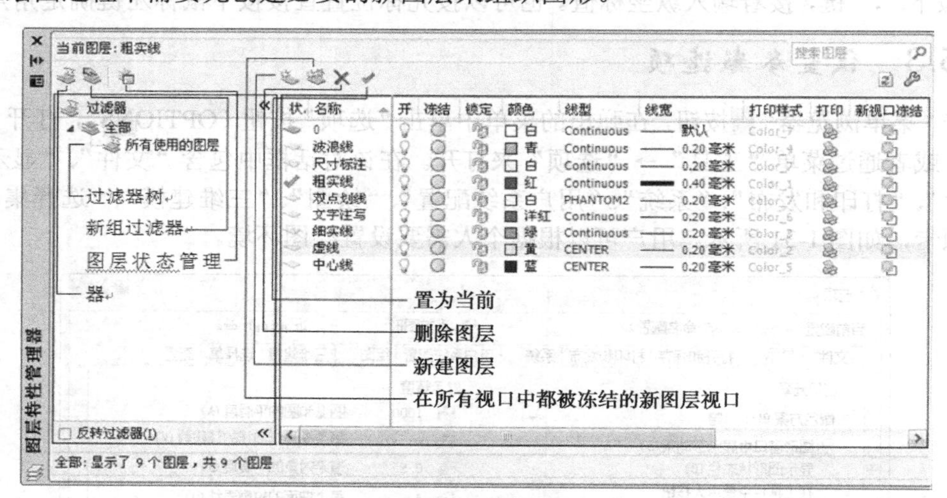

图1-32 “图层特性管理器”对话框

1.6.1 创建新图层

1. 新建图层并命名

在“图层特性管理器”对话框中单击“新建图层”按钮，可以创建一个名称为“图层1”的新图层。默认情况下，图层名称处于可编辑状态，可先修改图层名称，新建图层与当前图层的状态、颜色、线性、线宽等设置相同。

当创建了图层后，图层的名称将显示在图层列表框中，如果要更改图层名称，可在选中情况下单击该图层名，然后输入一个新的图层名并按Enter键即可；或者利用右键“重命名层”来完成图层的修改。

2. 设置图层颜色

图层的颜色是图层中图形对象的颜色，每个图层都拥有自己的颜色，要改变图层的颜色，可在“图层特性管理器”对话框中单击图层的“颜色”列对应的图标，打开“选择颜色”对话框进行设置，如图 1-33 所示。

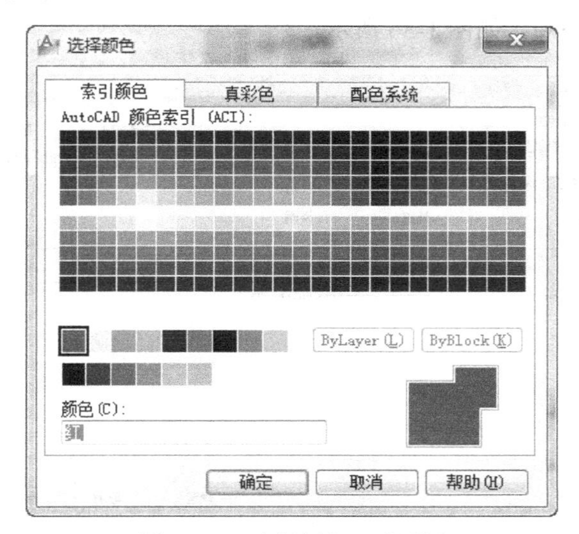

图 1-33　“选择颜色”对话框

3．使用与管理线型

线型是指图形基本元素中线条的组成和显示方式，如虚线和实线等。在 AutoCAD 中既有简单线型，也有由一些特殊符号组成的复杂线型，以满足不同国家或行业标准的要求。

（1）设置图层线型

在绘制图形时要使用线型来区分图形元素，这就需要对线型进行设置。默认情况下，图层的线型为“Continuous”。要改变线型，可在图层列表中单击“线型”列的“Continuous”，打开“选择线型”对话框，如图 1-34 所示，在“已加载的线型”列表框中选择一种线型，然后单击“确定”按钮。

（2）加载线型

默认情况下，在“选择线型”对话框的“已加载的线型”列表框中只有“Continuous”一种线型，如果要使用其他线型，必须将其添加到“已加载的线型”列表框中。可单击“加载”按钮打开“加载或重载线型”对话框，从当前线型库中选择需要加载的线型，然后单击“确定”按钮，如图 1-35 所示。

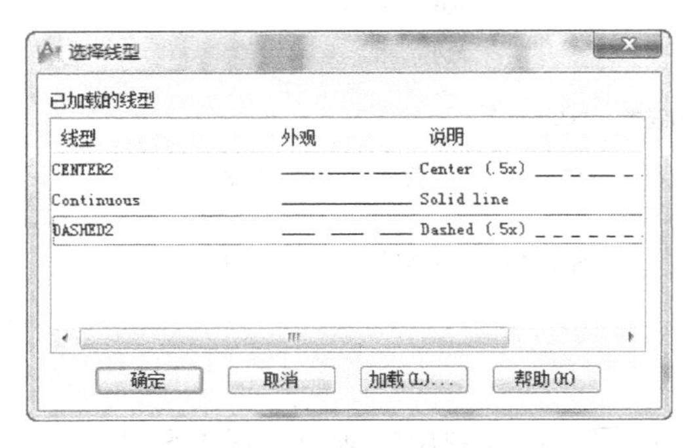

图 1-34　设置图层线型

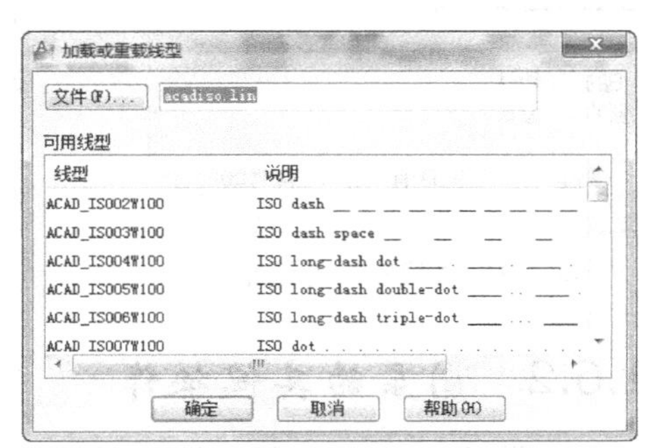

图 1-35　“加载或重载线型”对话框

（3）设置线型比例

选择“格式”→“线型”命令，打开“线型管理器”对话框，可设置图形中的线型比例，从而改变非连续线型的外观，如图1-36所示。

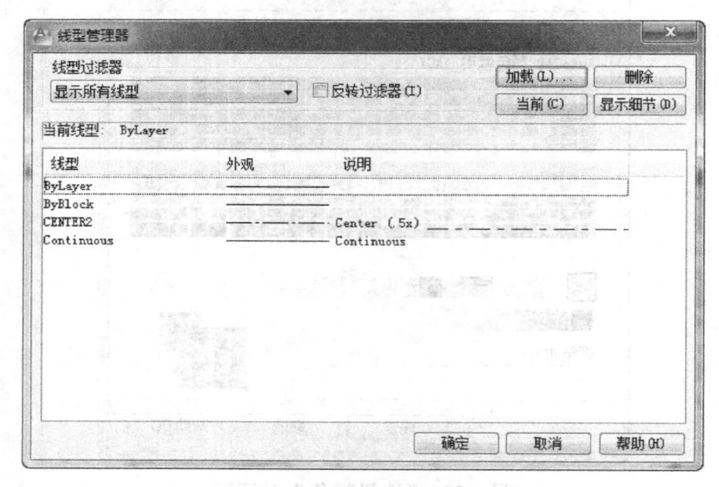

图1-36 “线型管理器”对话框

4．设置图层线宽

要设置图层的线宽，可以在“图层特性管理器”对话框的“线宽”列中单击该图层对应的线宽“——默认”，打开“线宽”对话框，如图1-37所示，有20多种线宽可供选择。也可以选择“格式”→“线宽”命令，打开“线宽设置”对话框，如图1-38所示，通过调整线宽比例，使图形中的线宽显示得更宽或更窄。

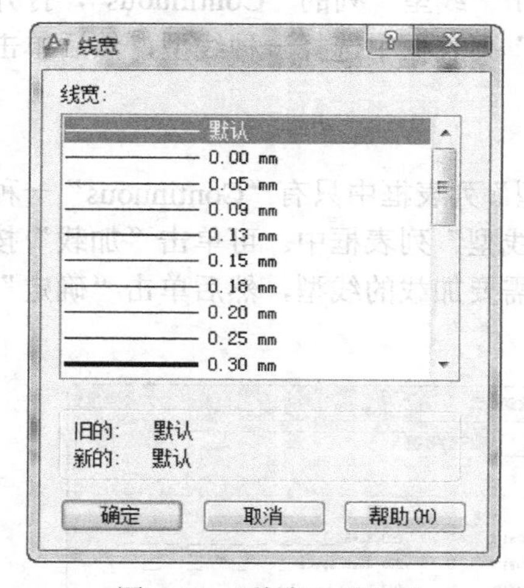

图1-37 “线宽”对话框

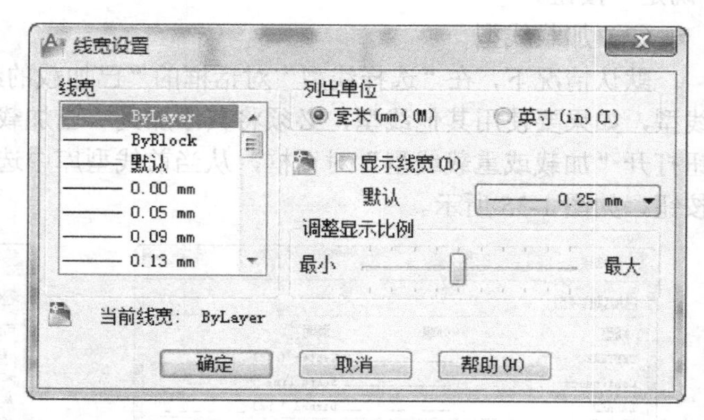

图1-38 “线宽设置”对话框

1.6.2 图层的其他操作

使用“图层特性管理器”对话框不仅可以创建图层，设置图层的颜色、线型和线宽，还可以对图层进行更多的设置与管理，如图层的切换、重命名、删除及图层的显示控制等。

1．设置图层特性

使用图层绘制图形时，新对象的各种特性将默认为随层，由当前图层的默认设置决定。也可以单独设置对象的特性，新设置的特性将覆盖原来随层的特性。在“图层特性管理器”对话框中，每个图层都包含状态、名称、打开/关闭、冻结/解冻、锁定/解锁、线型、颜色、线宽和打印样式等特性。

2．切换当前层

在“图层特性管理器”对话框的图层列表中，选择某一图层后，单击“置为当前”按钮，即可将该层设置为当前层。在实际绘图时，为了便于操作，主要通过“图层”工具栏来实现图层切换，如图 1-39 所示，只需选择要将其设置为当前层的图层名称即可。此外，“图层”工具栏和“对象特性”工具栏中的主要选项与“图层特性管理器”对话框中的内容相对应，因此也可以用来设置与管理图层特性，如图 1-40 所示。

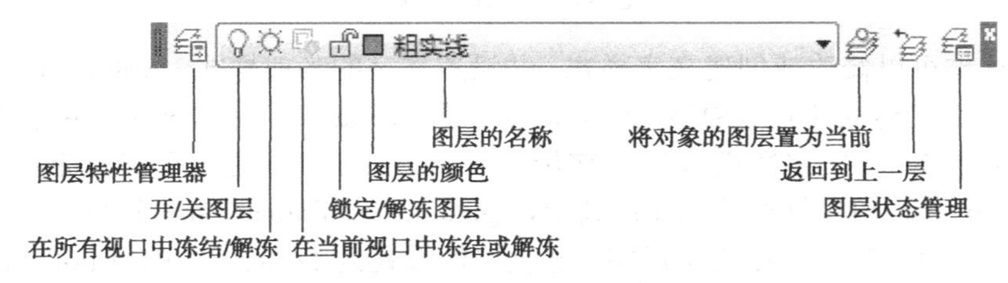

图 1-39　图层工具栏

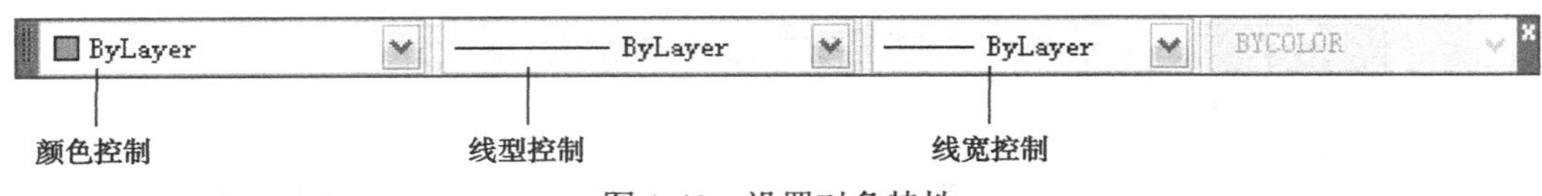

图 1-40　设置对象特性

3．保存与恢复图层状态

图层设置包括图层状态和图层特性。图层状态包括图层是否打开、冻结、锁定、打印和在新视口中自动冻结。图层特性包括颜色、线型、线宽和打印样式。可以选择要保存的图层状态和图层特性。例如，可以选择只保存图形中图层的“冻结/解冻”设置，忽略所有其他设置。恢复图层状态时，除了每个图层的冻结或解冻设置以外，其他设置仍保持当前设置。在 AutoCAD 2012 中，可以使用“图层状态管理器”对话框来管理所有图层的状态。

4．改变对象所在图层

在实际绘图中，如果绘制完某一图形元素后，发现该元素并没有绘制在预先设置的图层上，可选中该图形元素，并在“图层”工具栏的图层控制下拉列表框中选择预设层名即可。

1.7　设置文字样式

文字对象是 AutoCAD 绘图中重要的元素，是机械制图和工程制图中不可缺少的重要组成部分，是对图形信息的重要补充。在一个完整的图样中，通常都用文字来标注图样中的一些非图形信息，如机械工程图中的尺寸标注、技术要求、标题栏和明细栏。

在绘制机械图样时，可以根据对汉字及数字、字母的不同要求，设置两种文本样式，分别用于汉字及数字、字母的输入。要使用文字，首先要学会创建、修改或指定文字样式；对文字样式的设置，是通过“文字样式”对话框来完成的。在 AutoCAD 中，所有文字都与文字样式相关联；在增加文字注释和尺寸标注时，AutoCAD 通常使用当前的文字样式；也可以根据具体要求重新设置文字样式或创建新的样式。文字样式包括文字“字体”、“字型”、“高度”、“宽度系数”及“垂直”等参数。

1.7.1 创建文字样式

选择“格式”→“文字样式”命令，打开“文字样式”对话框，或者直接单击样式工具栏上的 ，如图 1-41 所示，即可打开“文字样式”对话框，如图 1-42 所示。

图 1-41 样式工具栏

利用该对话框可以修改或创建文字样式，并设置文字的当前样式。AutoCAD 中应优先考虑 *.shx 即 AutoCAD 的专用字体（SHX 字体），少使用 Windows 下的 TrueType 字体。AutoCAD 机械制图，通常建立两种文字样式：汉字、字母与数字。AutoCAD 提供了符合标注要求的字体：gbenor.shx、gbeitc.shx 和汉仪长仿宋体；其中，gbenor.shx 和 gbeitc.shx 分别用于标注直体和斜体字母与数字；汉仪长仿宋体则用于汉字，宽度比例设置为 1；低版本的 AutoCAD 没有长仿宋字体，可以用仿宋或仿宋 GB_2312 代替，宽度比例设置为 0.7。

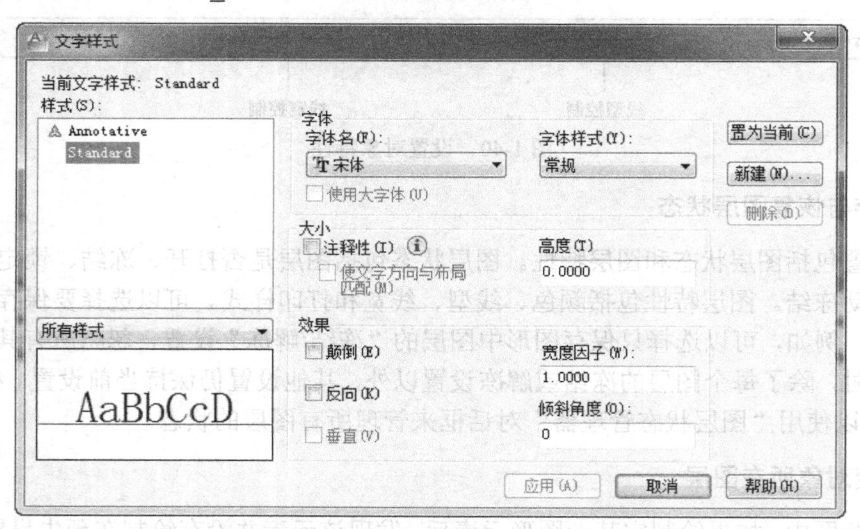

图 1-42 “文字样式”对话框

单击“新建”按钮，弹出“新建文字样式”对话框，对文字样式命名，如图 1-43 所示。输入“汉字”，来定义一个中文文字样式，单击“确定”按钮。如图 1-44 所示，左上角显示当前文字样式为刚创建的“汉字”样式，选择字体“汉仪长仿宋体”，文字高度设置为 3.5，其他不做修改，单击“应用”按钮即可。

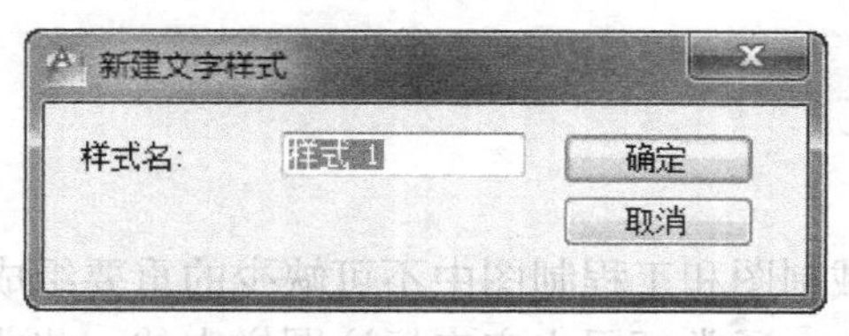

图 1-43 新建文字样式

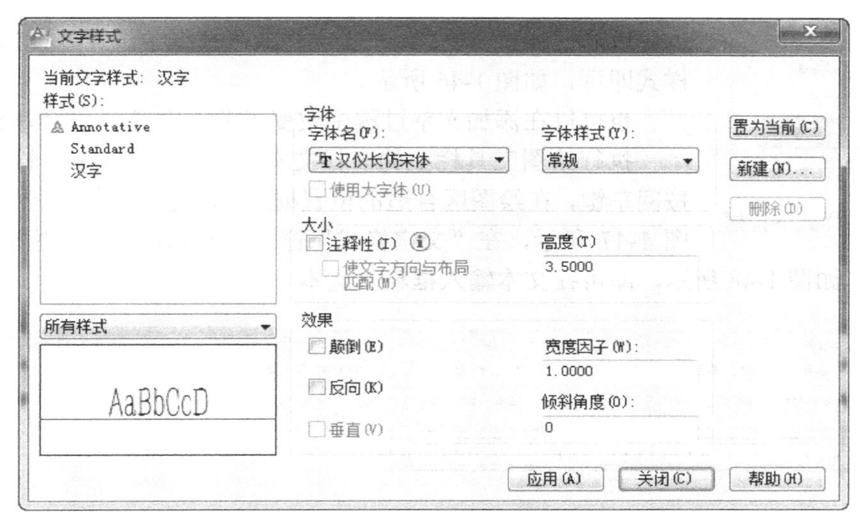

图 1-44　设置中文文字样式

继续单击“新建”按钮，弹出“新建文字样式”对话框，命名为“字母数字”，来创建一个西文文字样式，单击“确定”按钮。如图 1-45 所示，左上角显示当前文字样式为“字母数字”，选择字体“gbeitc.shx”，文字高度设置为 2.5，其他不做修改，单击“应用”按钮即可。

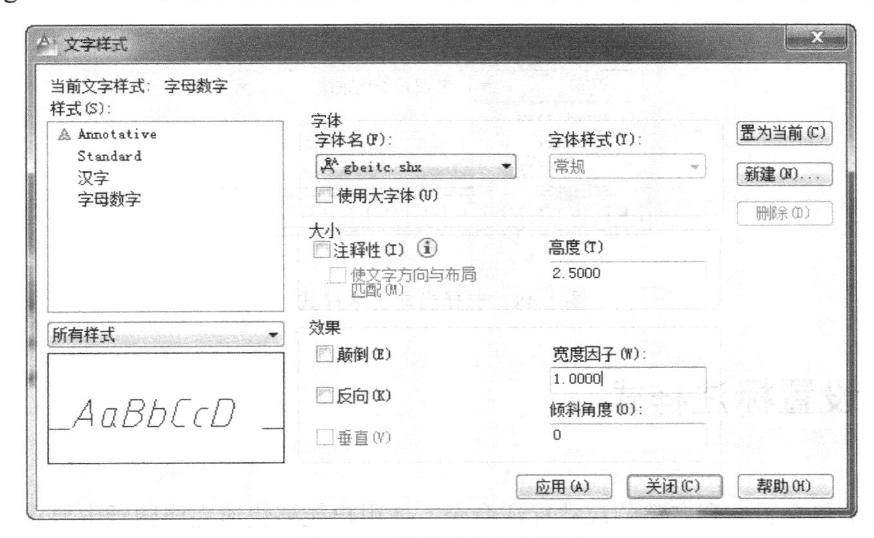

图 1-45　设置西文文字样式

1.7.2　修改与删除

要修改、删除样式，首先要在左边选中所要操作的样式，选中后，该样式所设置的字体、大小、效果选项随之呈现，对有关内容进行修改即可；如果要删除某个样式，在选中后直接选择右边的删除按钮即可，要删除的文字样式只有没有使用过且不是当前的文字样式才能删除。

1.7.3　置为当前

添加文字都是在当前文字样式上添加，所以，通常先选择好文字样式，然后添加文字。选中某个文字样式，单击“文字样式”对话框右侧的“置为当前”按钮即可；文字样式创建完毕，

图 1-46 文字样式下拉框

也可以通过样式工具栏，在文字样式下拉框中选择要置为当前的文字样式即可，如图 1-46 所示。

也可以在添加文字过程中改变当前文字样式，具体操作步骤如下：

执行绘图工具栏上的多行文本命令A，或命令行输入“Mtext”，按回车键，在绘图区合适的位置框选，即出现添加多行文本窗口，如图 1-47 所示，在“文字格式”窗口中左侧第一个下拉框中选择需要的文字样式，如图 1-48 所示，即可在文本输入框输入文本。

图 1-47 添加多行文本窗口

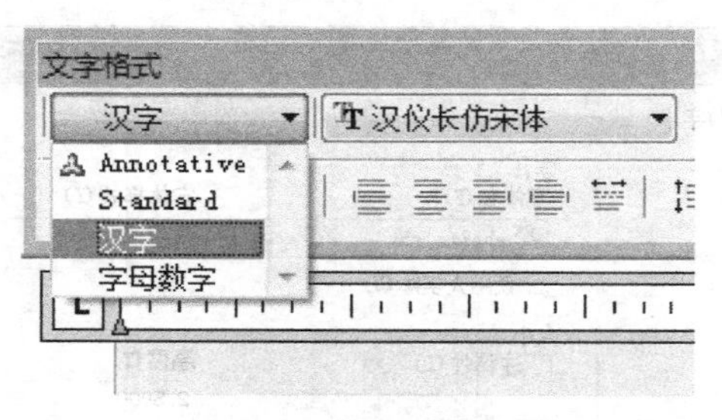

图 1-48 选择当前文字样式

1.8 设置标注样式

AutoCAD 包含了一套完整的尺寸标注命令，使用户能够快速完成图纸中要求的尺寸标注。在进行尺寸标注之前，要了解尺寸标注的基本步骤，学会标注样式的创建和设置方法。

1.8.1 创建尺寸标注的基本步骤

在 AutoCAD 中对图形进行尺寸标注的基本步骤如下：

① 选择“格式”→“图层”命令，在打开的“图层特性管理器”对话框中创建一个独立的图层，用于尺寸标注。

② 选择“格式”→“文字样式”命令，在打开的“文字样式”对话框中创建一种文字样式，用于尺寸标注。

③ 选择“格式”→“标注样式”命令，在打开的“标注样式管理器”对话框设置样式。

④ 利用对象捕捉和标注命令，对图形中的元素进行标注。

1.8.2　创建标注样式

1. 新建标注样式

选择“格式”→“标注样式”命令，或点击样式工具栏，打开“标注样式管理器”对话框，如图 1-49 所示。

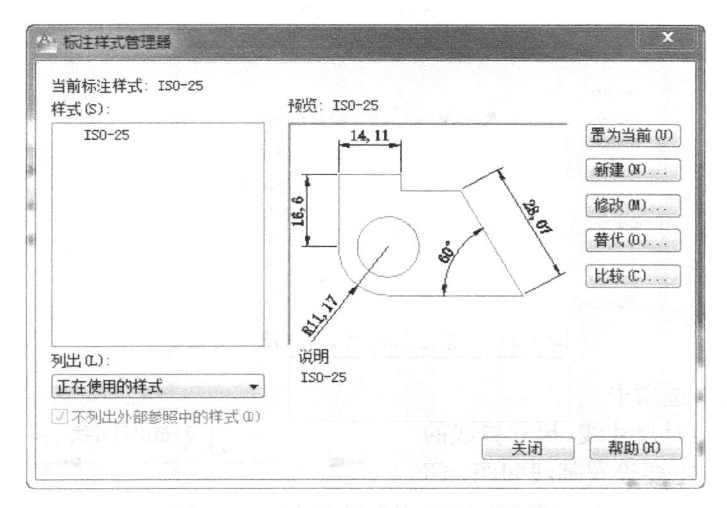

图 1-49　“标注样式管理器”对话框

单击“新建”按钮，创建一个符合国标基本要求的基础标注样式，如图 1-50 所示，在打开的“创建新标注样式”对话框中命名新样式名“GB”，单击“继续”按钮，弹出“GB”样式的设置窗口，如图 1-51 所示。

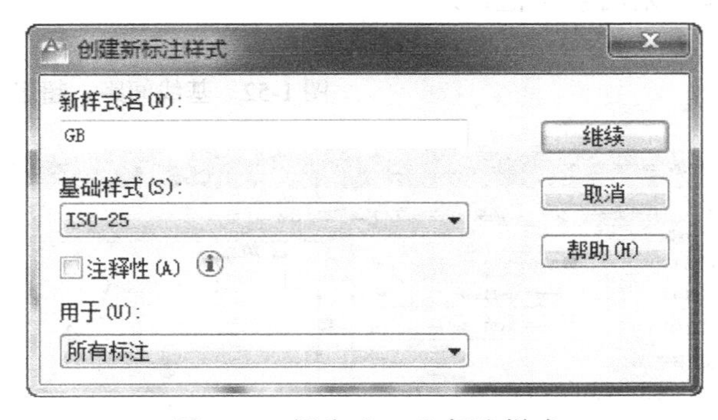

图 1-50　新建“GB”标注样式

2. 设置标注样式

首先设置“GB”标注样式，修改其参数使其符合国标基本要求，然后以此样式作为基础样式建立新标注样式或者子样式，将会大大简化标注样式设置的复杂程度，使标注样式设置效率更高。

在“新建标注样式”对话框的选项卡较多，但很多不需要设置，采用默认设置即可，要了解更详细的内容，可查看附录 C。在下面的标注样式设置中主要介绍那些参数通常需要进行设置的，其他不需要设置的采用默认选项即可。

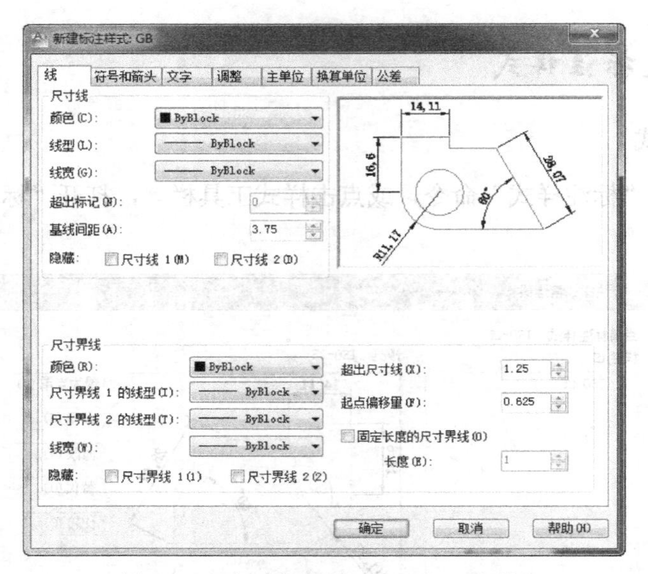

图 1-51 “新建标注样式：GB”对话框

（1）设置“线”选项卡

该选项卡主要是对尺寸线、尺寸界线的设置。在此选项卡上主要设置基线间距、超出尺寸线选项；基线间距的设置要考虑尺寸数字大小，数字越大，基线间距值越大，如果尺寸数字为3.5，基线间距设置为7比较合适；根据国标规定，尺寸界线一般超出尺寸线2～5mm，起点偏移量采用默认值，如图1-52和图1-53所示。

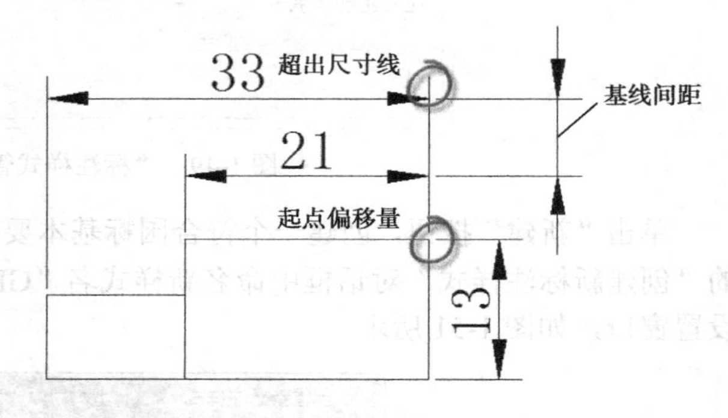

图 1-52 基线间距、超出尺寸线和起点偏移量

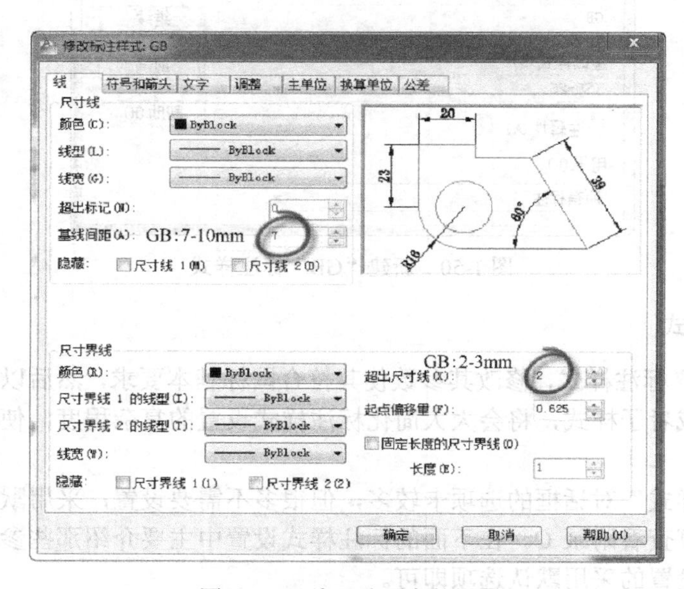

图 1-53 “线”选项卡的设置

（2）设置“符号和箭头”选项卡

如果尺寸数字大小为 2.5，通常箭头大小不需要改变，如果尺寸数字较大，箭头大小也可适当调整；其他选线在设定公共参数时不需要修改，如图 1-54 所示。

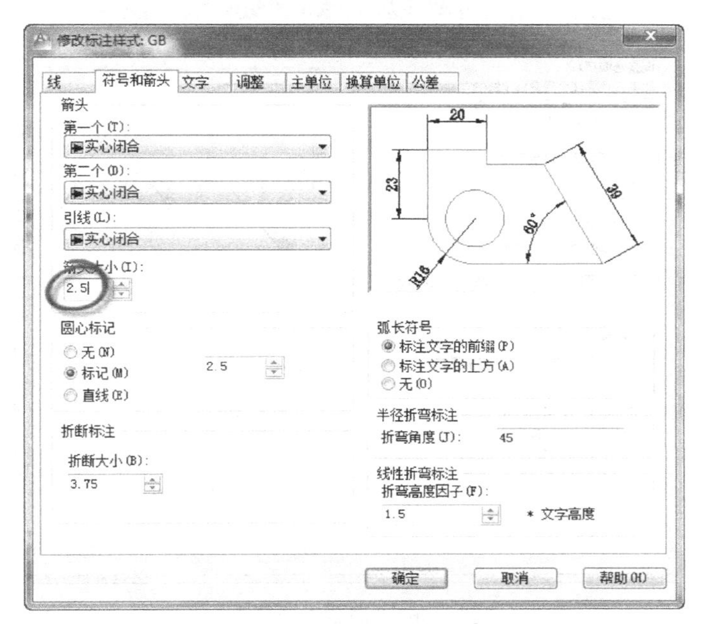

图 1-54 “符号和箭头”选项卡

（3）设置“文字”选项卡

设定文字样式，在 AutoCAD 2012 中，如果文字高度在文字样式设置过，不为零，则在标注样式“文字”选项卡内不能修改，如图 1-55 所示；如需要修改，则通过修改文字样式来实现。在机械制图中，文字高度通常设置为 2.5 或 3.5，其他选项可采用默认值。

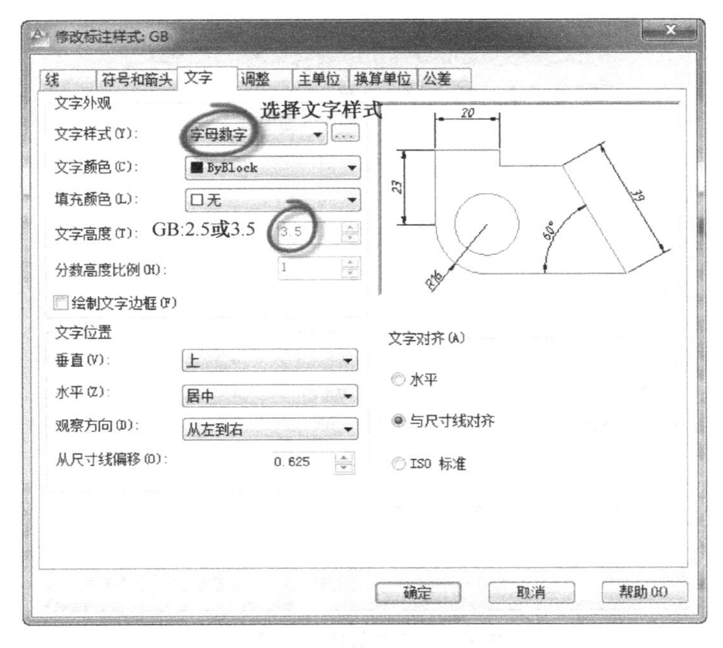

图 1-55 “文字”选项卡

（4）设置“调整”选项卡

“调整”选项卡可采用默认设置，不做修改，如图 1-56 所示。

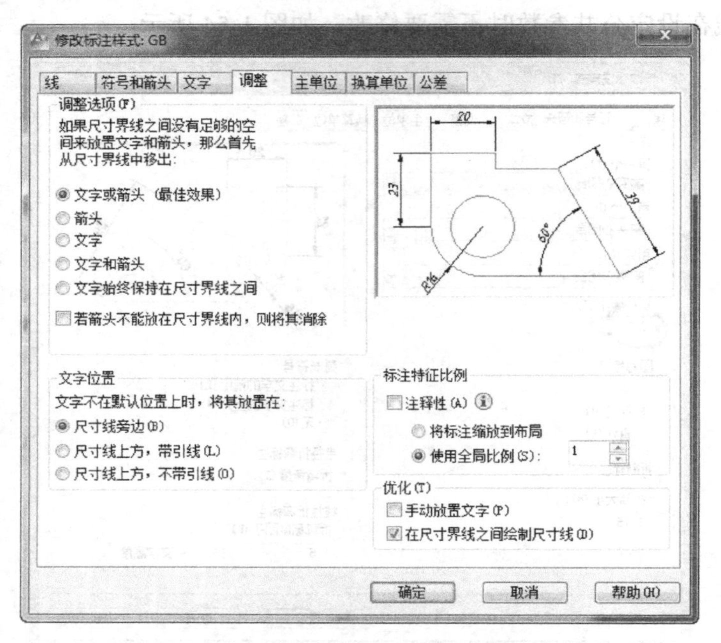

图 1-56 “调整”选项卡

（5）设置“主单位”选项卡

“主单位”选项卡，单位设置为“小数”，精度根据实际情况设置，小数分隔符选择“‘.’句点”；比例因子根据绘图比例来设置，如果绘图比例采用 1：2，则此处设置为其倒数 2，在标注时才能标注实际尺寸；消零采用默认设置，前导不消，后续消零；角度标注采用默认设置即可，如图 1-57 所示。

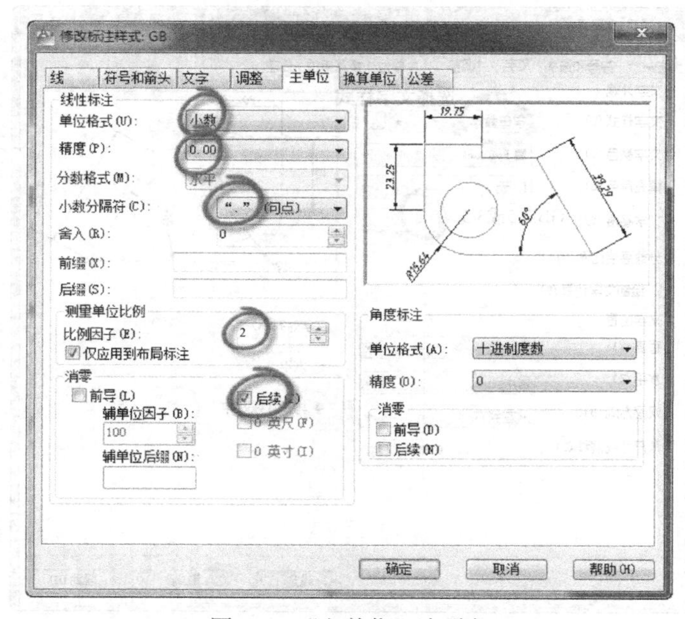

图 1-57 “主单位”选项卡

（6）设置“换算单位”选项卡

利用中文版，该选项通常不进行设置，如图 1-58 所示。

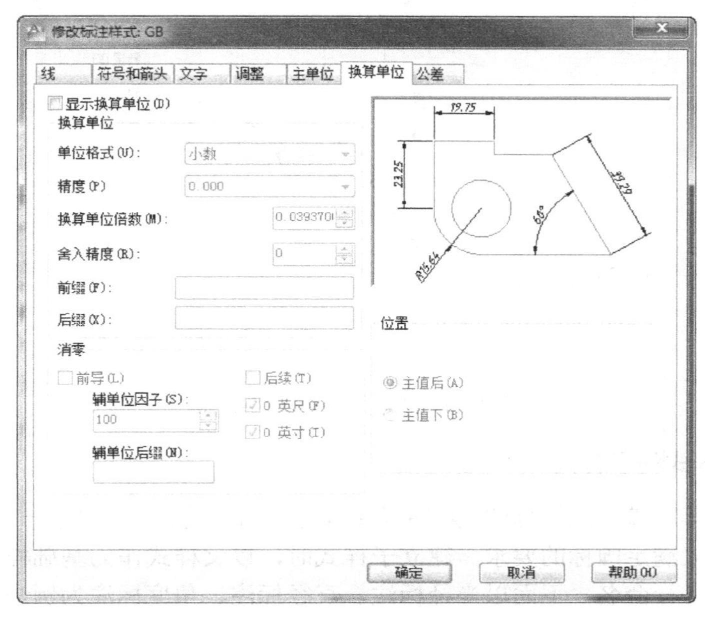

图 1-58 “换算单位”选项卡

（7）设置“公差”选项卡

对于公共参数设置，该选项通常不进行设置，如图 1-59 所示。

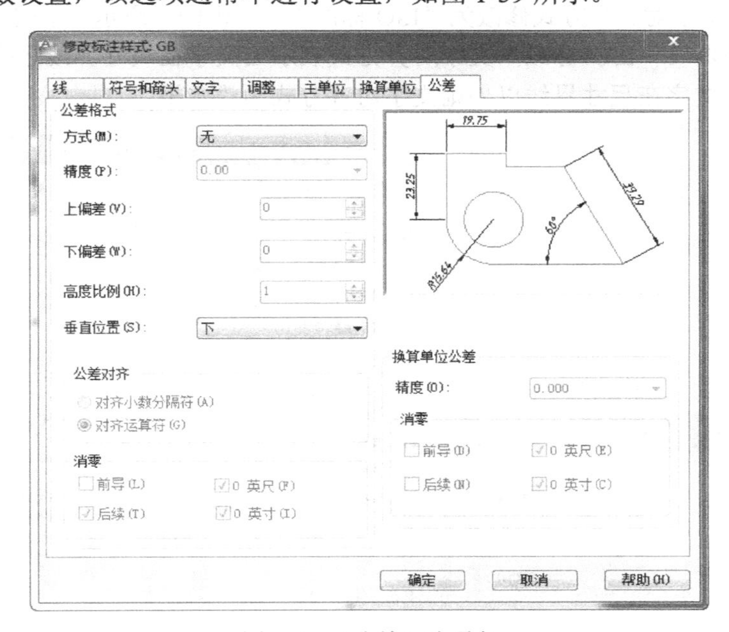

图 1-59 “公差”选项卡

公共参数设置完毕，单击“确定”按钮，返回上一级对话框，看到新建的 GB 样式，如图 1-60 所示。

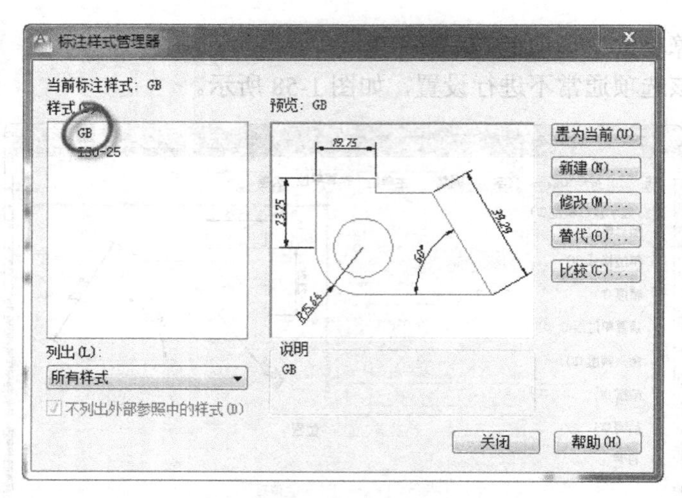

图 1-60　新建好的“GB”样式

3. 创建标注样式的子样式

常用标注样式可以满足线性标注、对齐标注等标注命令的需求，对于一些比较特殊的标注，可以建立其子样式来满足国标的要求。建立子样式时，以父样式作为基础样式，作适当的修改即可，不需要对其进行命名，下面以半径标注、直径标注、角度标注为例进行说明。

（1）新建半径、直径标注子样式

在“标注样式管理器”对话框单击“新建”按钮，弹出“创建新标注样式”对话框，在“用于”选项选择“半径标注”，单击“继续”按钮，如图 1-61 所示。在弹出的对话框切换到“文字”选项卡，将“文字对齐”方式修改为“ISO 标准”，如图 1-62 所示，单击“确定”按钮，返回“标注样式管理器”。“ISO 标准”文字对齐方式表示当文字在尺寸界线之间文字对齐方式为“与尺寸线对齐”，文字在尺寸界线以外则文字对齐方式为“水平”。

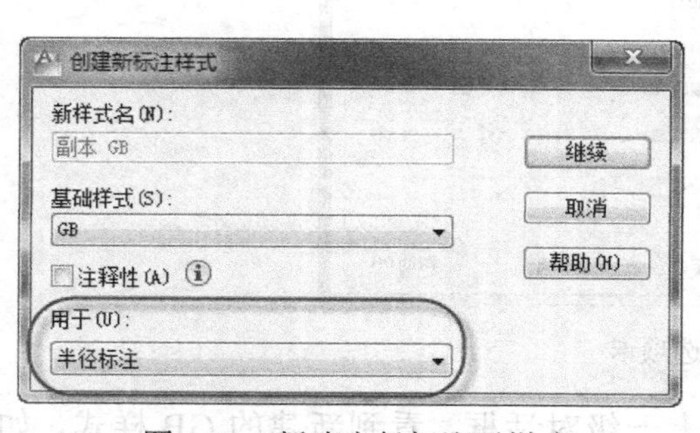

图 1-61　新建半径标注子样式

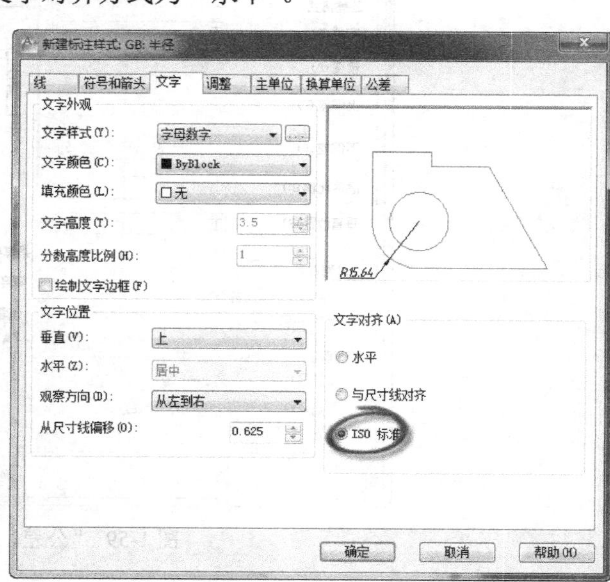

图 1-62　修改文字对齐方式

用同样的方法建立直径标注子样式，除了修改文字对齐方式为“ISO 标准”外，在“调整”选项卡上“调整选项”选择“文字”，这样标注直径时可将箭头放置在圆内；在“优化”选项选择“手动放置文字”，可以方便地放置文字位置，如图 1-63 所示。单击“确定”按钮，返回“标注样式管理器”，如图 1-64 所示，在 GB 标注样式下列出了“半径”、“直径”子样式。

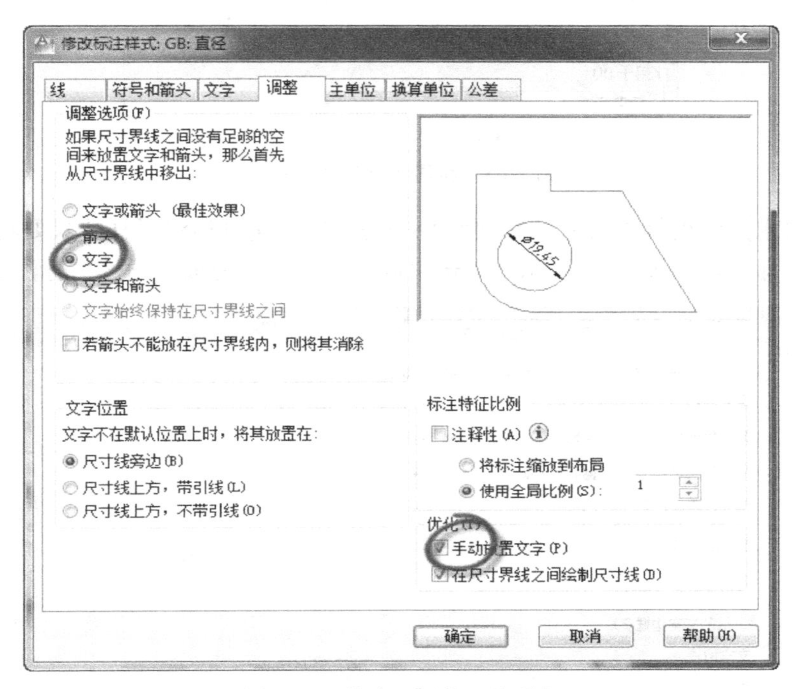

图 1-63　修改“调整”选项卡

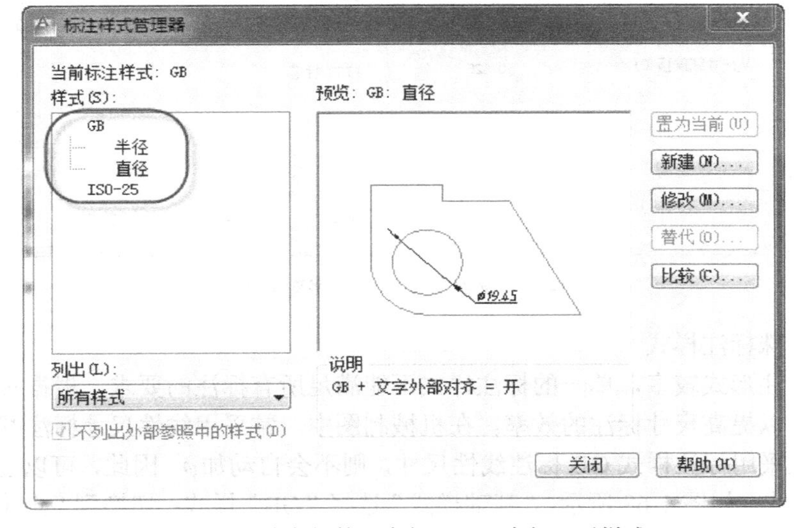

图 1-64　建立好的“半径”、“直径”子样式

（2）新建角度标注子样式

在“标注样式管理器”对话框单击“新建”按钮，在弹出的对话框中的“用于”选项选择“角度标注”，单击“继续”按钮，如图 1-65 所示。

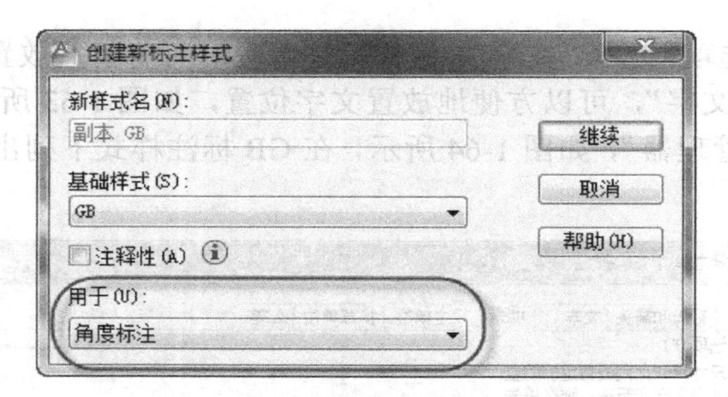

图 1-65 新建角度标注子样式

根据国标要求，角度标注尺寸数字要水平书写，所以角度标注子样式只要将文字对齐方式修改为“水平”即可，如图 1-66 所示。单击“确定”按钮，完成“角度”标注子样式。

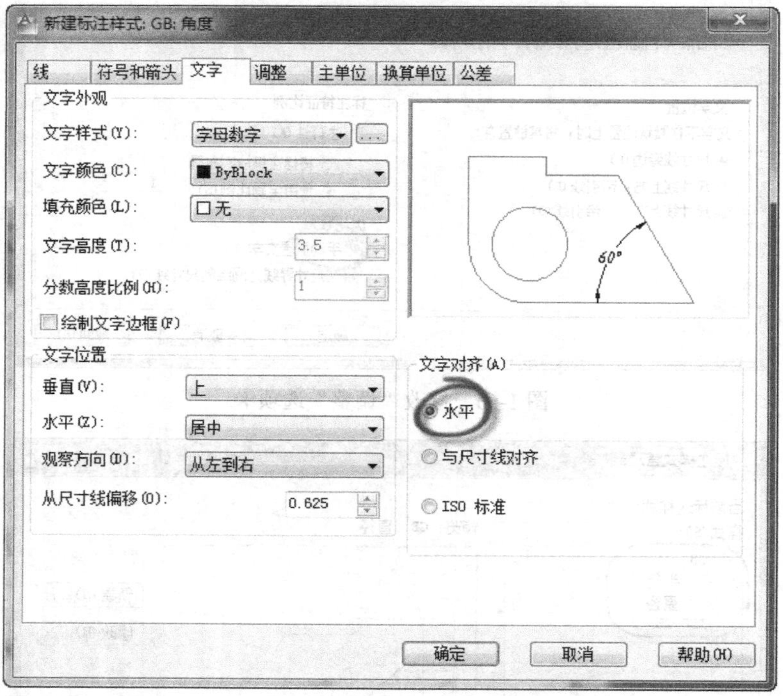

图 1-66 设置角度标注文字对齐方式

（3）设置特殊标注样式

由于尺寸标注形式较多，单一的标注样式不能满足所有标注的要求，根据实际情况，设置特殊标注样式可以提高尺寸标注的效率。在机械制图中，常采用线性尺寸标注圆的直径，如图 1-67 所示。如果采用标注样式 GB 标注线性尺寸，则不会自动加ϕ，因此，可以建立一个“非圆直径”的标注样式，如图 1-68 所示，“基础样式”选择“GB”样式；切换到“主单位”选项卡，在“前缀”选项处输入“%%c”，表示在尺寸数字前增加直径符号ϕ，如图 1-69 所示。单击“确定”按钮，创建好“非圆直径”标注样式。

其他特殊标注样式可根据实际情况创建，零件图的尺寸标注最复杂，尺寸标注将在零件图章节进行更详细的介绍。

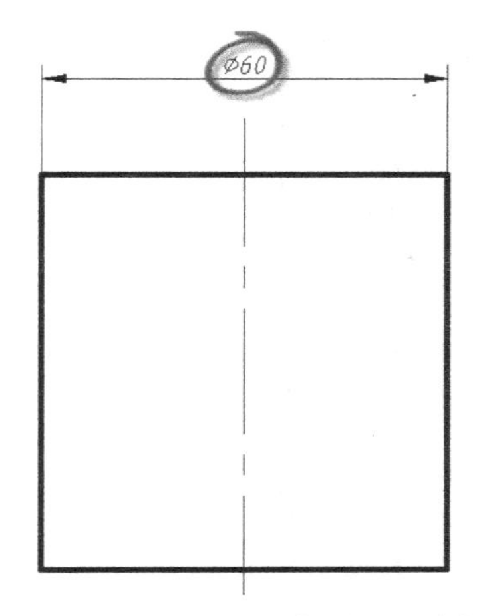

图 1-67　非圆视图上标注圆柱直径

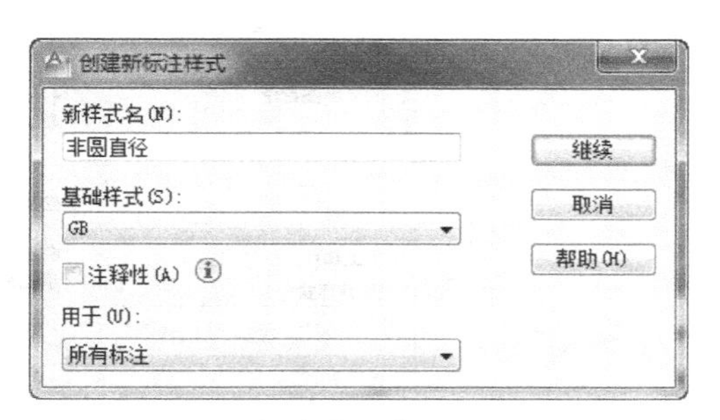

图 1-68　创建非圆直径标注样式

图 1-69　线性尺寸前增加前缀

4. 标注样式的其他操作

（1）修改

在“标注样式管理器”界面上选中某个标注样式，单击“修改”按钮，即可对该标注样式进行修改。

（2）置为当前

在“标注样式管理器”的左上角显示当前标注样式，要改变当前标注样式，只需要选择一个标注样式，单击“置为当前”按钮即可；也可以在想要置为当前标注样式上单击鼠标右键，选择“置为当前”来实现，如图 1-70 所示。

（3）重命名和删除

在某个标注样式上单击鼠标右键，可对某个标注样式进行重命名和删除操作，如图 1-70 所示。

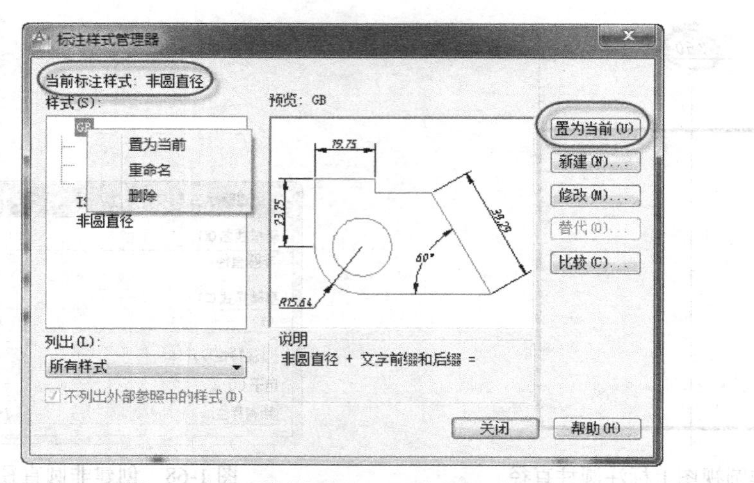

图 1-70 标注样式修改、置为当前等操作

1.9 文件管理

常见的文件管理基本操作包括新建文件、打开已有文件、保存文件、删除文件等，这些都是进行 AutoCAD 2012 文件操作的基础知识。

1.9.1 新建文件

1. “新建文件”执行方式

➢ 命令行：NEW。
➢ 菜单栏：“文件”→“新建”。

NEW 命令的行为由 STARTUP 系统变量确定。

➢ 1: NEW 显示“创建新图形”对话框，如图 1-71 所示。
➢ 0: NEW 显示“选择样板”对话框，如图 1-72 所示。

如果将 FILEDIA 系统变量设定为 0，则将显示命令提示，不出现对话框。如果将 FILEDIA 设定为 1，则显示对话框。AutoCAD 默认情况是 FILEDIA 系统变量设定为 1，STARTUP 系统变量为 0，即显示“选择样板”对话框。

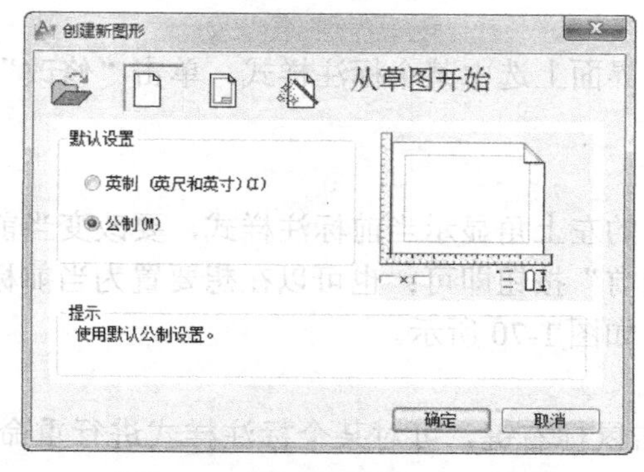

图 1-71 “创建新图形”对话框

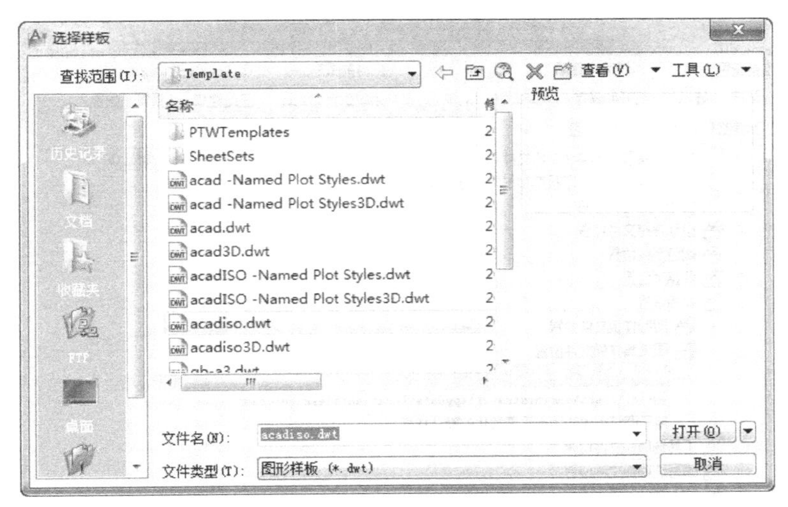

图 1-72 “选择样板”对话框

设置默认图形样板文件位置的方法是：在“文件”选项卡下单击标记为“样板设置”的节点下的“图形样板文件位置”，然后选择需要的样板文件路径，如图 1-73 所示。

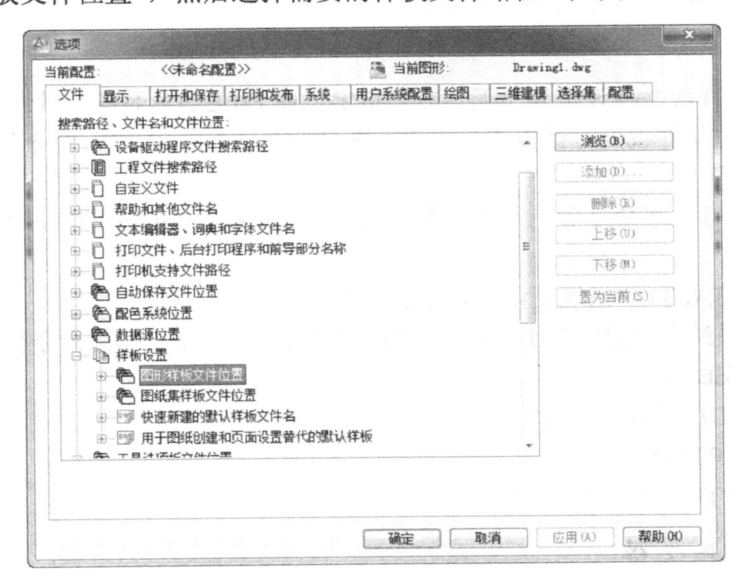

图 1-73 设置样板文件位置

操作步骤：执行 NEW 命令后，系统默认弹出如图 1-72 所示的“选择样板”对话框，在“文件类型”下拉列表框中有 3 种格式的图形样板，分别是后缀为.dwt、.dwg 和.dws 的 3 种图形样板，默认为.dwt 图形样板。

2. “快速新建文件”执行方式

- 命令行：QNEW。
- 工具栏：“标准”→“新建”。

QNEW 命令从默认图形样板文件和文件夹路径创建新的图形，该路径在“选项”对话框的“文件”选项卡上的“快速新建的默认样板文件名”中指定，如图 1-74 所示。

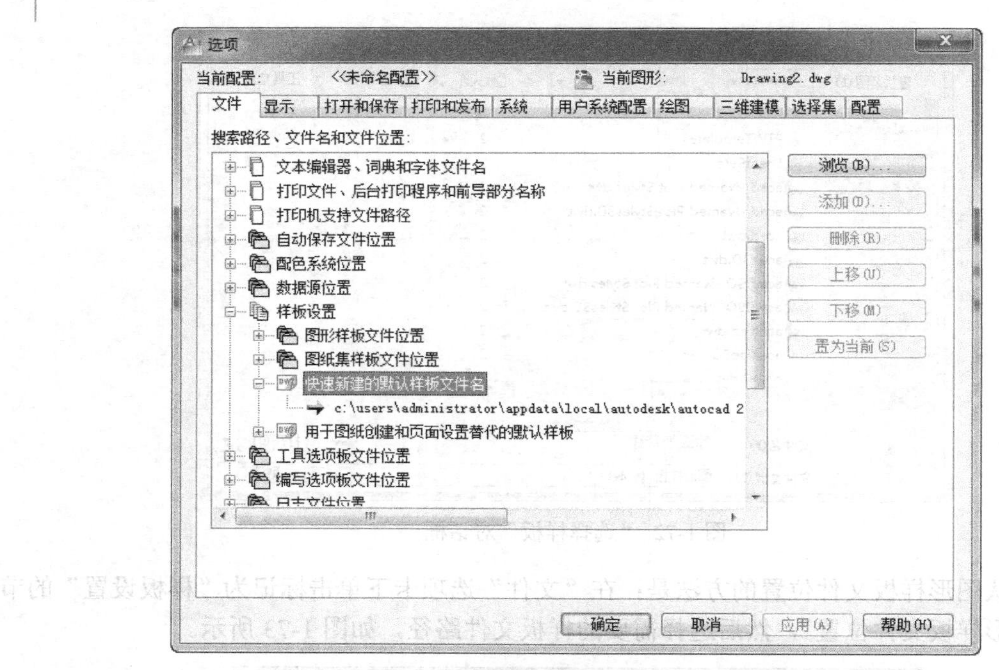

图 1-74 “快速新建的默认样板文件名”设置

如果默认图形样板文件设定为“无”或未指定，在 FILEDIA 系统变量设置为 1 的情况下，QNEW 将显示“选择样板”对话框或“创建新图形”对话框，QNEW 命令的行为由系统变量 STARTUP 决定。

操作步骤：执行上述命令后，系统立即从所选的图形样板创建新图形，而不显示任何对话框或提示。

FILEDIA 和 STARTUP 系统变量设置方法如下：

将 FILEDIA 系统变量设置为 1，将 STARTUP 系统变量设置为 0。命令行提示如下：

➢ 命令：FILEDIA↙
➢ 输入 FILEDIA 的新值 <1>:↙
➢ 命令：STARTUP↙
➢ 输入 STARTUP 的新值 <0>:↙

1.9.2 打开文件

1．执行方式

➢ 命令行：OPEN。
➢ 菜单栏：“文件”→“打开”。
➢ 工具栏：“标准”→“打开”。

2．操作步骤

执行上述命令后，系统弹出如图 1-75 所示的“选择文件”对话框，在“文件类型”下拉列表框中可选择.dwg 文件、.dwt 文件、.dxf 文件和.dws 文件。.dxf 文件是用文本形式存储的图形文件，能够被其他程序读取，许多第三方应用软件都支持.dxf 格式。

图 1-75 “选择文件”对话框

1.9.3 保存文件

1. 执行方式

- 命令行：QSAVE（或 SAVE）。
- 菜单栏：“文件”→“保存”。
- 工具栏：“标准”→“保存”。

2. 操作步骤

执行上述命令后，若文件已命名，则 AutoCAD 自动保存；若文件未命名（即为默认名 Drawing1.dwg），则系统弹出如图 1-76 所示的“图形另存为”对话框，用户可以命名保存。在“保存于”下拉列表框中可以指定保存文件的路径；在“文件类型”下拉列表框中可以指定保存文件的类型。

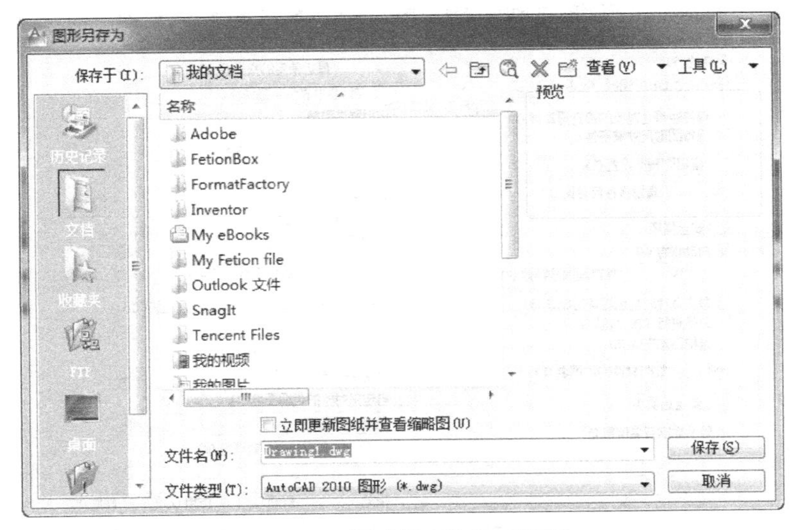

图 1-76 “图形另存为”对话框

为了防止因意外操作或计算机系统故障导致正在绘制的图形文件丢失，可以对当前图形文件设置自动保存，操作步骤如下：

① 利用系统变量 SAVEFILEPATH 设置所有“自动保存”文件的位置，如 d:\cad\。

② 利用系统变量 SAVEFILE 存储“自动保存”文件名。该系统变量存储的文件名文件是只读文件，用户可以从中查询自动保存的文件名。

③ 利用系统变量 SAVETIME 指定在使用“自动保存”时多长时间保存一次图形。

也可以通过“选项”对话框设置自动保存文件位置和自动保存的时间，如图 1-77 和图 1-78 所示。

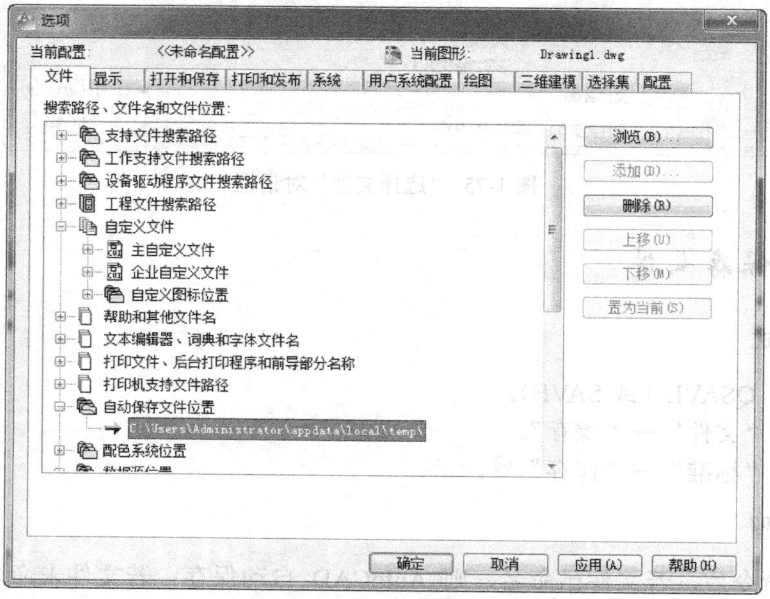

图 1-77 设置自动保存文件位置

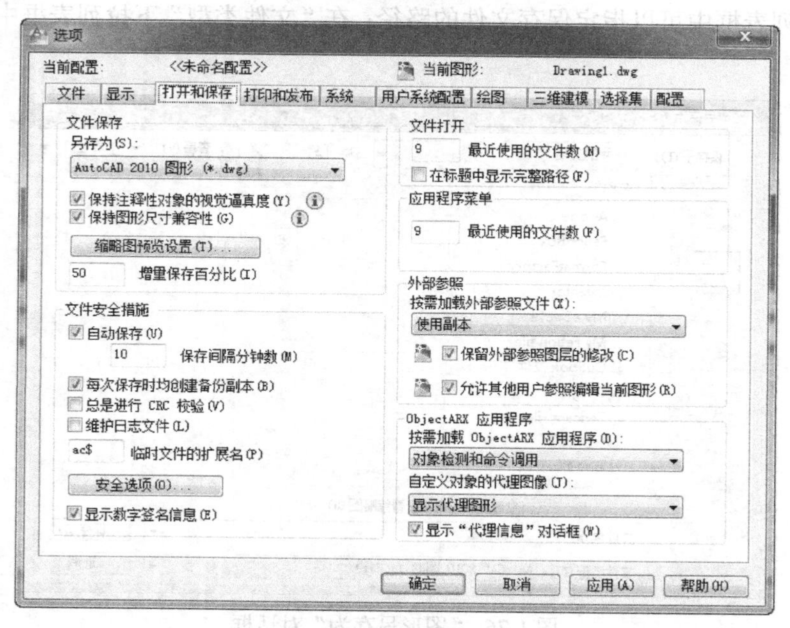

图 1-78 设置自动保存时间

1.9.4 另存为

1. 执行方式

➢ 命令行：SAVEAS。
➢ 菜单栏："文件" → "另存为"。

2. 操作步骤

执行上述命令后，系统弹出如图 1-79 所示的"图形另存为"对话框，AutoCAD 可另存为低版本的.dwg 文件或者其他图形格式，并可改变当前图形文件名。

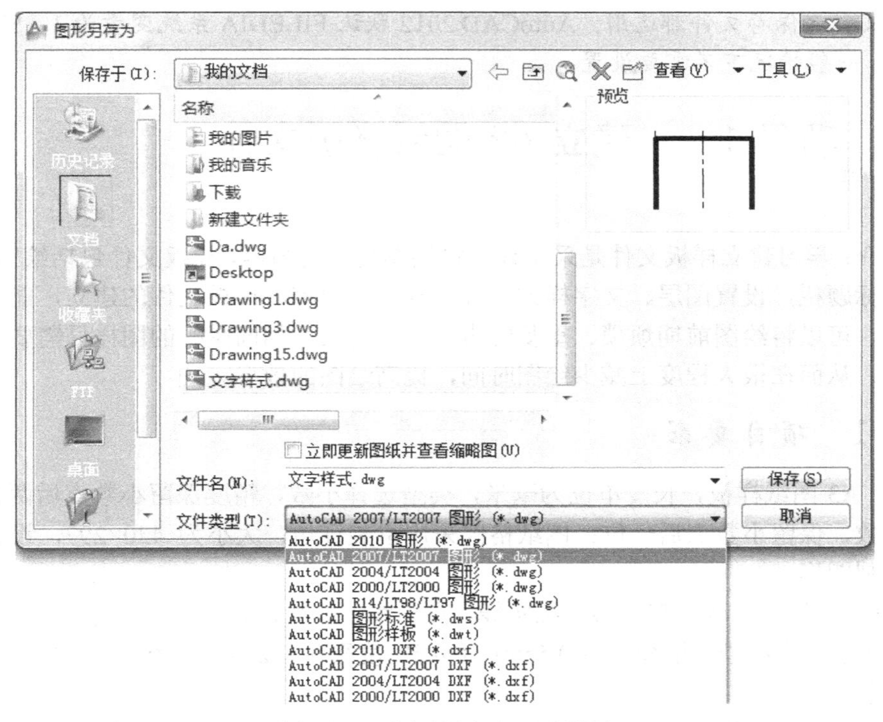

图 1-79 "图形另存为"对话框

1.9.5 退出

1. 执行方式

➢ 命令行：QUIT 或 EXIT。
➢ 菜单栏："文件" → "退出"。
按钮：AutoCAD 操作界面右上角的"关闭"按钮⊠。

2. 操作步骤

执行上述命令后，若用户对图形所作的修改尚未保存，则会出现如图 1-80 所示的系统警告对话框。单击"是"按钮系统将保存文件，然后退出；单击"否"按钮系统将不保存文件。若用户对图形所作的修改已经保存，则直接退出。

图 1-80 系统警告对话框

注意：如果 FILEDIA 系统变量设置为 0，则不出现对话框，而是命令行提示，这对于新建文件、打开文件、保存文件都适用；AutoCAD 2012 默认 FILEDIA 系统变量为 1，STARTUP 系统变量为 0，一般情况下不需要设置。

1.10 项目 1——建立 A3 图纸样板文件

项目简介：学习建立样板文件是采用计算机绘图的必备内容，样板文件包括绘图环境设置，绘制图框和标题栏，设置图层、文字样式和标注样式等内容，样板文件的建立，能够起到一劳永逸的作用，可以将绘图前期烦琐、重复的内容一次完成，相同图幅的图样只需要调用相应样板文件即可，从而在很大程度上减少绘图时间，提高绘图的效率。

1.10.1 项目要求

① 建立 A3 图纸样板，长度单位为毫米，类型选择小数，精度保留小数点后两位，角度单位为十进制数，保留小数点后一位；图纸格式采用留装订边，大小为 420×297，设置图纸范围以外不能绘制图形。

② 建立常用图层，包括粗实线、细实线、点画线、虚线、双点画线、尺寸、文字等常用图层，按国标要求设置线型，粗线采用 0.5mm，细线宽度采用 0.25mm，图层颜色要有所区分，最好使用标准色。

③ 建立两种文字样式，分别命名为“汉字”、“字母与数字”，“汉字”文字样式字体为长仿宋，高度为 5；“字母与数字”文字样式字体设置为 gbeitc.shx，高度为 3.5，其他采用默认设置。

④ 建立多种标注样式，满足零件图尺寸标注的需要；建立一个符合国标要求的常用标注样式，在此基础上建立角度标注、直径标注、半径标注子样式；建立在非圆视图上标注直径的标注样式，能在尺寸数字前自动加ϕ。

⑤ 绘制图框、标题栏，并按简化标题栏格式添加文字。

⑥ 保存为样板文件，文件名为 GB_A3.dwt。

1.10.2 项目导入

1. 项目分析

建立样板文件是为了将每个类型图纸前期需要进行复杂的有关设置简单化，每次建立一个新的文件不需要重复设置图纸大小、绘图环境、图层、文字样式和标注样式等内容，同时将每个样板文件必需的标题栏等内容放置到样板文件内，从而减少工程图样绘制的重复性，降低不必要的时间消耗，提高绘图效率。所以，样板文件的建立是学习绘制工程图样的必修知识。

2. 相关知识背景

要完成机械图样的绘制，首先要掌握机械制图的相关规定，也就是机械制图所学的有关国家标准。

（1）图纸幅面

基本幅面代号有 A0、A1、A2、A3、A4 五种，图纸幅面尺寸及周边尺寸如表 1-2 所示。

表 1-2　图纸幅面及周边尺寸

<table>
<tr><th rowspan="2">幅 面 代 号</th><th>幅 面 尺 寸</th><th colspan="3">周 边 尺 寸</th></tr>
<tr><th>B×L</th><th>a</th><th>c</th><th>e</th></tr>
<tr><td>A0</td><td>841×1189</td><td rowspan="5">25</td><td rowspan="3">10</td><td rowspan="2">20</td></tr>
<tr><td>A1</td><td>594×841</td></tr>
<tr><td>A2</td><td>420×594</td><td rowspan="3">10</td></tr>
<tr><td>A3</td><td>297×420</td><td rowspan="2">5</td></tr>
<tr><td>A4</td><td>210×297</td></tr>
</table>

图框在图纸上必须用粗实线画出，图样绘制在图框内部。其格式分为不留装订边和留装订边两种，图框和纸边界线的距离根据表 1-2 所示的周边尺寸来确定。

（2）标题栏

标题栏是由名称、代号区、签字区、更改区和其他区组成的栏目，国家标准规定的标题栏格式如图 1-81 所示。标题栏位于图纸的右下角。

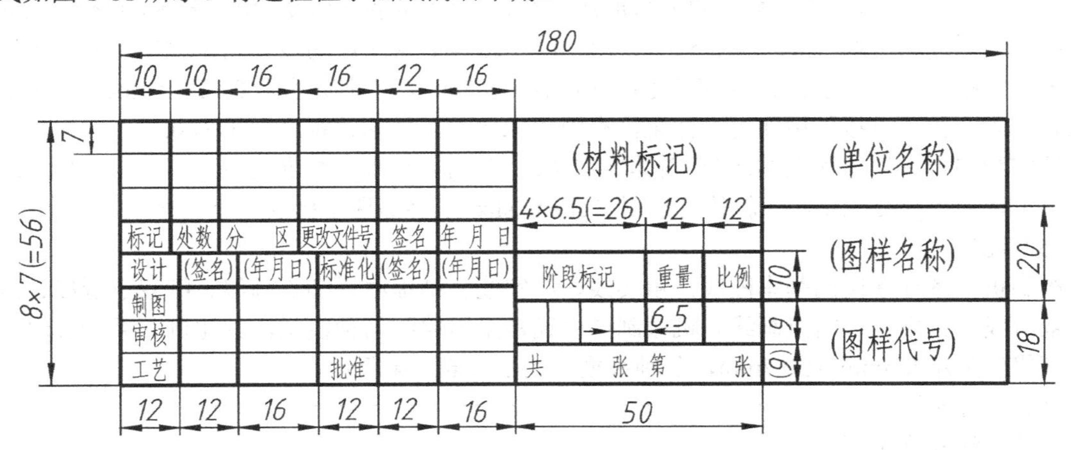

图 1-81　国家标准规定的标题栏格式

学生平时练习可以采用简化的标题栏格式，如图 1-82 所示。

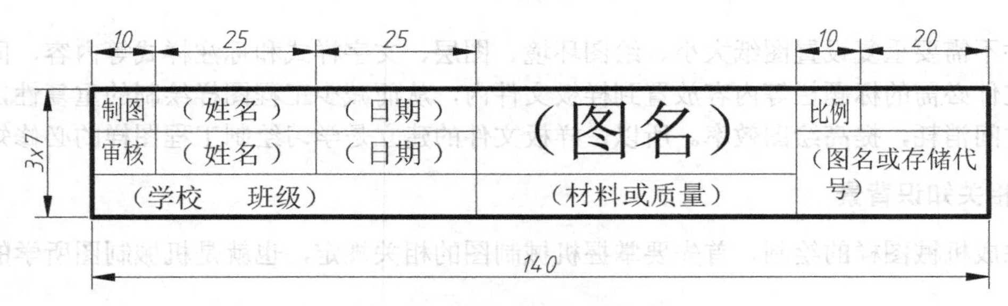

图 1-82　简化的标题栏格式

（3）比例

比例是图中图形与实物相应要素的线性尺寸之比。尽量采用机件的实际大小（1:1）画图，以便反映其真实大小；同一机件的各个视图应采用相同的比例，并在标题栏中标明。国家标准规定的绘图比例如表 1-3 所示。利用 AutoCAD 绘图时可先采用 1 : 1，绘制完成后再根据要求的绘图比例进行缩放，从而减少尺寸数据换算，提高绘图效率。

表 1-3　国家标准规定的绘图比例

种　类	比　例
原值比例	1 : 1
放大比例	2 : 1　2.5 : 1　4 : 1　5 : 1　2×10^n : 1　2.5×10^n : 1　4×10^n : 1　5×10^n : 1　1×10^n : 1
缩小比例	1 : 1.5　1 : 2　1 : 2.5　1 : 3　1 : 4　1 : 5　1 : 6　1 : 1.5×10^n　1 : 2×10^n　1 : 2.5×10^n　1 : 3×10^n　1 : 4×10^n　1 : 5×10^n　1 : 6×10^n　1 : 10　1 : 1×10^n

注：①n 为正整数；②粗体字为优先选用的比例。

（4）字体

字体指图中汉字、字母、数字的书写形式，字体号数（即字体高度，用 h 表示，单位为 mm）的公称尺寸系列为 1.8、2.5、3.5、5、7、10、14、20 等。汉字应写成长仿宋体字，并应采用国家正式公布推行的简化字；汉字的高度 h 不应小于 3.5mm，其字宽约为 $0.7h$；AutoCAD 中如果提供长仿宋字体，直接使用即可，如果没有用仿宋代替，并修改宽度因子为 0.7。

数字和字母有斜体和直体之分，斜体字字头向右倾斜，与水平基准线成 75° 角。在 AutoCAD 中直体可选用“gbenor.shx”，斜体可选用“gbeitc.shx”，字高通常比汉字小一号。

（5）图线

绘制机械图样使用的基本图线：粗实线、细实线、细虚线、细点画线、细双点画线、波浪线、双折线、粗虚线、粗点画线。机械制图中通常采用粗细两种线宽，其比例关系为 2 : 1，粗线宽度优先采用 0.5mm 或 0.7mm，各种线型的用法如表 1-4 所示。

（6）尺寸标注

尺寸标注基本规则：

- 机件的真实大小应以图样中所标注的尺寸为依据，与图形的比例和绘图的准确度无关。
- 图样中（包括技术要求和其他说明）的尺寸，以毫米为单位时，不需要标注计量单位的名称或代号；若采用其他单位，则必须注明相应的计量单位名称或代号。

表 1-4 常用的图线

<table>
<tr><th>名 称</th><th>线 型</th><th>线 宽</th><th colspan="2">主 要 用 途</th></tr>
<tr><td>细实线</td><td></td><td>0.5 d</td><td colspan="2">过渡线、尺寸线、尺寸界线、剖面线、指引线、基准线、重合断面的轮廓线等</td></tr>
<tr><td>粗实线</td><td></td><td>d</td><td colspan="2">可见轮廓线、可见棱边线、可见相贯线等</td></tr>
<tr><td>细虚线</td><td></td><td>0.5 d</td><td>不可见轮廓线、不可见棱边线等</td><td rowspan="2">画长 12d
短间隔长 3d</td></tr>
<tr><td>粗虚线</td><td></td><td>d</td><td>允许表面处理的表示线</td></tr>
<tr><td>细点画线</td><td></td><td>0.5 d</td><td>轴线、对称中心线等</td><td rowspan="3">画长 24d
短间隔长 3d
点长 0.5d</td></tr>
<tr><td>粗点画线</td><td></td><td>d</td><td>限定范围表示线</td></tr>
<tr><td>细双点画线</td><td></td><td>0.5 d</td><td>相邻辅助零件的轮廓线、轨迹线、中断线等</td></tr>
<tr><td>波浪线</td><td></td><td>0.5 d</td><td colspan="2" rowspan="2">断裂处边界线、视图与剖视图的分界线。
在同一张图样上一般采用一种线型，即采用波浪线或双折线</td></tr>
<tr><td>双折线</td><td></td><td>0.5 d</td></tr>
</table>

- 图样中所标注的尺寸，为该机件的最后完工尺寸，否则应另加说明。
- 机件的每一尺寸，在图样中一般只标注一次，并应标注在反映该结构最清晰的图形上。
- 在不致引起误解和不产生理解多义性的前提下，力求简化标注。

尺寸的 4 个基本要素为尺寸数字、尺寸线、尺寸界线和箭头，尺寸数字一般用 2.5 或 3.5 号斜体，也允许使用直体；尺寸线和尺寸界线用细实线绘制，尺寸线一般不用其他图线所代替，也不与其他图线重合或在其延长线上，应尽量避免与其他尺寸线或尺寸界线相交。尺寸界线由图形的轮廓线、轴线或对称线引出，也可直接利用轮廓线、轴线或对称中心线等作为尺寸界线。尺寸界线应超出尺寸线约 2～5mm，一般应与尺寸线垂直，必要时允许倾斜。在机械制图中，尺寸终端采用实心长箭头。关于尺寸标注更详细的规定，请参阅机械制图国家标准 GB/T 4458.4—2003。

3．项目涉及的 AutoCAD 命令

(1) 直线（LINE）

- 命令行：LINE（或 L）。
- 菜单栏："绘图" → "直线"。
- 工具栏："绘图" → "直线" ⁄。

执行命令后，输入两点坐标，或者在确定第一点的情况下，通过极轴捕捉追踪确定线的方向，直接输入直线段的长度即可画线。

（2）矩形（RECTANG）

➢ 命令行：RECTANG（或 REC）。

➢ 菜单栏：“绘图”→“矩形”。

➢ 工具栏：“绘图”→“矩形”。

执行命令后，输入矩形两个对角点的坐标来绘制矩形，如图 1-83 所示；绘制好的矩形及两个角点坐标位置如图 1-84 所示。

命令：RECTANG
指定第一个角点或[倒角（C）/标高（E）/圆角（F）/厚度（T）/宽度（W）]：0,0
指定另一个角点或[面积（A）/尺寸（D）/旋转（R）：50,30

图 1-83 绘制矩形步骤

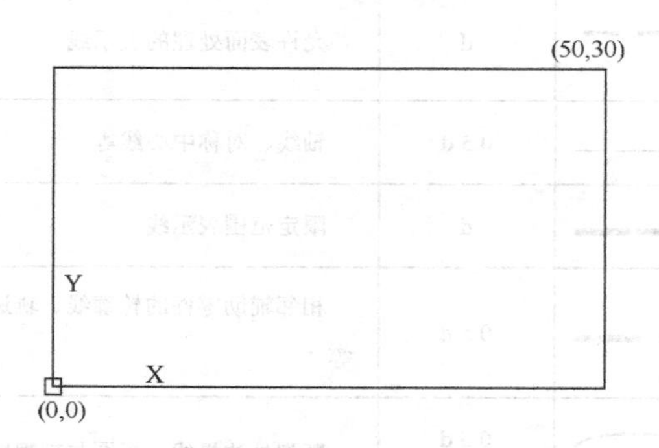

图 1-84 绘制好的矩形及坐标点位置

（3）修剪（TRIM）

➢ 命令行：TRIM（或 TR）。

➢ 菜单栏：“修改”→“修剪”。

➢ 工具栏：“修改”→“修剪”。

修剪命令用于将某个或者某些对象保留一部分，修剪一部分，因此，修剪对象要确定边界。修剪命令执行后，请先选择边界，然后按 Enter 键并选择要修剪的对象。要将所有对象用作边界，请在首次出现“选择对象”提示时按 Enter 键。

修剪命令的应用实例如图 1-85 所示，直径相同的两圆及上下两条公切线，要求以公切线为分界线，将图形内部的两段圆弧修剪掉，如图 1-85（a）所示。

“修剪”命令的执行过程如下：

✧ 命令：TRIM↙

✧ 选择对象或 <全部选择>：（用鼠标左键选择上下两条边界线后，按 Enter 键、空格键或者鼠标右键）

✧ 选择要修剪的对象，或按住 Shift 键选择要延伸的对象，或[栏选(F)/窗交(C)/投影(P)/边(E)/删除(R)/放弃(U)]:（用鼠标左键选择要修剪的两段圆弧，按 Enter 键、空格键或者鼠标右键结束修剪命令）

修剪命令的执行结果如图 1-85（b）所示。

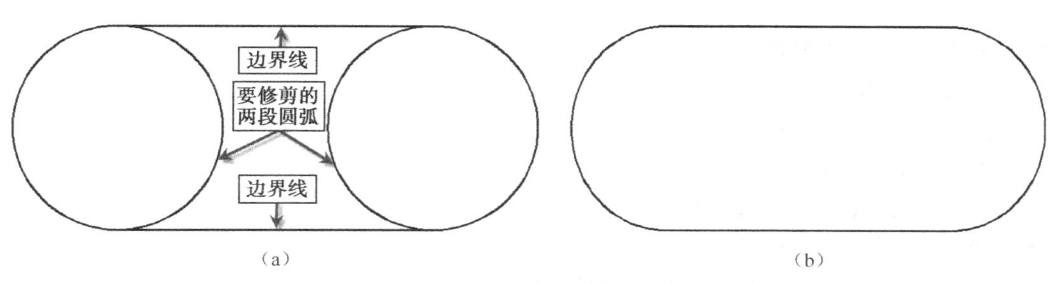

图 1-85 “修剪”命令

（4）偏移（OFFSET）

➢ 命令行：OFFSET（或 O）。
➢ 菜单栏：“修改”→“偏移”。
➢ 工具栏：“修改”→“偏移”。

偏移命令的应用实例如图 1-86 所示，“偏移”命令的执行过程如下：

✧ 命令：OFFSET↙
✧ 指定偏移距离或 [通过(T)/删除(E)/图层(L)] <通过>:（输入 10 后，按 Enter 键或空格键）
✧ 选择要偏移的对象，或 [退出(E)/放弃(U)] <退出>:（用鼠标左键选择圆）
✧ 指定要偏移的那一侧上的点，或 [退出(E)/多个(M)/放弃(U)] <退出>:（用鼠标左键在圆内点一下，偏移一个圆）
✧ 选择要偏移的对象，或 [退出(E)/放弃(U)] <退出>:（用鼠标左键选择直线）
✧ 指定要偏移的那一侧上的点，或 [退出(E)/多个(M)/放弃(U)] <退出>:（用鼠标左键在直线上方点一下，偏移一条直线）
✧ 按回车键结束命令。

偏移命令的执行结果如图 1-86（b）所示。

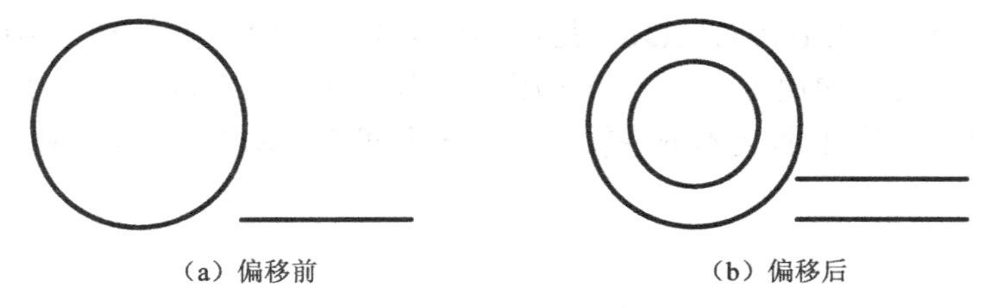

图 1-86 “偏移”命令

（5）复制（COPY）

➢ 命令行：COPY。
➢ 菜单栏：“修改”→“复制”。
➢ 工具栏：“修改”→“复制”。

该命令可以对多个图形对象复制多个，执行命令后，在命令行选择对象:提示下，选择对象并按回车键，在指定基点或 [位移(D)/模式(O)] <位移>:提示下，选择要复制的对象相对于哪个点进行复制，可以输入坐标或者利用对象捕捉来捕捉到合适的点，可以一次复制多个，按回车键或空格键结束命令。

（6）单位（UNITS）

➢ 命令行：UNITS（或 UN）。
➢ 菜单栏：“格式”→“单位”。

（7）图形界限（LIMITS）

➢ 命令行：LIMITS。

➢ 菜单栏："格式"→"图形界限"。

（8）图层（LAYER）

➢ 命令行：LAYER（或LA）。

➢ 菜单栏："格式"→"图层"。

➢ 工具栏："图层"→"图层特性管理器"。

（9）文字样式（STYLE）

➢ 命令行：STYLE（或ST）。

➢ 菜单栏："格式"→"文字样式"。

➢ 工具栏："样式"→"文字样式"。

（10）标注样式（DIMSTYLE）

➢ 命令行：DIMSTYLE（或DST）。

➢ 菜单栏："格式"→"标注样式"。

➢ 工具栏："样式"→"标注样式"。

（11）多行文字（MTEXT）

➢ 命令行：MTEXT（或MT）。

➢ 菜单栏："绘图"→"文字"→"多行文字"。

➢ 工具栏："绘图"→"多行文字" A。

"多行文本"命令的执行过程如下：

✧ 命令：MTEXT↙

✧ MTEXT 当前文字样式: "汉字" 文字高度: 3.5 注释性: 否

✧ 指定第一角点：

✧ 指定对角点或 [高度(H)/对正(J)/行距(L)/旋转(R)/样式(S)/宽度(W)/栏(C)]:（用鼠标左键在绘图区放置文字的地方框选一个区域，弹出多行文字编辑器，如图1-87所示。）

✧ 设置文字格式，在下面文本框中输入"技术要求"，单击"确定"按钮，完成多行文字命令。

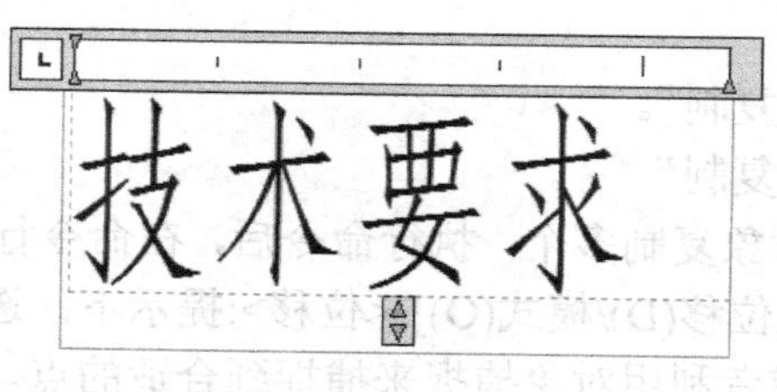

图1-87 多行文字编辑器

注意：要了解单位（UNITS）、图层（LAYER）、文字样式（STYLE）和标注样式（DIMSTYLE）等设置，可参照前面1.5节、1.6节、1.7节和1.8节的有关内容。

1.10.3　项目实施

1．新建文件，设置绘图环境

Step1. 打开 AutoCAD 2012 软件，通过菜单栏“格式”→“单位”，设置长度精度、角度精度和单位，单击“确定”按钮，如图 1-88 所示。

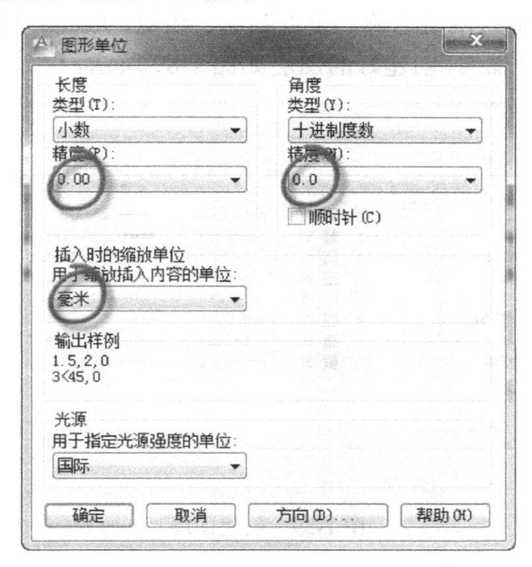

图 1-88　设置单位

Step2. 菜单栏选择“格式”→“图形界线”或者命令行输入“LIMITS”，设置开关 on。

Step3. 将状态栏的捕捉模式、栅格、极轴追踪、对象捕捉、对象捕捉追踪和线宽打开，并在栅格选项右键单击“设置”，关闭“显示超出界限的栅格”。这样显示栅格的范围即 A3 图纸的大小。

2．设置图层

Step1. 通过菜单栏、工具栏或者命令行输入“Layer”，打开“图层特性管理器”，新建常用图层，包括粗实线、细实线、细点画线、细虚线、细双点画线、文字、尺寸标注等图层。图层设置可参考《机械工程 CAD 制图规则》(GB/T14665—2012)，此处图层的有关设置仅供参考，如表 1-5 所示。

表 1-5　设置图层

图层名称	颜色	线型	线宽	用途
0	默认	Continuous	默认	
粗实线	白	Continuous	0.5	可见轮廓线
细实线	绿	Continuous	0.25	剖面线、波浪线等
细点画线	红	Center2	0.25	轴线、对称线等
细虚线	黄	Hidden2	0.25	不可见轮廓线
细双点画线	洋红	PHANTOM2	0.25	假想轮廓线

续表

图层名称	颜　色	线　型	线　宽	用　途
文字	白	Continuous	0.25	书写文字
尺寸标注	白	Continuous	0.25	标注尺寸

注：颜色选择要考虑背景色，主要从索引颜色代号1～7选取。

Step2. 单击新建，输入图层名称，设置颜色、线型、线宽；依次将所需图层创建好，单击✕，关闭“图层特性管理器”。创建好的图层如图1-89所示。

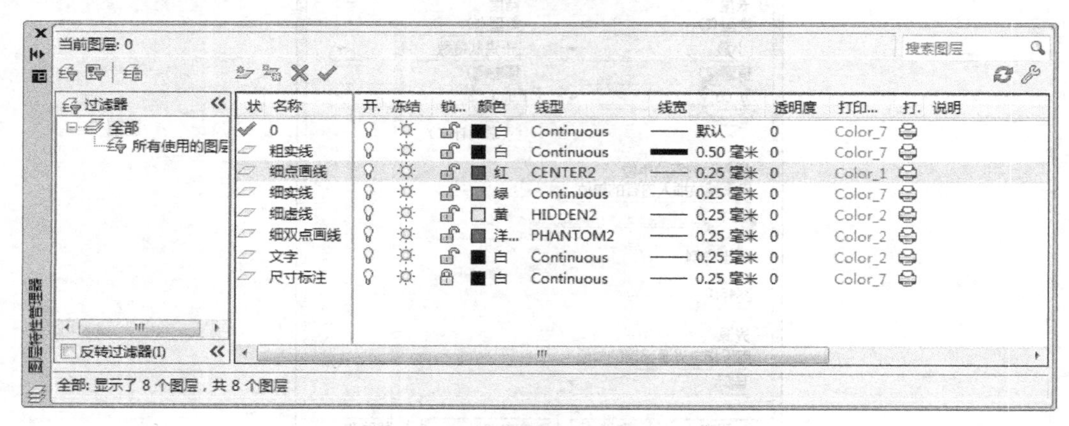

图1-89　创建图层

3．设置文字样式

Step1. 通过菜单栏、工具栏或者命令行输入“STYLE”，打开“文字样式”对话框，新建“汉字”和“字母数字”两个样式。

Step2. “汉字”文字样式字体为长仿宋，高度为5；“字母与数字”文字样式字体设置为gbeitc.shx，高度为3.5，其他采用默认设置，如图1-90所示。文字和图幅的关系参考表1-6。

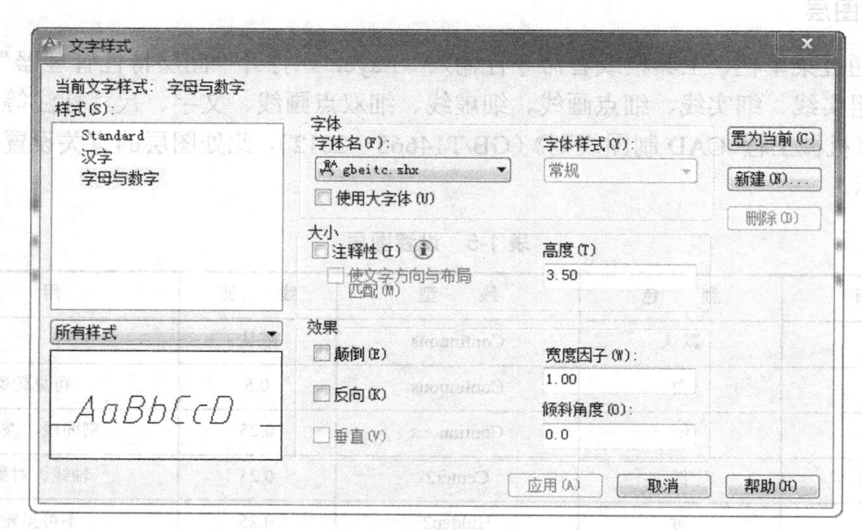

图1-90　创建文字样式

表 1-6　图幅与字体高度　（mm）

字符类型	图幅				
	A0	A1	A2	A3	A4
	字体高度 h				
字母与数字	5		3.5		
汉字	7		5		

注：h=汉字、字母与数字的高度。

4．设置标注样式

Step1. 通过菜单栏、工具栏或者命令行输入“DIMSTYLE”，打开“标注样式管理器”对话框，新建“GB”标注样式，“用于”选择“所有标注”，基础样式选择“ISO-25”，单击“继续”按钮。设置“超出尺寸线”为 2，“箭头大小”为 3.5，“文字样式”选择“字母与数字”，“小数分隔符”设置为“句点”，其他选用默认设置；单击“确定”按钮，完成“GB”标注样式。

Step2. 新建“GB”样式的子样式，“用于”选择“半径标注”，设置“文字对齐方式”为“ISO标准”，单击“确定”按钮，返回“标注样式管理器”对话框。

Step3. 新建“GB”样式的子样式，“用于”选择“直径标注”，设置“文字对齐方式”为“ISO标准”，“调整选项”选择“文字”，“优化”选择“手动放置文字”，单击“确定”按钮，返回“标注样式管理器”对话框。

Step4. 新建“GB”样式的子样式，“用于”选择“角度标注”，设置“文字对齐方式”为“水平”，单击“确定”按钮，返回“标注样式管理器”对话框。

Step5. 新建“线性非圆直径”样式的子样式，“基础样式”选择“GB”，“用于”选择“所有标注”，主单位“前缀”设置“%%c”，单击“确定”按钮，返回“标注样式管理器”对话框。

创建好的标注样式如图 1-91 所示。

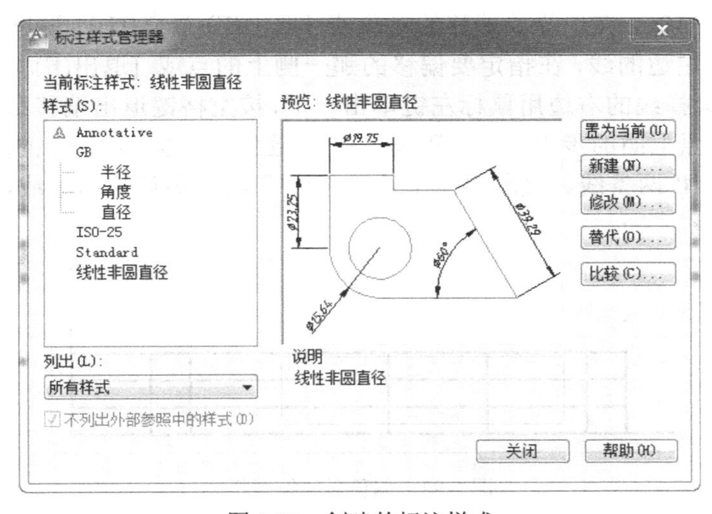

图 1-91　创建的标注样式

5．绘制纸边界线和图框

Step1. 将图层工具栏切换图层到细实线层，单击绘图工具栏直线命令，在命令行输入第一个点绝对坐标（0，0）后按回车键或者空格键；输入第二个点绝对坐标（420，0）后按空格键；输入第三个点的相对坐标（@0，297）后按空格键；输入第四个点相对坐标（@-420，0）后按空格键；输入字母“C”后按空格键，完成图纸纸边界线的绘制。

Step2. 将图层工具栏切换图层到粗实线层，单击绘图工具栏矩形□命令，在指定第一个角点或 [倒角(C)/标高(E)/圆角(F)/厚度(T)/宽度(W)]: 提示下，输入绝对直角坐标（25，5）后按空格键，在指定另一个角点或 [面积(A)/尺寸(D)/旋转(R)]: 提示下输入（415，292）后按空格键，完成图框的绘制。

6. 绘制标题栏

Step1. 依据图 1-92 所示简化标题栏尺寸绘制标题栏，单击绘图工具栏直线╱命令，利用对象捕捉单击图框的右下角点，往上拖动鼠标利用极轴捕捉追踪在光标附近显示极坐标带有“<90°”时，在命令行输入“21”后按空格键；再将鼠标往左拖到水平位置，鼠标处的极轴坐标出现“<180°”时，在命令行输入“140”后按空格键；再将鼠标往下拖，鼠标处的极轴坐标出现“<270°”时，在命令行输入“21”后按空格键；再按一下空格键，结束直线命令，完成标题栏粗实线外框的绘制。

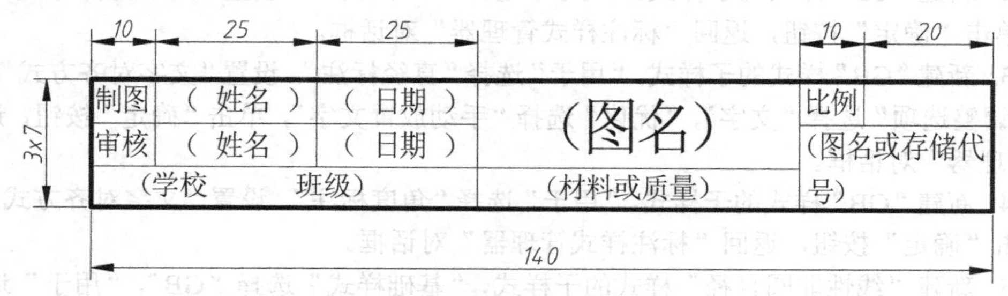

图 1-92 学生用简化的标题栏

Step2. 单击修改工具栏偏移⊆命令，在指定偏移距离或 [通过(T)/删除(E)/图层(L)] <通过>:提示下，输入“10”，在选择要偏移的对象或 [退出(E)/放弃(U)] <退出>:提示下，选择刚绘制标题栏矩形框左边的线，在指定要偏移的那一侧上的点或 [退出(E)/多个(M)/放弃(U)] <退出>:提示下，在选择线的右边用鼠标左键单击一下，按空格键退出偏移命令。再按空格键，重复偏移命令，按照上面的步骤，输入距离“25”，连续往右偏移出 25 的两条线。然后再从右往左偏移 20 和 10 两条线。接着再从上往下按照 7 的距离偏移两条线，偏移后的结果如图 1-93 所示。

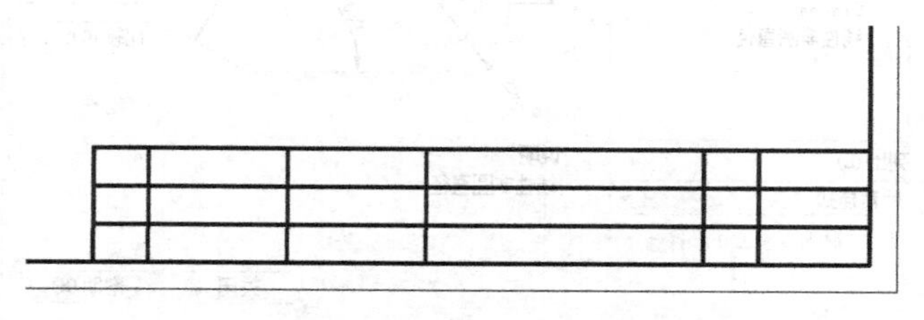

图 1-93 偏移后的标题栏

Step3. 利用交叉窗口选择（从右往左框选），将标题栏内刚偏移的所有线选中，在图层工具栏选择细实线层。单击修改工具栏修剪╱命令，在选择对象或 <全部选择>:提示下，同样利用交叉窗口选择标题栏框内的所有直线后按回车键或者直接按回车键选择全部对象后，再利用交叉窗口选择或者点选，将图 1-92 中（图名）、（学校　班级）、（图名或存储代号）位置多余的线修剪掉，按回车键结束修剪命令，修剪结果如图 1-94 所示。

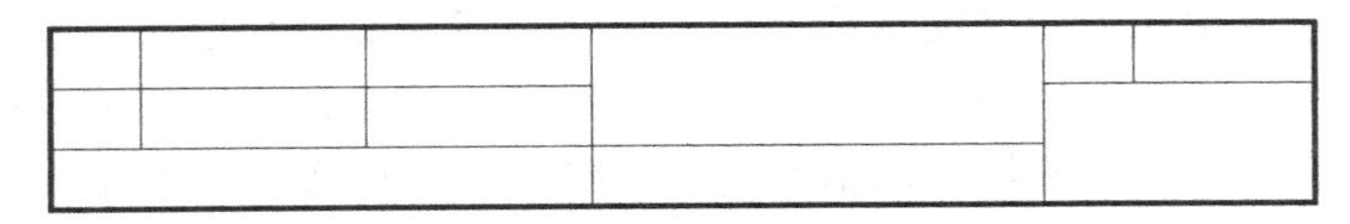

图 1-94　修剪后的标题栏

7．添加文字

Step1. 将图层工具栏切换图层到文字层，单击绘图工具栏多行文字 A 命令，在指定第一角点:提示下，在图 1-91 所示制图位置用鼠标左键框选一个区域添加文字，在弹出的“文字格式”编辑器的文字样式下拉框选择“汉字”，在下面的文字输入区输入“制图”，单击“确定”按钮，完成“制图”的文字添加。

Step2. 选中“制图”，通过文字左上角的蓝色“夹点”调整文字在矩形框中的位置，如果对象捕捉开关打开不方便调整到合适位置，可将状态栏的“对象捕捉”先关掉，文字调整到合适位置再将对象捕捉打开。

Step3. 单击修改工具栏复制 命令，在选择对象:提示下，选择文字“制图”后按空格键，在指定基点或 [位移(D)/模式(O)] <位移>:提示下，用鼠标左键单击文字“制图”左上角的角点作为复制对象的基点，在指定第二个点或 [阵列(A)] <使用第一个点作为位移>: 提示下，同样选择文字“审核”左上角的角点，将“制图”复制一份，再选择其他位置的左上角的角点，进行复制。通过复制可以方便地将同行、同列文字对齐，避免过多的文字位置调整。

Step4. 用鼠标左键双击要修改的文字，打开多行文字编辑器，修改文字内容或者文字格式，拖拽文字上面的标尺可以改变文本的宽度，汉字在这里使用高度 5，比较靠近四周边线，可以采用 3.5，“（图名）”高度设置为 7。位置不合适，可以在关闭对象捕捉的情况下进行调整，修改好的标题栏如图 1-95 所示。

制图	（姓名）	（日期）	（图名）	比例	
审核	（姓名）	（日期）		（图名或存储代号）	
（学校　班级）			（材料或质量）		

图 1-95　修改好标题栏

8．保存样板文件

Step1. 通过菜单“文件”→“另存为”，打开“图形另存为”对话框，在“文字类型”下拉框中选择“AutoCAD 图形样板（*.dwt）”格式，切换到“Template”样板文件夹。

Step2. 在文件名处输入“GB_A3”，单击“保存”按钮，弹出“样板选项”对话框，在说明处，输入“GB_A3 图形样板”或者不输入，测量单位“公制”不变，单击“确定”按钮，完成样板文件的保存。

9．退出 AutoCAD 2012

通过菜单“文件”→“退出”或者直接单击操作界面右上角的“关闭”按钮⊠，退出 AutoCAD 2012。

1.10.4 项目检查与评价

项目完成后，项目完成人通过项目情况检查表对完成情况进行自检，以总结自己对整个项目知识点掌握的情况，从而发现不足，加强知识点练习；教师也可对应该表检查学生项目完成情况，对学生做出评价，并对班级学习情况进行总结。项目检查表列出了完成项目所需要的知识点，并将掌握知识点情况进行了量化，学生与教师可根据掌握知识点的情况进行综合评分，来评价对项目的掌握情况。项目检查表如表1-7所示。

表1-7 项目检查表

项目名称	建立A3图纸样板文件			
序号	检查内容	掌握程度（分值）	学生自检	教师检查
1	新建、关闭 AutoCAD 2012	1.没掌握 2.掌握 3.熟练掌握		
2	单位、图形界限设置	1.没掌握 2.掌握 3.熟练掌握		
3	精确辅助绘图工具设置	1.没掌握 2.掌握 3.熟练掌握		
4	常用图层设置	1.没掌握 2.掌握 3.熟练掌握		
5	文字样式设置	1.没掌握 2.掌握 3.熟练掌握		
6	标注样式、子样式设置	1.没掌握 2.掌握 3.熟练掌握		
7	直线、矩形命令（坐标输入方式）	1.没掌握 2.掌握 3.熟练掌握		
8	添加、编辑多行文字	1.没掌握 2.掌握 3.熟练掌握		
9	复制、偏移、修剪	1.没掌握 2.掌握 3.熟练掌握		
10	保存样板文件	1.没掌握 2.掌握 3.熟练掌握		
		合计		

检查情况说明：没掌握1分，掌握2分，熟练掌握3分。

15分以下：没有掌握，不能独立完成项目，需要认真学习。

15分～20分：基本掌握，需要针对部分知识点加强学习。

20分～25分：掌握，能独立完成项目，不熟练知识点需要加强练习。

25分～30分：较好掌握，能够较好地完成该项目及类似项目。

1.10.5 项目拓展

根据机械制图国家标准，完成A0、A1、A2、A4图纸样板文件的创建。

1.10.6 项目小结

建立样板文件是绘制机械工程图的基础，使用样板文件可在较大程度上提高绘图效率，减少绘图时间；同时，建立样板文件所涉及的图层、文字样式、标注样式等设置，以及直线、文字、偏移、修剪、复制等绘图和修改命令也是绘制机械工程图样的主要命令，熟练应用这些命令对于后面平面图形、零件图、装配图的学习也有很大的促进作用。

1.11 本章小结

本章介绍了 AutoCAD 计算机绘图的基础知识，其中坐标系统、精确绘图辅助工具、图层、文字样式和标注样式是快速绘制机械图样的基础，需要熟练掌握。通过项目 1 介绍了样板建立的方法和步骤，掌握并能熟练应用样板可以在较大程度上提高绘制机械图样的效率。

第2章 平面图形的绘制

本章提要：学习 AutoCAD 基本绘图命令和修改命令，并能够熟练应用；掌握不同类型的平面图形的分析方法、绘制方法和绘图技巧，并能结合 AutoCAD 绘图命令快速完成平面图形的绘制。

2.1 平面图形的尺寸分析及绘图步骤

2.1.1 尺寸分析

对平面图形进行尺寸分析，是绘制平面图形的基础，通过尺寸分析可以检查尺寸的完整性，确定各线段及圆弧的作图顺序。尺寸按其在平面图形中所起的作用，可分为定形尺寸和定位尺寸两类。为了确定平面图形中线段的上下、左右的相对位置，还需确定基准。一个平面图形至少有两个基准，如直角坐标 *X*、*Y* 方向基准。常用作基准线的有：对称图形的对称中心线；较大圆的中心线；较长的直线。平面图形的两个方向基准确定后，即可确定整个图形的位置。要了解更多内容可参考机械制图教材。

2.1.2 绘图步骤

根据机械制图内容，平面图形中的线段（圆弧）分为已知线段、中间线段和连接线段。根据尺寸标注，已知线段可以直接画出，中间线段通常包含一个相切条件，连接线段通常包含两个相切条件，因此，根据已知条件的多少，平面图形的绘图步骤如下：

① 设置好绘图、图层等内容（可选用自己建好的样板文件）。

② 画出基准线和定位线。

③ 画出已知线段。

④ 画出中间线段。

⑤ 画出连接线段。

⑥ 检查调整。

根据图形结构特点，可以将平面图形分为几个部分，一部分一部分地绘制，然后绘制各部分间的图线。

2.2　项目 2——规则平面图形的绘制

规则平面图形在机械制图中出现较多，如规则的图案、机械零件的某个视图或局部视图等；所以，掌握好图形规律，可以方便快速地绘制图形，起到事半功倍的作用。规则平面图形的绘制，也是绘制零件图、装配图等复杂图形的基础。

2.2.1　项目要求

① 按照国标要求设置好绘图环境、图层等内容，或者选用项目 1 建立的样板文件 GB_A3.dwt 完成图 2-1 所示的平面图形。

② 按照国标要求规范绘制图形，不标注尺寸。

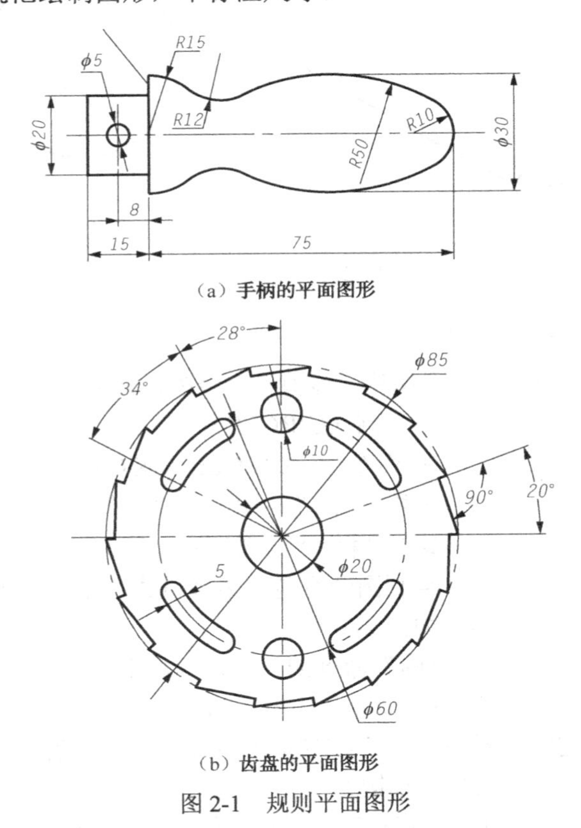

（a）手柄的平面图形

（b）齿盘的平面图形

图 2-1　规则平面图形

2.2.2　项目导入

1. 项目分析

如图 2-1 所示平面图形属于常见的规则平面图形，主要结构特点是对称：一种是两侧对称，又称为左右对称，如图 2-1（a）所示；另一种是中心对称，如图 2-1（b）所示。两侧对称图形根据绘图的方便程度，可以先绘制一半或者一大半，然后通过镜像命令完成对称部分；中心对称在圆周上均匀分布的图线，可以通过环形阵列命令来完成。

2．相关知识背景

该部分知识涉及机械制图的几何作图部分内容，其中圆弧连接在手工绘图中属于难点，圆弧连接可以用圆弧连接两条已知直线、两已知圆弧或一直线一圆弧，也可用直线连接两圆弧。通常手工绘图根据两相切条件利用两圆心轨迹确定圆心后，利用已知半径绘制圆弧；计算机绘图和手工绘图相比，由于提供了对象捕捉、对象追踪、极轴捕捉追踪等功能，使得绘图更简单，效率更高。

如图 2-2 所示的圆弧连接，用半径为 R 的圆弧连接两直线和两个圆，利用手工绘图先确定半径为 R 的圆心，再画圆弧；利用 AutoCAD 绘图，只需要一个圆角命令便可轻松绘制半径为 R 的连接弧，圆角命令只需要设定好半径值，所绘制圆弧默认和连接的两线段相切。圆角命令的具体用法，将在后面进行详细介绍。

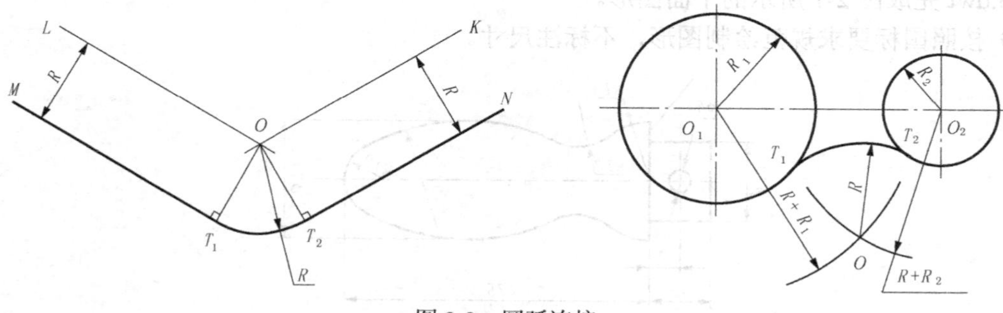

图 2-2　圆弧连接

3．项目涉及的 AutoCAD 命令

该项目除了前面所介绍的直线、偏移、修剪等命令外，还将应用以下绘图和修改命令。

圆心、半径(R)
圆心、直径(D)
两点(2)
三点(3)
相切、相切、半径(T)
相切、相切、相切(A)

图 2-3　菜单绘制圆的方式

（1）圆（CIRCLE）

➢ 命令行：CIRCLE（或 C）。

➢菜单栏："绘图"→"圆"→"圆心、半径"。

➢工具栏："绘图"→"圆"。

绘制圆命令包含多种方式，在菜单的下拉列表中已经详细列出，如图 2-3 所示。

"圆"命令的执行过程如下：

✧ 命令：CIRCLE↙

✧ 命令: _circle 指定圆的圆心或 [三点(3P)/两点(2P)/切点、切点、半径(T)]:（输入坐标值或者在平面上指定一点后按回车键）

✧ 指定圆的半径或 [直径(D)]:（直接输入半径后按回车键，结束命令；或者输入 D 按回车键，再输入直径值，按回车键结束命令）

菜单和命令行绘制圆的其他方式介绍如下：

➢ 三点(3P)：基于圆周上的 3 点绘制圆，如图 2-4（a）所示。

➢ 两点(2P)：基于圆直径上的两个端点绘制圆，如图 2-4（b）所示。

➢ 切点、切点、半径(T)：基于指定半径和两个相切对象绘制圆。有时会有多个圆符合指定的条件，程序将绘制具有指定半径的圆，其切点与选定点的距离最近，如图 2-4（c）所示。

➢ 相切、相切、相切(A)：创建相切于 3 个对象的圆，如图 2-4（d）所示。

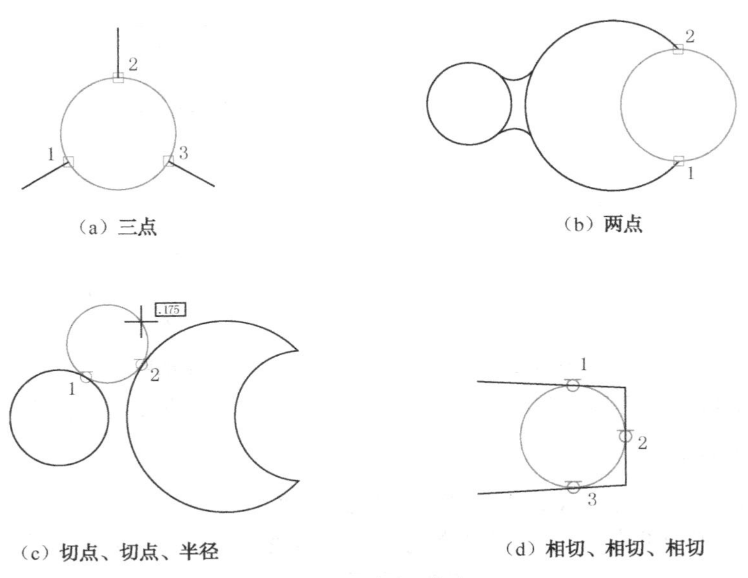

图 2-4 “圆”命令

（2）圆角（FILLET）

➢ 命令行：FILLET（或 F）。
➢ 菜单栏：“修改”→“圆角（F）”。
➢ 工具栏：“修改”→“圆角”。

“圆角”命令的执行过程如下：

✧ 命令：FILLET↙
✧ 当前设置: 模式 = 修剪，半径 =0.00（默认圆角半径为 0，设置半径后按回车键）
✧ 选择第一个对象或 [放弃(U)/多段线(P)/半径(R)/修剪(T)/多个(M)]:（输入“R”按回车键）
✧ 指定圆角半径 <0.00>:（直接输入半径后按回车键，设定圆角半径）
✧ 选择第一个对象或 [放弃(U)/多段线(P)/半径(R)/修剪(T)/多个(M)]:（选择第一段圆弧或直线）
✧ 选择第二个对象，或按住 Shift 键选择对象以应用角点或 [半径(R)]:（选择第二段圆弧或直线后结束圆角命令）

命令执行结果如图 2-5 所示。

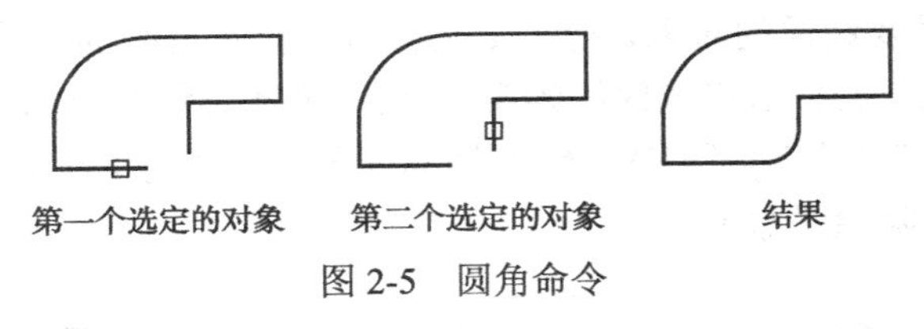

图 2-5 圆角命令

如果选择直线、圆弧或多段线，它们的长度将进行调整以适应圆角圆弧。选择对象时，可以按住 Shift 键，以使用值 0（零）替代当前圆角半径。

在圆之间和圆弧之间可以有多个圆角存在，计算机默认选择靠近期望的圆角端点的对象。在直线和圆弧间选择不同对象位置所生成的圆角结果，如图 2-6 所示。

FILLET 不修剪圆，圆角圆弧与圆相切相连，在两圆间作圆角实例如图 2-7 所示。

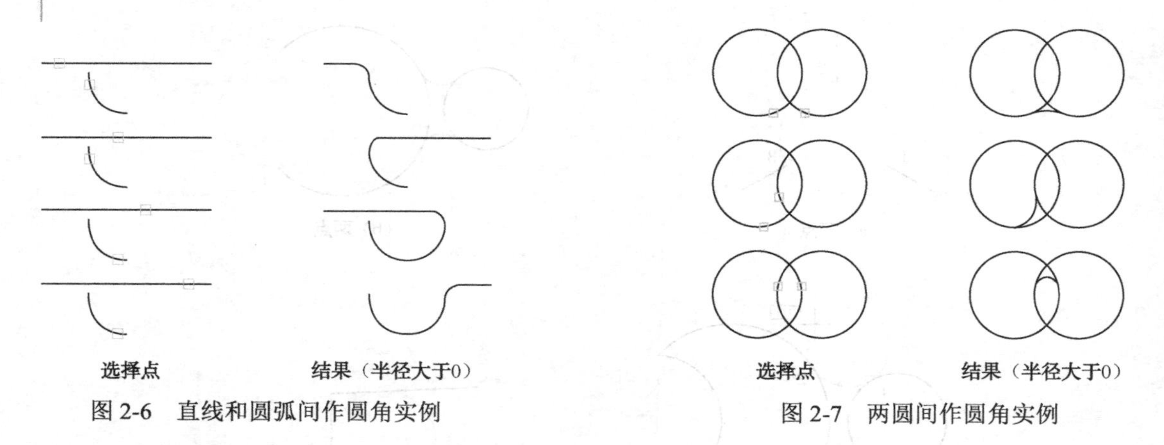

图 2-6 直线和圆弧间作圆角实例

图 2-7 两圆间作圆角实例

常用参数介绍如下：

修剪(T)：通过该选项可以设置为“修剪”模式或“不修剪”模式，系统默认为“修剪”模式；“修剪”模式在作圆角的同时，将多余的线或圆弧修剪掉；“不修剪”模式在生成圆角时，不对原有图线修剪。两种模式对比，如图 2-8 所示。

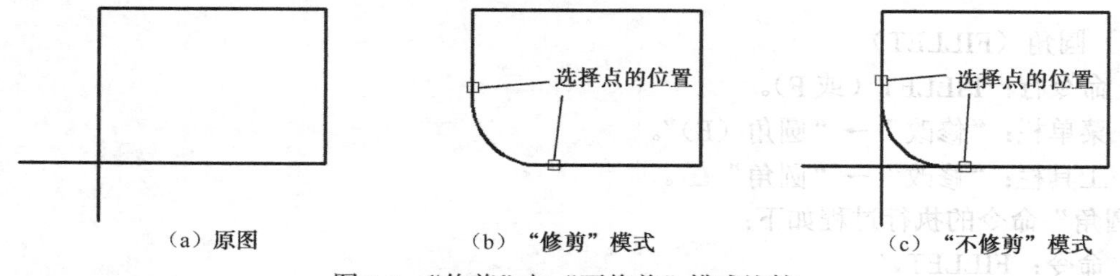

（a）原图　（b）“修剪”模式　（c）“不修剪”模式

图 2-8 “修剪”与“不修剪”模式比较

多个(M)：给多个对象加圆角。

（3）镜像（MIRROR）

➢ 命令行：MIRROR（或 MI）。

➢ 菜单栏：“修改”→“镜像”。

➢ 工具栏：“修改”→“镜像”。

“镜像”命令实例如图 2-9 所示，其执行过程如下：

✧ 命令：MIRROR↙

✧ 选择对象：(选择要镜像的对象，利用交叉窗口选择圆及圆的对称中心线后，按回车键)

✧ 指定镜像线的第一点：指定镜像线的第二点：(选择对称线上的两个端点)

✧ 要删除源对象吗？[是(Y)/否(N)] <N>:(默认不删除源对象，直接按回车键即可；输入“Y”，则镜像的同时删除源对象)

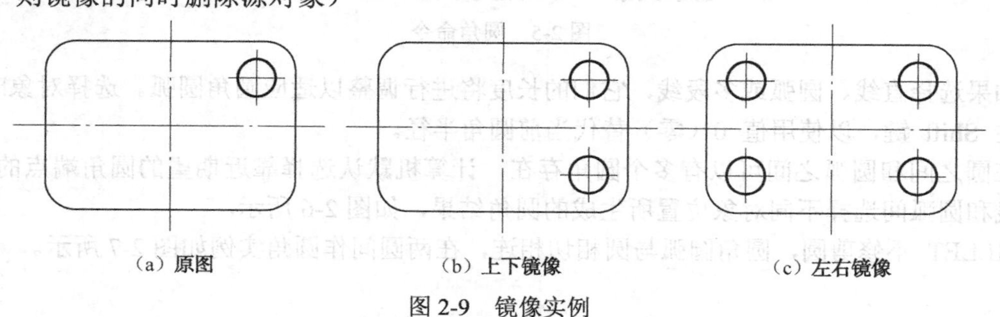

（a）原图　（b）上下镜像　（c）左右镜像

图 2-9 镜像实例

（4）环形阵列（ARRAYPOLAR）

- 命令行：ARRAYPOLAR。
- 菜单栏："修改"→"阵列"→"环形阵列"。
- 工具栏："修改"→"环形阵列"。

"环形阵列"命令实例如图 2-10 所示，其执行过程如下：

- 命令：MIRROR↙
- 选择对象:（选择要阵列的对象，此处选择小圆，按回车键）
- 指定阵列的中心点或 [基点(B)/旋转轴(A)]:（选择环形阵列的中心点）
- 输入项目数或 [项目间角度(A)/表达式(E)] <4>:（输入要阵列对象的数目，默认为 4，不修改数目直接按回车键即可）
- 指定填充角度（+=逆时针、-=顺时针）或 [表达式(EX)] <360>:（默认为 360°，或指定其他角度，按回车键）
- 按 Enter 键接受或 [关联(AS)/基点(B)/项目(I)/项目间角度(A)/填充角度(F)/行(ROW)/层(L)/旋转项目(ROT)/退出(X)]（按回车键，接受结果，也可修改相关设置）

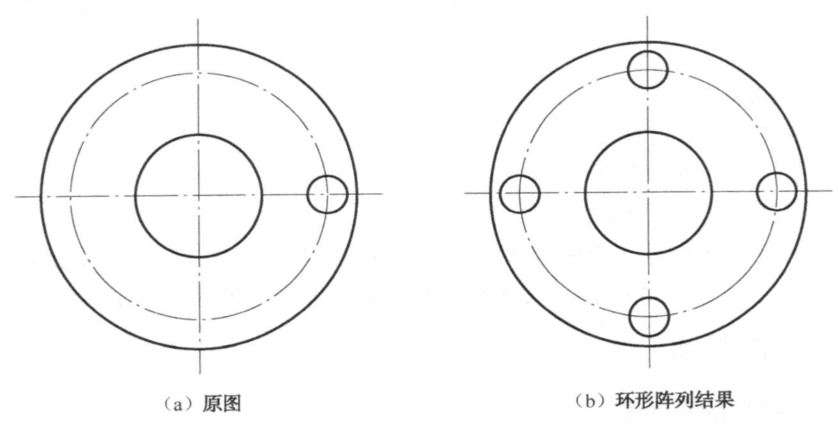

（a）原图　　（b）环形阵列结果

图 2-10　环形阵列实例

常用参数选项含义如下：

- 项目间角度：指定项目之间的角度。
- 项目：指定阵列中的项目数。
- 填充角度：指定项目之间的角度。
- 项目间角度：指定阵列中第一个和最后一个项目之间的角度。

了解更详细的参数选项，可查询 AutoCAD 帮助信息。

（5）旋转（ROTATE）

- 命令行：ROTATE（或 RO）。
- 菜单栏："修改"→"旋转"。
- 工具栏："修改"→"旋转"。

"旋转"命令实例如图 2-11 所示，其执行过程如下：

- 命令：ROTATE↙
- 选择对象:（选择要旋转的对象，此处选择小圆，按回车键）
- 指定基点:（选择旋转的中心，此处旋转大圆圆心，按回车键）

✧ 指定旋转角度，或 [复制(C)/参照(R)] <0.0>:（输入旋转角度，此例输入“30”，按回车键，结束命令，结果如图 2-11（b）所示）
✧ 指定旋转角度，或 [复制(C)/参照(R)] <0.0>:（如果输入“C”，按回车键）
✧ 指定旋转角度，或 [复制(C)/参照(R)] <0.0>:（输入旋转角度，此例输入“30”，按回车键，结束命令，结果如图 2-11（c）所示）

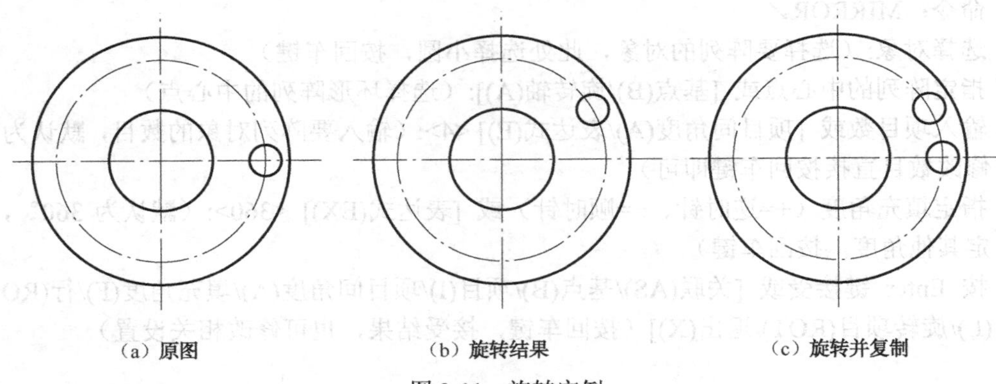

图 2-11 旋转实例

（6）删除（ERASE）
➢ 命令行：ERASE（或 E）。
➢ 菜单栏：“修改”→“删除”。
➢ 工具栏：“修改”→“删除”。

选择对象，直接单击删除按钮即可；或者先执行删除命令，选择要删除的对象后，按回车键执行删除命令。选择对象后，按键盘的 Delete 键，也可执行删除命令。

2.2.3 项目实施

任务 1：完成手柄的平面图形

根据图形尺寸分析，手柄平面图两个方向的基准线如图 2-12 所示；已知线段包括左侧 $\phi 20\times 15$ 的矩形、$\phi 5$ 的圆、$R15$ 和 $R10$ 的两段圆弧；中间线段为 $R50$ 的圆弧；连接弧为 $R12$ 的圆弧。

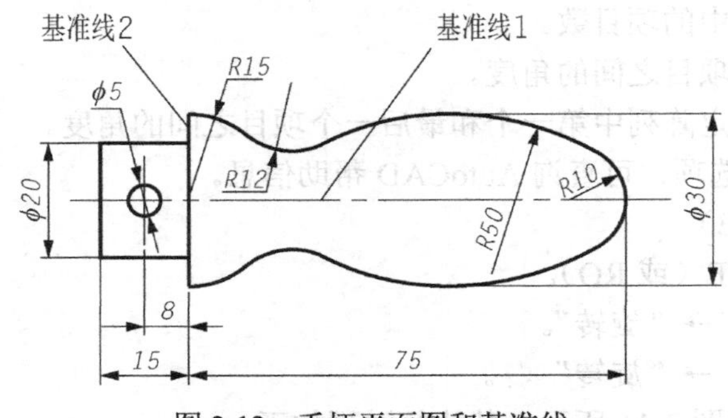

图 2-12 手柄平面图和基准线

1. 新建文件

选择样板文件 GB_A3.dwt。

2．绘制基准线和定位线

Step1. 当前图层切换到点画线层，单击绘图工具栏直线命令，在 A3 图纸适当位置绘制基准线 1，根据图形总长 90，可先绘制直线长度为 100；切换到粗实线层，绘制基准线 2，竖直方向，长度为 30；选择该直线后，选择直线中点，捕捉到水平点画线的左端点往右水平拖动，如图 2-13（a）所示，输入 20 后按回车键，移动后位置如图 2-13（b）所示。选中的直线包含 3 个蓝色的点称为夹点，拖动两个端点可以改变直线的长度和角度，拖动中点可以改变直线的位置，长度不变；此方法移动直线位置后，保证竖直线相对于水平点画线对称，且竖直线与点画线左端点的距离为 20，绘制完图形后不需要再作调整。

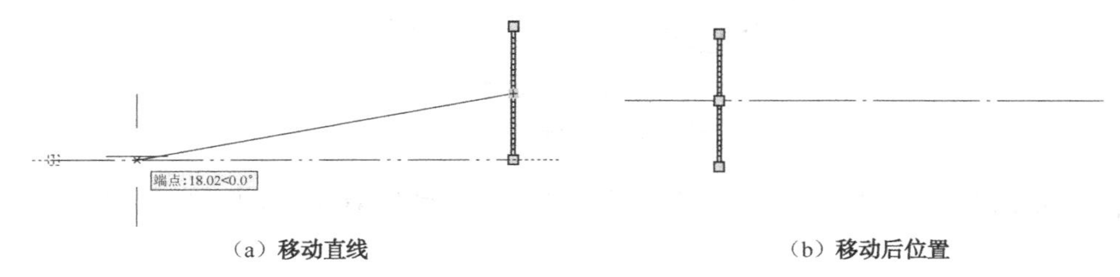

（a）移动直线　　（b）移动后位置

图 2-13　拖动线中点改变线的位置

Step2. 执行偏移命令，输入偏移距离 15 后按回车键，选择基准线 2，在其左边单击一下，偏移一直线后按回车键；按空格键重复偏移命令，设定偏移距离 10，点选基准线 1，在其上方鼠标左键单击一下，偏移一条直线，再次点选基准线 1，在其下方鼠标左键单击一下，偏移一条直线，按回车键结束偏移命令，偏移结果如图 2-14（a）所示；按空格键重复偏移命令，设定偏移距离为 8，选择基准线 2，在其左边单击一下，按回车键结束命令；再次按空格键重复偏移命令，输入 65 后按回车键，选择基准线 2，在其右边单击一下，按回车键结束偏移命令，如图 2-14（b）所示。

Step3. 选择上下两条点画线，在图层工具栏选择粗实线层，将两条线移动到粗实线层，利用同样的方法将偏移距离为 8 和 65 的线移动到点画线层，结果如图 2-14（c）所示。

Step4. 执行修剪命令，选择图 2-14（c）所示的 4 条粗实线为边界，按回车键，单击多余的线，按回车键结束命令，修剪结果如图 2-14（d）所示。

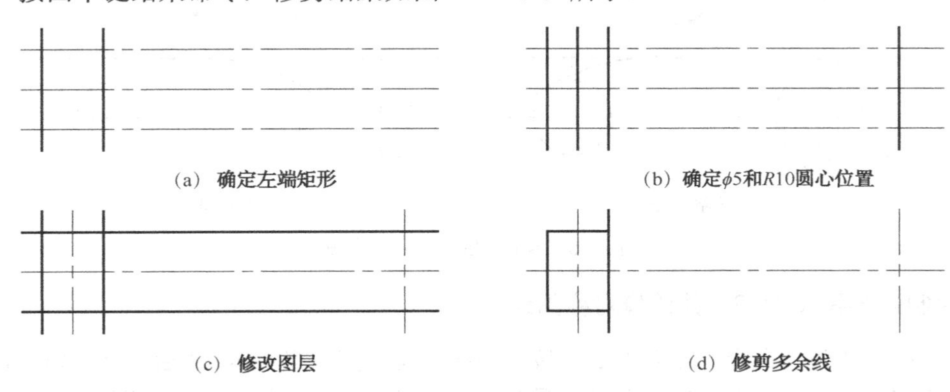

（a）确定左端矩形　　（b）确定 $\phi5$ 和 $R10$ 圆心位置

（c）修改图层　　（d）修剪多余线

图 2-14　偏移和修剪结果

3．绘制剩余已知线段 $\phi5$、$R15$ 和 $R10$

Step1. 执行圆命令，利用对象捕捉用鼠标左键选择直径为 $\phi5$ 的圆心，输入半径值 2.5 后按回车键，完成直径 $\phi5$ 的圆的绘制，如图 2-15（a）所示；利用圆命令，在 $R15$ 和 $R10$ 的两段圆弧位置绘制两个圆，如图 2-15（c）所示。

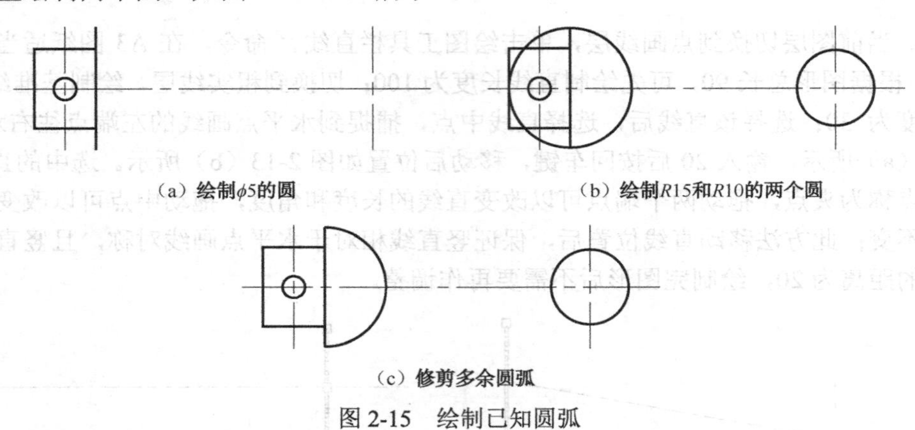

（a）绘制ϕ5的圆　（b）绘制R15和R10的两个圆

（c）修剪多余圆弧

图 2-15　绘制已知圆弧

Step2. 执行修剪命令，将半径为 R15 的圆的左半个圆修剪掉，修剪后的结果如图 2-15（c）所示。

4．绘制中间线段 R50

Step1. 执行偏移命令，输入 15 后按回车键，选择基准线 1 后，在其上面用鼠标左键单击一下，按回车键结束偏移命令，执行结果如图 2-16（a）所示。

Step2. 执行圆命令，命令行输入“T”，按回车键，选择两个切点位置，如图 2-16（b）所示，输入半径 50 后，按回车键结束命令。切点位置选择对绘制圆的结果影响较大，AutoCAD 根据选择的切点位置，计算后绘制 R50 圆的一个解。

Step3. 执行修剪命令，选择 R15 和 R10 的两段圆弧为边界，按回车键或鼠标右键，用鼠标左键点选 R50 圆的下半部分，按回车键结束命令，修剪结果如图 2-16（d）所示。

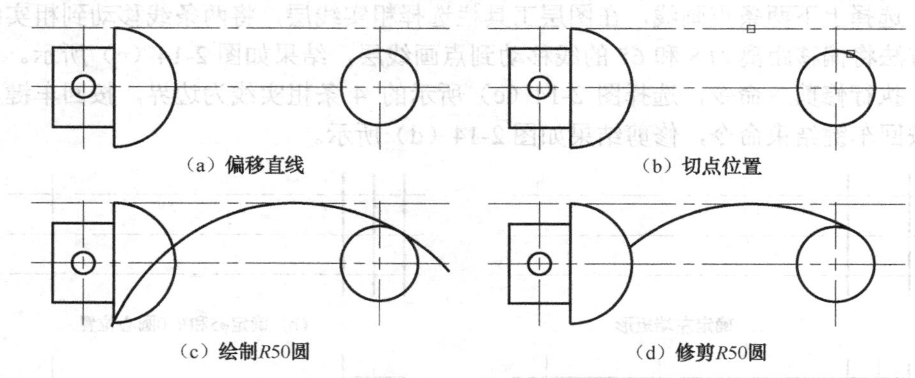

（a）偏移直线　（b）切点位置

（c）绘制R50圆　（d）修剪R50圆

图 2-16　绘制 R50 的中间线段

5．绘制连接线段 R12，并镜像对称图线

Step1. 执行圆角命令，输入“R”，按回车键，设置圆角半径为 12 后按回车键，选择 R15 和 R50 两段圆弧，结束命令；选择位置如图 2-17（a）所示，圆角执行结果如图 2-17（b）所示。

Step2. 执行镜像命令，选择 R12、R50 和 R15 三段圆弧，按回车键；在对称线（基准线 1）上选择两点，直接按回车键结束镜像命令，如图 2-17（c）所示。

Step3. 执行修剪命令，选择 R50 的两段圆弧为边界，按回车键或鼠标右键，用鼠标左键点选 R10 圆的左半部分，按回车键结束命令，修剪结果如图 2-17（d）所示。

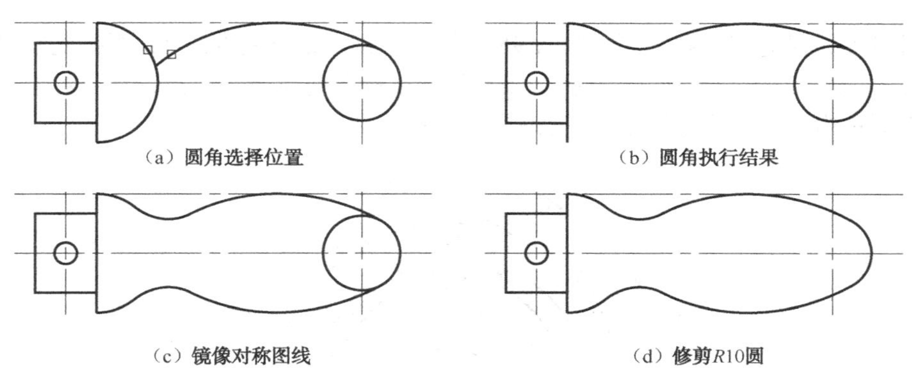

（a）圆角选择位置　（b）圆角执行结果

（c）镜像对称图线　（d）修剪 $R10$ 圆

图 2-17　用圆角命令完成连接弧 $R12$

6. 检查、调整和保存

Step1. 选择图 2-18（a）所示两条点画线，执行删除命令，结果如图 2-18（b）所示。

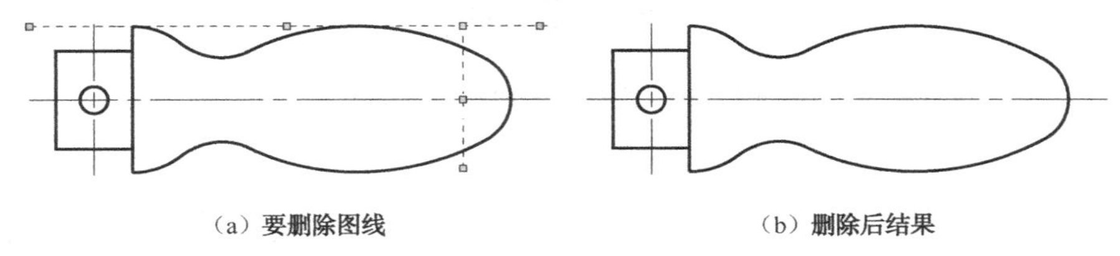

（a）要删除图线　（b）删除后结果

图 2-18　删除多余图线

Step2. 选择过 $\phi5$ 圆的竖直方向的点画线，左键单击其上端点，再点选 $\phi5$ 圆心，将直线缩短一半，如图 2-19（a）所示；再点选该直线中点，点选 $\phi5$ 圆的圆心，最终结果如图 2-19（b）所示。

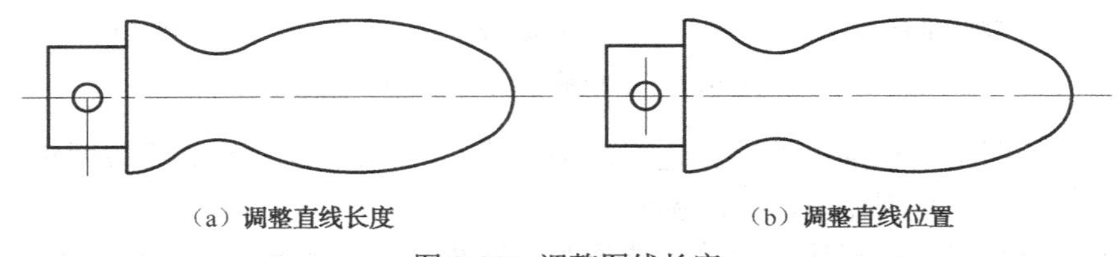

（a）调整直线长度　（b）调整直线位置

图 2-19　调整图线长度

Step3. 单击保存命令，输入文件名，单击“确定”按钮存盘。

任务 2：完成齿盘的平面图

分析图 2-20 所示图形及尺寸，得出该平面图形由 4 部分组成：中间 $\phi20$ 圆、对称分布两个 $\phi10$ 圆、4 个圆周均匀分布的弧形槽和 18 个圆周均匀分布的锯齿，各部分结构相对独立，可分别绘出；其两个方向的基准线为 $\phi85$ 圆的对称中心线，先绘制基准线和有关定位线，即点画线部分。

1. 新建文件

选择样板文件 GB_A3.dwt，单击“打开”按钮。

2. 绘制基准线和定位线

Step1. 当前图层切换到点画线层，单击绘图工具栏直线命令，在 A3 图纸适当位置单击一点，利用极轴捕捉追踪拖到水平，输入95后按回车键，绘制基准线1；再拖到竖直方向，输入95后按回车键，绘制基准线2。选择一条直线，鼠标左键单击其中点，利用对象捕捉捕捉另一条线中点后单击，完成两条基准线，如图2-21（a）所示。

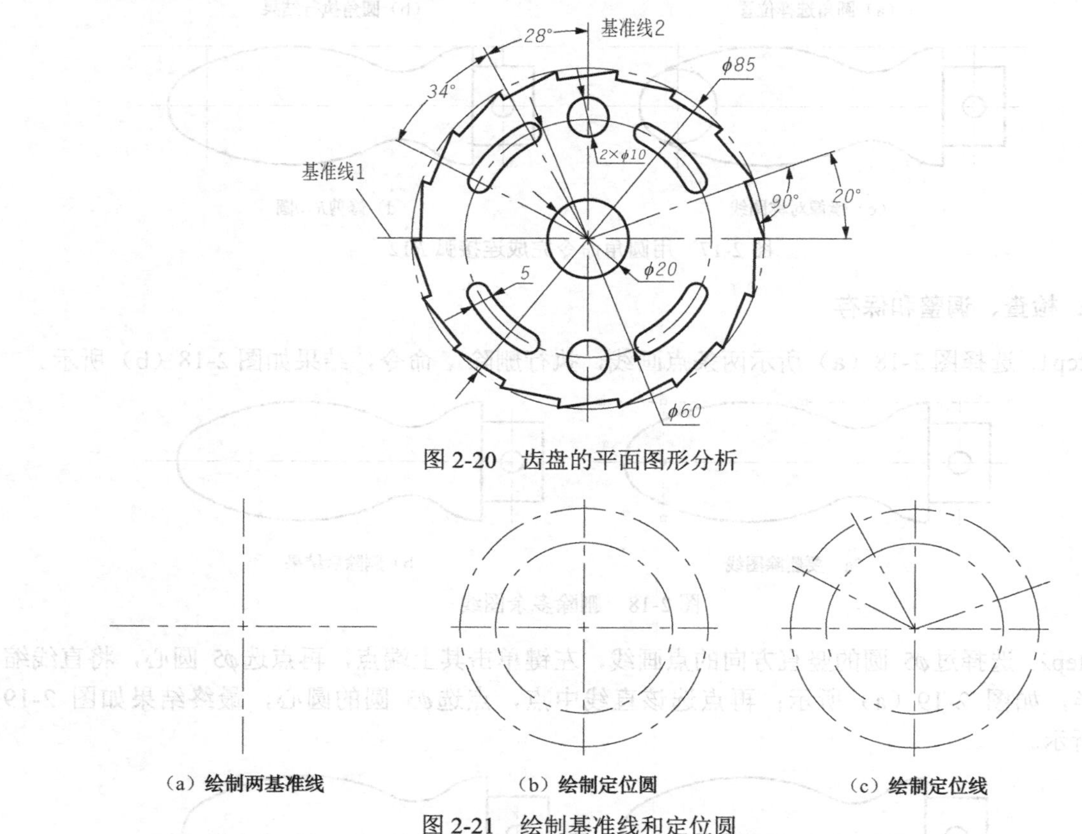

图2-20 齿盘的平面图形分析

（a）绘制两基准线　（b）绘制定位圆　（c）绘制定位线

图2-21 绘制基准线和定位圆

Step2. 单击绘图工具栏圆命令，选择两基准线交点，输入半径30后按回车键，完成ϕ60圆的绘制；按空格键重复圆命令，绘制ϕ85圆。

Step3. 单击绘图工具栏直线命令，选择两基准线交点或者圆心为直线起点，输入相对极坐标@47<20后，按回车键结束直线命令。利用同样的方法绘制另外两条直线，其极坐标为@47<118和@47<152，绘制完的图形如图2-21（c）所示；也可采用旋转命令完成另两条直线。

3．绘制各部分结构

Step1. 当前图层切换到粗实线层，单击绘图工具栏圆命令，选择两基准线交点，输入半径10后按回车键，完成中间ϕ20圆的绘制。

Step2. 单击绘图工具栏圆命令，选择基准线2和ϕ60交点为圆心，输入半径5后按回车键，完成ϕ10圆的绘制。利用同样的方法，或者复制、镜像命令完成另一个圆，如图2-22（a）所示。

Step3. 绘制4个环形槽结构，单击绘图工具栏圆命令，在图2-22（a）所示位置绘制ϕ5的两个小圆；按空格键重复圆命令，选择中间圆圆心为圆心，拖动鼠标，捕捉ϕ5小圆与点画线交点，如图2-22（b）所示，单击鼠标左键，完成两个小圆内公切圆。用同样的方法，完成两个小圆外公切圆，如图 2-22（c）所示。

Step4. 单击绘图工具栏修剪 命令，选择刚绘制的 4 个圆为边界，按回车键，选择要修剪的对象，在 4 个圆不需要的位置用鼠标点选，按回车键结束命令，修剪结果如图 2-22（d）所示。

Step5. 单击绘图工具栏环形阵列 命令，选择上一步修剪好的环形槽（即 4 段圆弧）后按回车键；单击中间圆的圆心，输入项目数目 4，按回车键；默认为 360°，直接按回车键，再按一次回车键结束环形阵列，阵列结果如图 2-22（e）所示。

Step6. 单击绘图工具栏直线 命令，选择ϕ85 和基准线 1 的交点直线起点，如图 2-22（f）所示；Ctrl+鼠标右键，选择垂直，在线上捕捉到垂足后单击鼠标左键；接着往右上方移动鼠标，捕捉圆和点画线的交点，鼠标左键单击后，按回车键结束直线命令，结果如图 2-22（g）所示。

Step7. 单击绘图工具栏环形阵列 命令，选择上一步绘制的两段直线后按回车键；单击中间圆的圆心，输入项目数目 18，按回车键；默认为 360°，直接按回车键，再按一次回车键结束环形阵列，阵列结果如图 2-22（i）所示。

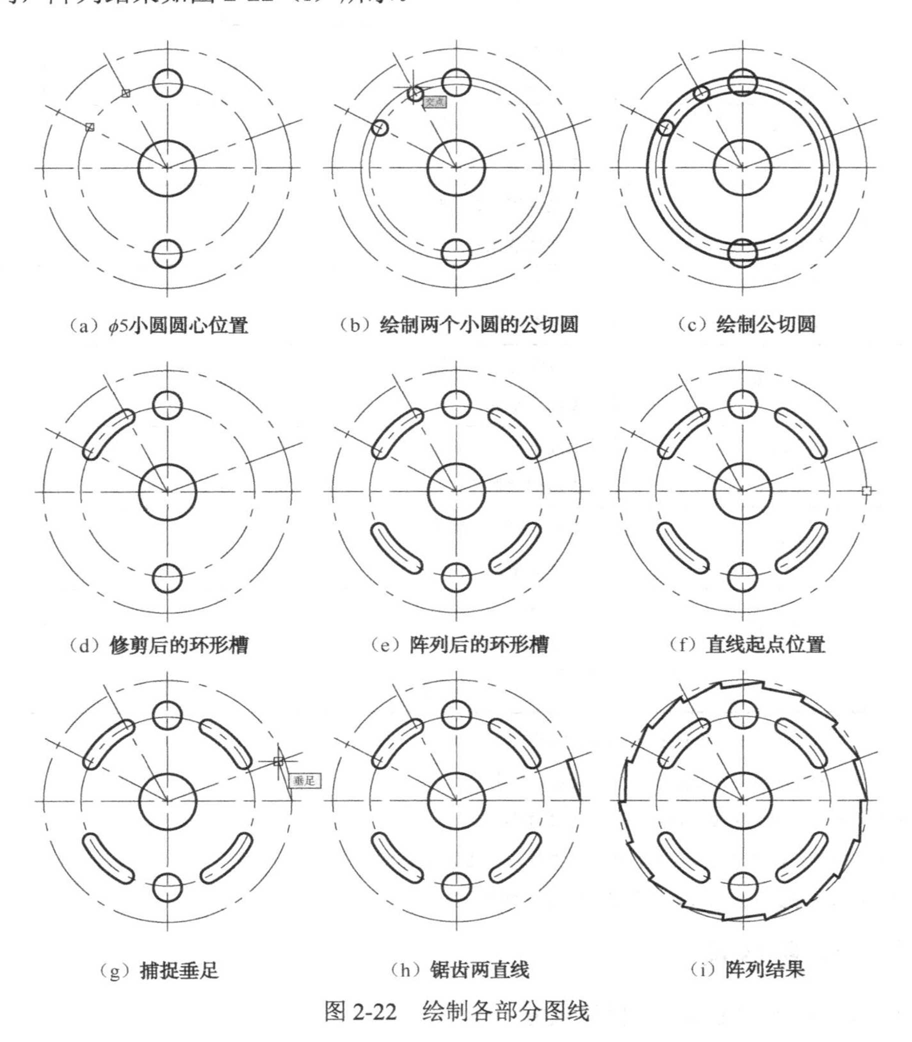

（a）ϕ5小圆圆心位置　（b）绘制两个小圆的公切圆　（c）绘制公切圆

（d）修剪后的环形槽　（e）阵列后的环形槽　（f）直线起点位置

（g）捕捉垂足　（h）锯齿两直线　（i）阵列结果

图 2-22　绘制各部分图线

4．检查、调整和保存

如任务 1，检查线型、图线长度是否符合国标制图要求，不合适的地方进行调整，修改后存盘。

2.2.4 项目检查与评价

该项目检查表如表 2-1 所示。

表 2-1 项目检查表

项 目 名 称	规则平面图形的绘制			
序 号	检 查 内 容	掌握程度（分值）	学 生 自 检	教 师 检 查
1	新建、保存文件	1.没掌握 2.掌握 3.熟练掌握		
2	绘制直线不同方式	1.没掌握 2.掌握 3.熟练掌握		
3	对象捕捉设置及应用	1.没掌握 2.掌握 3.熟练掌握		
4	图层设置及切换当前层	1.没掌握 2.掌握 3.熟练掌握		
5	绘制圆不同方式	1.没掌握 2.掌握 3.熟练掌握		
6	旋转及带复制旋转	1.没掌握 2.掌握 3.熟练掌握		
7	偏移命令	1.没掌握 2.掌握 3.熟练掌握		
8	修剪命令删除命令	1.没掌握 2.掌握 3.熟练掌握		
9	镜像命令	1.没掌握 2.掌握 3.熟练掌握		
10	环形阵列	1.没掌握 2.掌握 3.熟练掌握		
		合计		

检查情况说明：没掌握 1 分，掌握 2 分，熟练掌握 3 分。

15 分以下：没有掌握，不能独立完成项目，需要认真学习。

15 分～20 分：基本掌握，需要针对部分知识点加强学习。

20 分～25 分：掌握，能独立完成项目，不熟练知识点需要加强练习。

25 分～30 分：较好掌握，能够较好地完成该项目及类似项目。

2.2.5 项目拓展

绘制如图 2-23 所示图形，不标注尺寸。

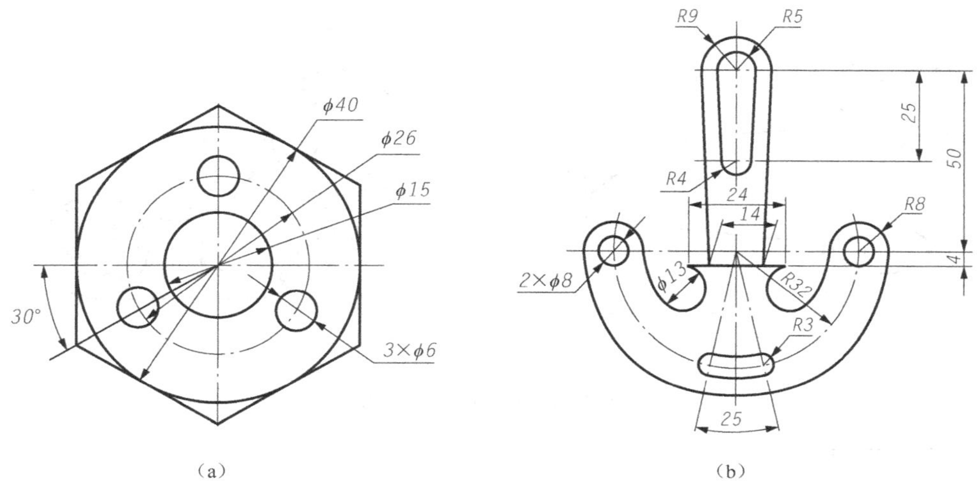

（a）　　（b）

图 2-23　规则平面图形拓展练习

提示：图 2-23（a）用到正多边形命令绘制正六边形，采用外切于圆方式绘制正六边形。图 2-23（b）中ϕ13 的圆弧和长度为 24 的直线相交，和另一条圆弧相切；（b）图上部半径为 *R*5 和 *R*4 的圆弧与左右两直线相切，可根据半径 *R*5 和 *R*4 先绘制两个圆后，执行直线命令，利用对象捕捉捕捉两个圆的切点，绘制公切线。

2.2.6　项目小结

规则平面图形的绘制要注重分析图形特点，合理利用已知条件，将图形图线分析透彻，掌握好绘图顺序，采用同一绘图命令的图形可重复执行，从而大大提高绘图速度。

2.3　项目 3——不规则平面图形的绘制

不规则平面图形样式多样，无规律，但只要掌握好平面图形的尺寸分析方法，将平面图形各线段类型分析清楚，合理利用绘图和修改命令，便能根据尺寸和几何关系快速绘制出图形。

2.3.1　项目要求

① 按照国标要求设置好绘图环境、图层等内容，或者选用项目 1 建立的样板文件 GB_A3.dwt 完成如图 2-24 所示的平面图形。

② 按照国标要求规范绘制图形，不标注尺寸。

2.3.2　项目导入

1. 项目分析

如图 2-24 所示图形，不规则，无规律，该类图形首先要根据尺寸标注确定尺寸基准，通过分析确定哪些是已知线段、中间线段和连接线段，按照平面图形的绘制顺序，先后绘制基准线、已知线段、中间线段和连接线段，逐步完善图形，最后检查调整。

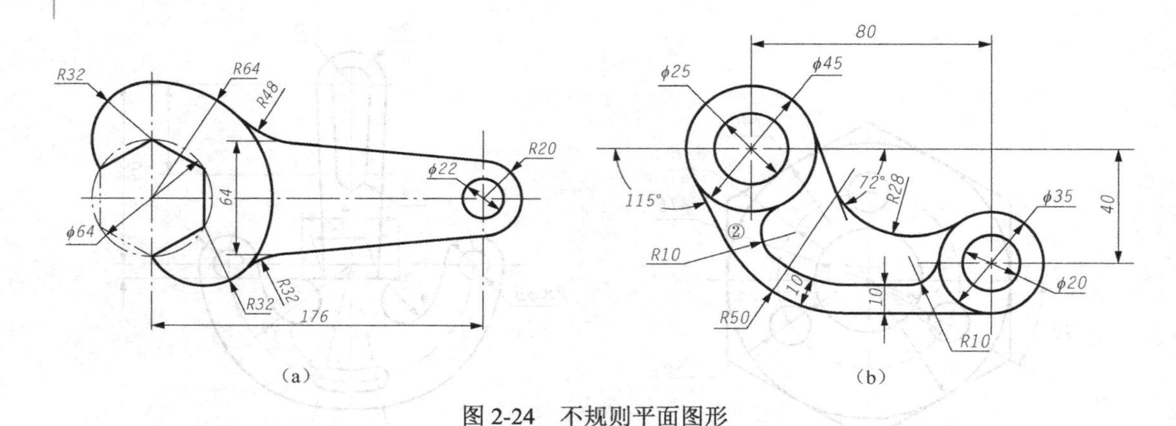

图 2-24　不规则平面图形

2．相关知识背景

相关平面图形的分析和绘制可参考机械制图的几何作图部分和项目 2 有关内容，在此不再赘述。

3．项目涉及的 AutoCAD 命令

该项目除了前面所介绍的直线、圆、偏移、修剪、圆角、旋转等命令外，还将应用以下绘图和修改命令。

（1）多边形（POLYGON）

➢ 命令行：POLYGON（或 POL）。
➢ 菜单栏："绘图"→"多边形"。
➢ 工具栏："绘图"→"多边形"⬠。

"多边形"命令实例如图 2-25（a）所示，其执行过程如下：

✧ 命令：POLYGON↙
✧ 命令： POLYGON 输入侧面数 <6>:（输入边数，如果默认为正六边形，按回车键）
✧ 指定正多边形的中心点或 [边(E)]:（选择多边形的中心，此处选择两点画线交点，按回车键）
✧ 输入选项 [内接于圆(I)/外切于圆(C)] <I>:（选择正多边形内接于圆或外切于圆，如果默认内接于圆，直接按回车键即可）
✧ 指定圆的半径:（输入圆的半径，按回车键结束多边形命令）

多边形内接于圆和外切于圆如图 2-25（b）所示。

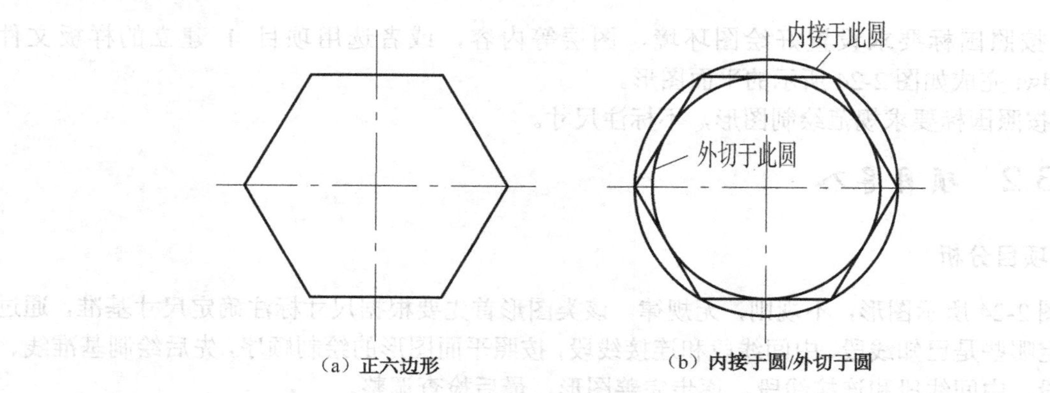

（a）正六边形　　（b）内接于圆/外切于圆

图 2-25　多边形绘制

（2）打断和打断于点（BREAK）

➢ 命令行：BREAK（或 BR）。
➢ 菜单栏："修改"→"打断"。
➢ 工具栏："修改"→"打断"和"打断于点"。

在工具栏上有打断于点和打断命令，区别在于"打断"可以在对象上的两个指定点之间创建间隔，从而将对象打断为两个对象；如图 2-26（a）所示，第一点为选择对象点，第二点为第二个打断点。该命令将选择对象并将选择点视为第一个打断点，在下一个提示下，可指定第二个点或重新选择第一个打断点，再选择第二个打断点。"打断于点"工具在单个点处打断选定的对象，有效对象包括直线、开放的多段线和圆弧；如图 2-26（b）所示，第一个点为选择对象点，第二个点为打断点位置；不能通过一个点打断闭合对象（如圆）。

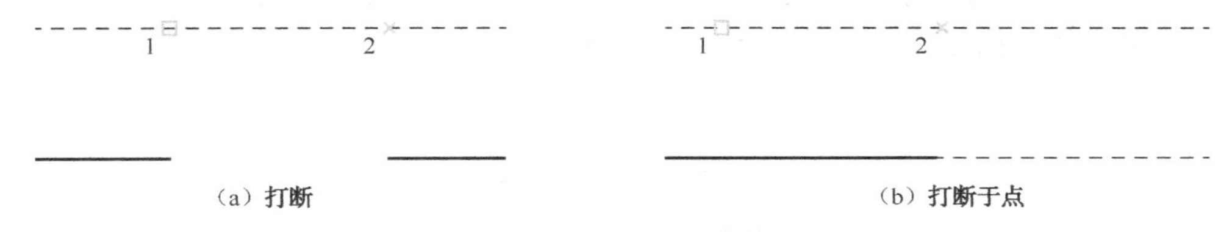

（a）打断　　（b）打断于点

图 2-26　打断和打断于点的区别

（3）分解（EXPLODE）

➢ 命令行：EXPLODE。
➢ 菜单栏："修改"→"分解"。
➢ 工具栏："修改"→"分解"。

执行分解命令，选择要分解的对象，直接按回车键即可；或者先执行分解命令，然后选择对象后按回车键结束命令。

2.3.3　项目实施

任务 1：完成扳手的平面图形

根据图形尺寸分析，扳手的平面图两个方向的基准线如图 2-27 所示；已知线段包括左侧正六边形、ϕ64 的圆、*R*32、*R*64 的两段圆弧和右侧ϕ22 的圆、*R*20 的圆弧；中间线段为和 *R*48、*R*20 相切的两段圆弧；连接弧为 *R*48 和 *R*32 的圆弧。

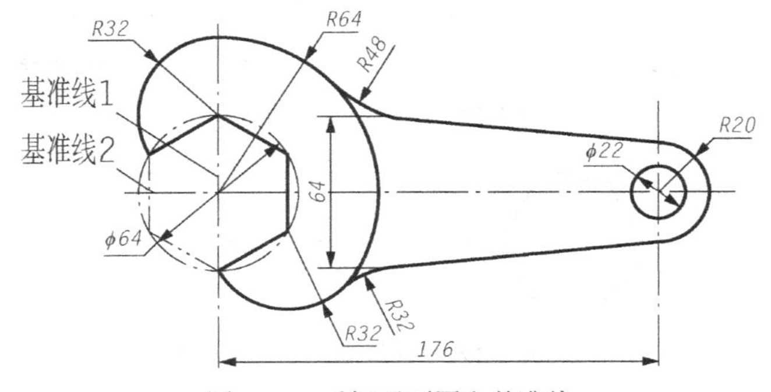

图 2-27　手柄平面图和基准线

1．新建文件

选择样板文件 GB_A3.dwt。

2．绘制基准线和定位线

Step1. 当前图层切换到点画线层，单击绘图工具栏直线╱命令，在A3图纸适当位置单击一点，利用极轴捕捉追踪拖到水平，输入240后按回车键，绘制基准线2；再拖到竖直方向，输入74按回车键，绘制基准线1。选择长度为74的直线，鼠标左键单击其中的点，利用对象捕捉捕捉水平线左端点往右拖动到水平，输入37后按回车键，完成两条基准线，如图2-28（a）所示。

Step2. 执行偏移命令，输入176后按回车键，选择基准线1后，在其上面用鼠标左键单击一下，按回车键结束偏移命令。按回车键重复偏移命令，选择基准线2后，在其上下各偏移一条距离为32的直线，按回车键结束偏移命令。

Step3. 单击绘图工具栏圆命令，选择两基准线交点为圆心，输入半径32后按回车键，完成ϕ64圆的绘制，执行结果如图2-28（b）所示。

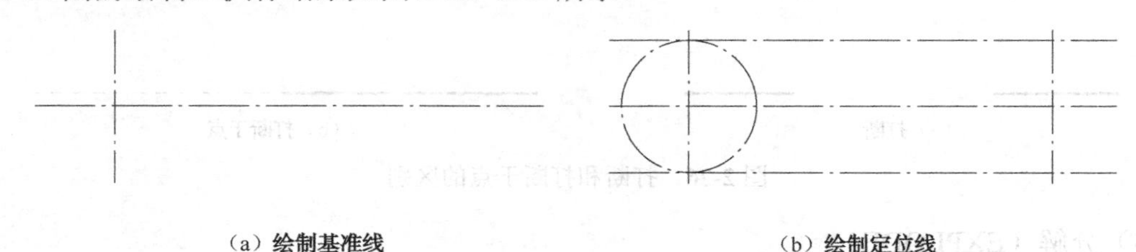

（a）绘制基准线　　（b）绘制定位线

图2-28　绘制基准线和定位线

3．绘制已知线段

Step1. 当前图层切换到点粗实线层，单击绘图工具栏多边形命令，输入边数6按回车键，选择两基准线交点或ϕ64圆的圆心为正六边形中心点，默认内接于圆按回车键，在指定圆的半径:提示下，选择如图2-29（a）所示象限点，绘制结果如图2-29（b）所示。如果采用输入半径32方式，则绘制正多边形，如图2-30所示，需要再利用旋转命令，将正多边形绕着两基准线交点旋转90°即可。

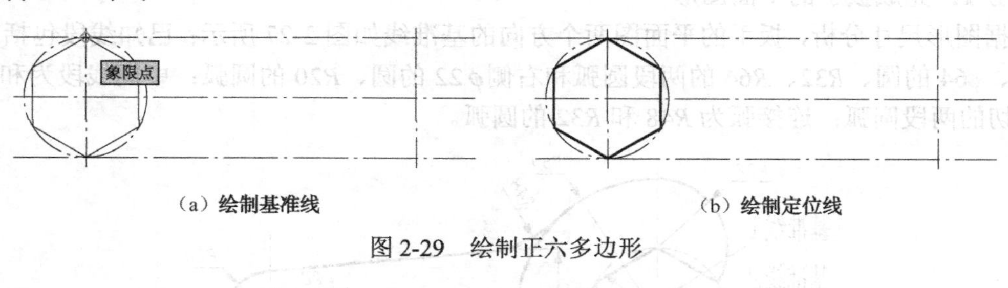

（a）绘制基准线　　（b）绘制定位线

图2-29　绘制正六多边形

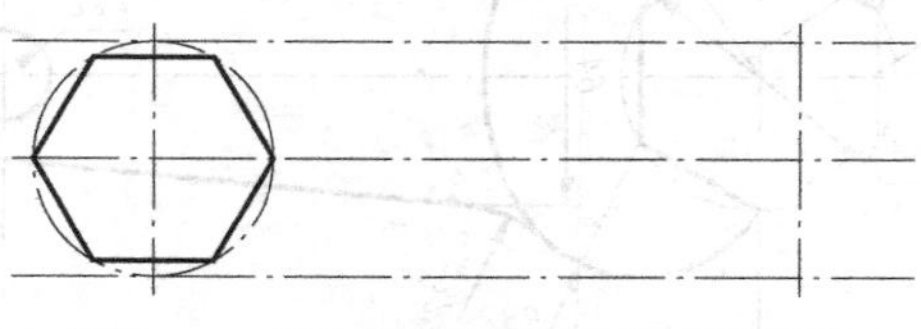

图2-30　输入半径绘制正多边形位置

Step2. 单击绘图工具栏圆命令，选择两基准线交点为圆心，输入半径64的圆；接着绘制左侧两个圆心在正六边形角点、半径为32的圆；然后绘制左侧直径为22、半径为20的两个圆，绘制结果如图2-31所示。

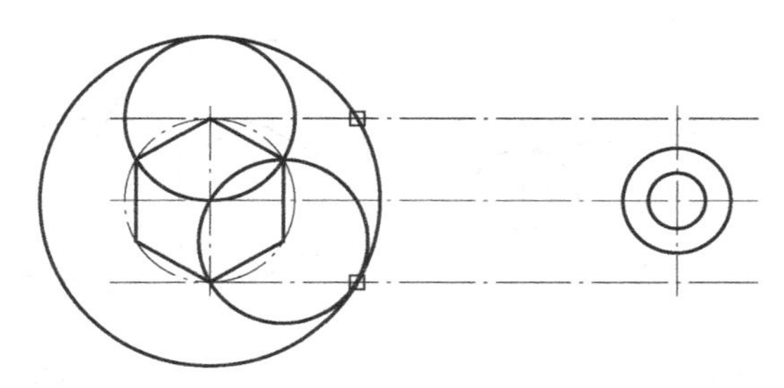

图 2-31　绘制已知圆弧

提示：平面图形绘制涉及的圆弧由于多是相切过度，很难判断圆弧起点和端点在哪里，所以一般不直接绘制圆弧，而是通过绘制整圆然后修剪多余圆弧的方法获得。

4．绘制中间线段

单击绘图工具栏直线命令，选择图 2-31 所示小方框为直线起点， CTRL+鼠标右键选择切点，捕捉圆的切点，如图 2-32（a）所示；然后镜像该直线，结果如图 2-32（b）所示。

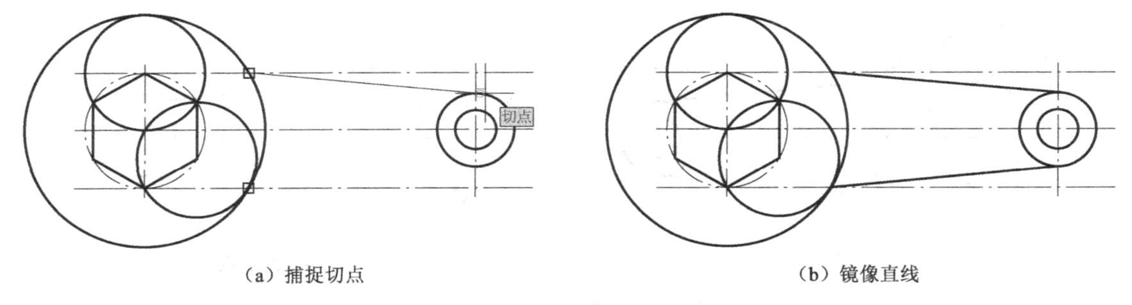

（a）捕捉切点　　（b）镜像直线

图 2-32　绘制中间线段

5．绘制连接线段，修剪对象

Step1. 执行圆角命令，输入 R 后按回车键，设置圆角半径为 48 后按回车键，选择和 *R*48 相切的圆弧和直线，结束命令；按空格键，重复圆角命令，输入 R 后按回车键，设置圆角半径为 32 后按回车键，选择和下面连接弧 *R*32 相切的已知弧 *R*32 和直线，执行结果如图 2-33 所示。

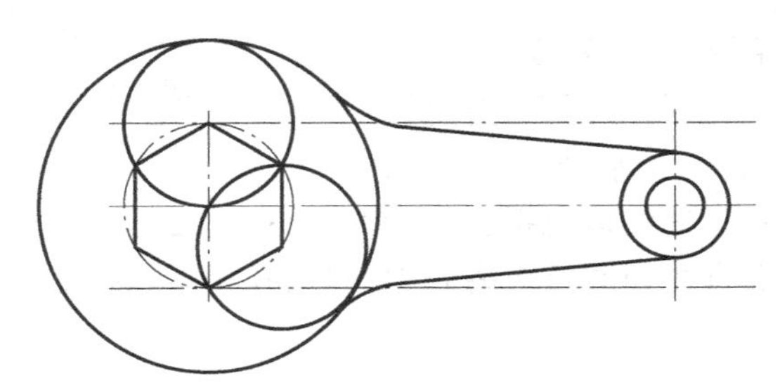

图 2-33　绘制连接线段

Step2. 单击绘图工具栏修剪命令，选择 *R*32 的圆为边界，按回车键，选择 *R*64 的圆为要修剪的对象，在其左边位置用鼠标点选，按回车键结束命令，如图 2-34（a）所示；按空格键，重复修剪命令，选择正六边形、*R*64 圆弧为边界，选择 *R*32 的圆为修剪对象，将正六边形内部、六边形和 *R*64 之间的圆弧修剪掉，修剪结果如图 2-34（b）所示。

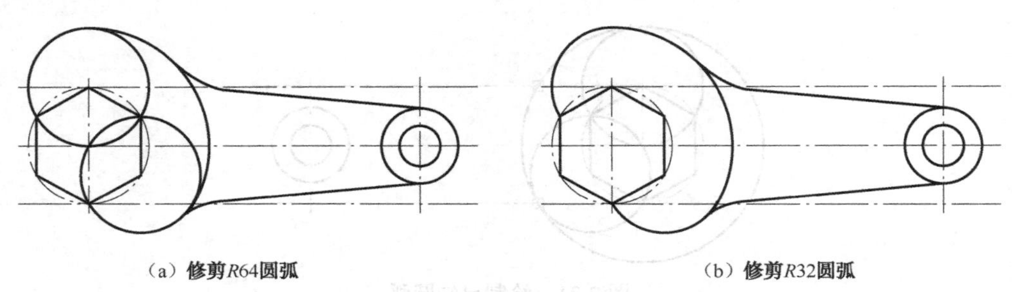
（a）修剪R64圆弧　　（b）修剪R32圆弧

图 2-34　修剪多余圆弧

6．检查、调整

Step1．选择图 2-34 所示两条水平基准线 2 上下两条直线，执行删除命令，结果如图 2-35（a）所示。

Step2．调整图 2-35（a）所示所选两条直线长度，可通过拖直线端点和中点调整直线长度和位置，结果如图 2-35（b）所示。

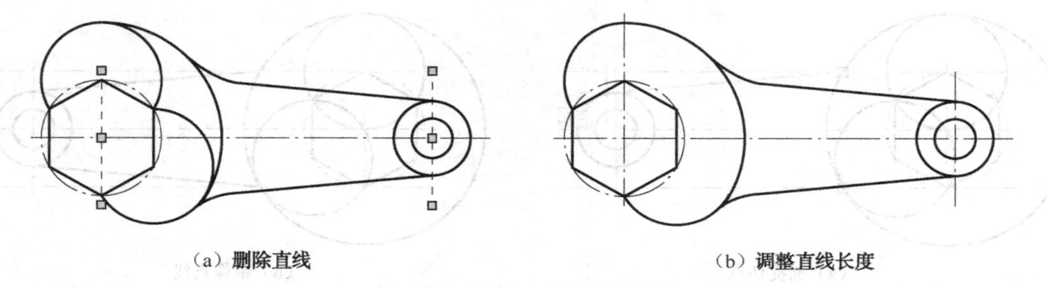
（a）删除直线　　（b）调整直线长度

图 2-35　删除、调整线长度

Step3．选择正六边形，单击分解命令，将正六边形分解为六条直线，选中左下角两条线，将其放置在双点画线层；执行修剪命令，将右侧较大圆弧多余部分修剪掉，完成整个扳手平面图形的绘制，结果如图 2-36 所示。

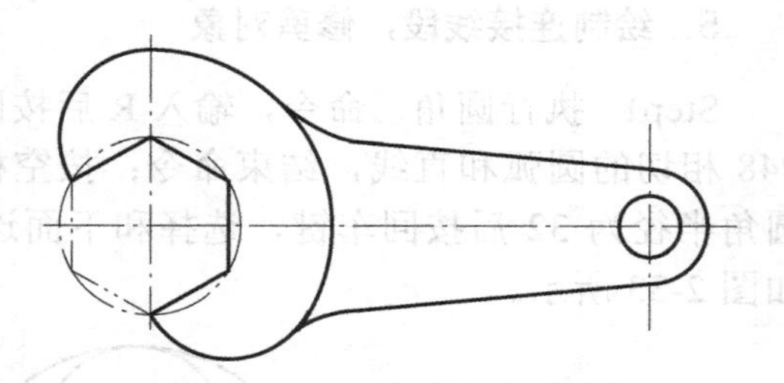
图 2-36　完成扳手的平面图形

Step4．保存为.dwg 文件。

任务 2：完成图 2-37 所示平面图形

根据图形尺寸分析，平面图形两个方向的基准线如图 2-37 所示，基准线 1 为水平方向基准，基准线 2 为竖直方向基准；已知线段包括ϕ45、ϕ25、ϕ35、ϕ20 的圆；中间线段包括与ϕ45、ϕ35 相切的 3 条直线段、与下面直线和圆弧距离为 10 的直线和圆弧；连接线段包括 *R*28、*R*10、*R*50 的圆弧。

1．新建文件

可选择样板文件 GB_A3.dwt。

2．绘制基准线和定位线

当前图层切换到点画线层，单击绘图工具栏直线命令，在 A3 图纸适当位置单击一点，利用极轴捕捉追踪拖到水平，输入 55 后按回车键，绘制基准线 2；再拖到竖直方向，输入 55 按回车键，绘制基准线 1。单击绘图工具栏偏移⚲命令，输入距离 80，选择竖直先在其右边单击一下，偏移一条直线；再用偏移命令将水平线往下偏移 40；然后选择偏移直线的中间夹点将偏移的水平直线沿水平方向移动，偏移的竖直线沿竖直方向移动，使其垂直平分，如图 2-38 所示。

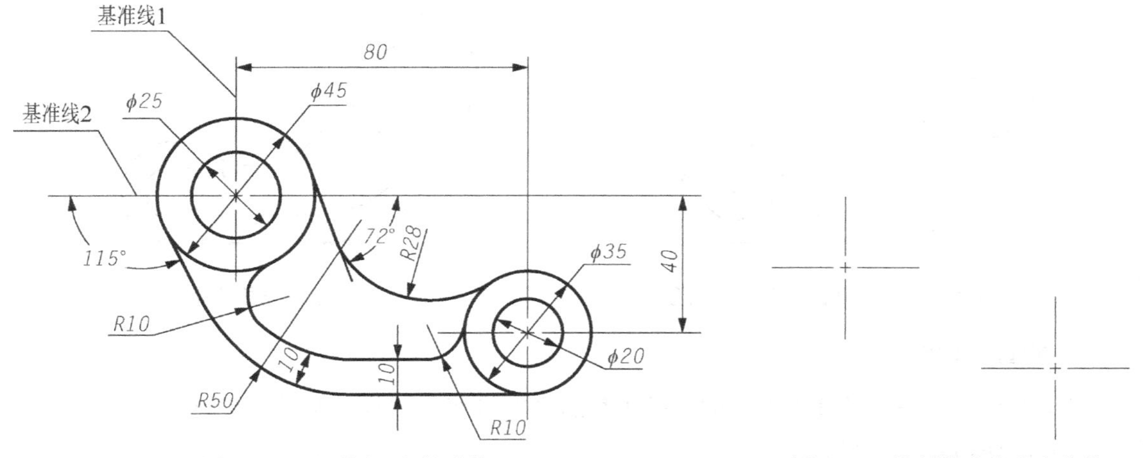

图 2-37　平面图形和基准线　　图 2-38　绘制基准线和定位线

3. 绘制已知线段

将图层切换到粗实线层，单击绘图工具栏圆⊙命令，选择两基准线交点为圆心，输入半径 12.5 后按回车键，完成ϕ25 圆的绘制；按回车键重复圆⊙命令，输入半径 22.5 后按回车键，完成ϕ45 圆的绘制执行；采用同样的方法绘制ϕ35 和ϕ20 圆，结果如图 2-39 所示。

4. 绘制中间线段和连接线段

Step1. 单击绘图工具栏直线╱命令，先绘制图 2-40 所示直线①，直线起点选择右边大圆与竖点画线的交点，将直线往右拖到水平，单击一下，按回车键，完成直线①的绘制；按空格键重复直线╱命令，CTRL+鼠标右键选择切点，鼠标左键选择直线②与圆切点的大体位置，在命令行的命令指定下一点或 [放弃(U)]:提示下，相对极坐标输入@45<-72 后按回车键，再次按回车键结束直线②的绘制。直线段长度的大小可自选，在此主要确定直线②的方向。采用同样的方法绘制直线③，相对极坐标改为@45<-65 即可。3 条相切直线绘制后的结果如图 2-40 所示。

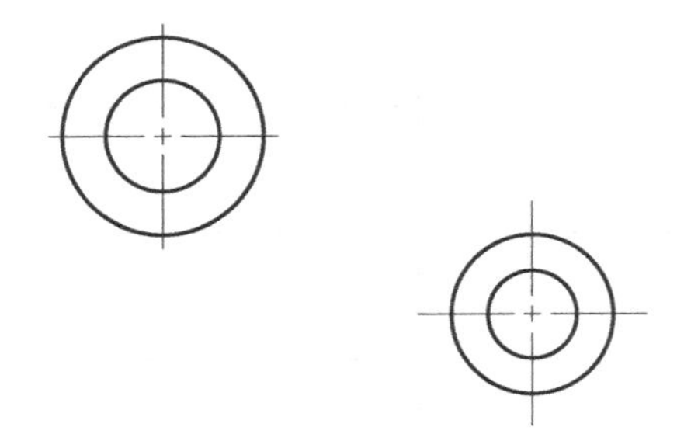

图 2-39　绘制已知线段

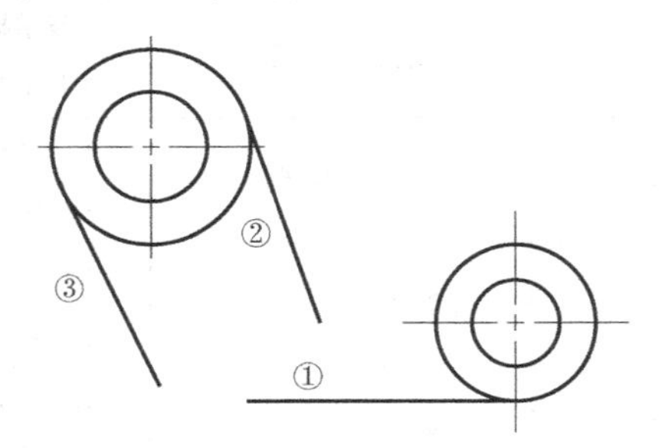

图 2-40　绘制与圆相切的 3 条直线

Step2. 执行圆角◻命令，输入 R 后按回车键，设置圆角半径为 50 后按回车键，选择 Step1 绘制的直线①和直线③，完成 *R*50 连接弧的绘制；单击绘图工具栏偏移⚲命令，输入距离 10，选择刚绘制的圆弧往里偏移一段圆弧，再选择 Step1 绘制的直线①，往上偏移一条直线，绘制结果如图 2-41 所示。

Step3. 执行圆角□命令，输入 R 后按回车键，设置半径为 10，输入 M，设置为一次完成多个圆角，选择作圆角的圆弧和直线，完成圆弧①和圆弧②的绘制；再次执行圆角□命令，用同样的方法，绘制 *R*28 的圆弧③，绘制结果如图 2-42 所示。

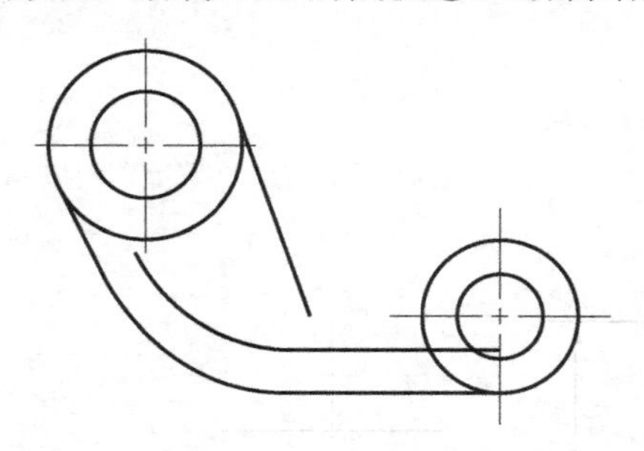

图 2-41 绘制 *R*50 圆弧和偏移对象

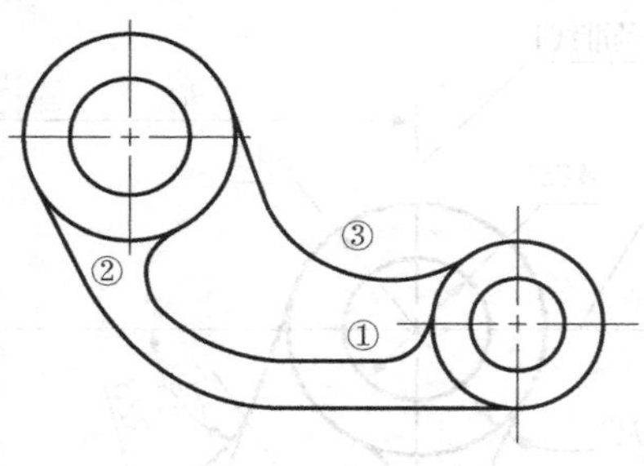

图 2-42 绘制三段连接弧

5. 检查、调整

对于多余的线条、长度不合适的线条进行适当的修剪、调整，如果没有问题，可以不作调整。然后保存为.dwg 文件。

2.3.4 项目检查与评价

该项目检查表如表 2-2 所示。

表 2-2 项目检查表

项目名称	不规则平面图形的绘制			
序号	检查内容	掌握程度（分值）	学生自检	教师检查
1	文件管理、图层应用	1.没掌握 2.掌握 3.熟练掌握		
2	相对极坐标绘制直线	1.没掌握 2.掌握 3.熟练掌握		
3	对象捕捉和极轴捕捉与追踪	1.没掌握 2.掌握 3.熟练掌握		
4	不同方式绘制圆	1.没掌握 2.掌握 3.熟练掌握		
5	正多边形的绘制	1.没掌握 2.掌握 3.熟练掌握		
6	圆角命令	1.没掌握 2.掌握 3.熟练掌握		
7	偏移命令	1.没掌握 2.掌握 3.熟练掌握		
8	修剪命令 删除命令	1.没掌握 2.掌握 3.熟练掌握		
9	分解命令	1.没掌握 2.掌握 3.熟练掌握		

续表

项 目 名 称	不规则平面图形的绘制			
序　　号	检 查 内 容	掌握程度（分值）	学 生 自 检	教 师 检 查
10	打断命令	1.没掌握　2.掌握 3.熟练掌握		
		合计		

检查情况说明：没掌握 1 分，掌握 2 分，熟练掌握 3 分。

15 分以下：没有掌握，不能独立完成项目，需要认真学习。

15 分～20 分：基本掌握，需要针对部分知识点加强学习。

20 分～25 分：掌握，能独立完成项目，不熟练知识点需要加强练习。

25 分～30 分：较好掌握，能够较好地完成该项目及类似项目。

2.3.5　项目拓展

绘制图 2-43 所示图形，不标注尺寸。

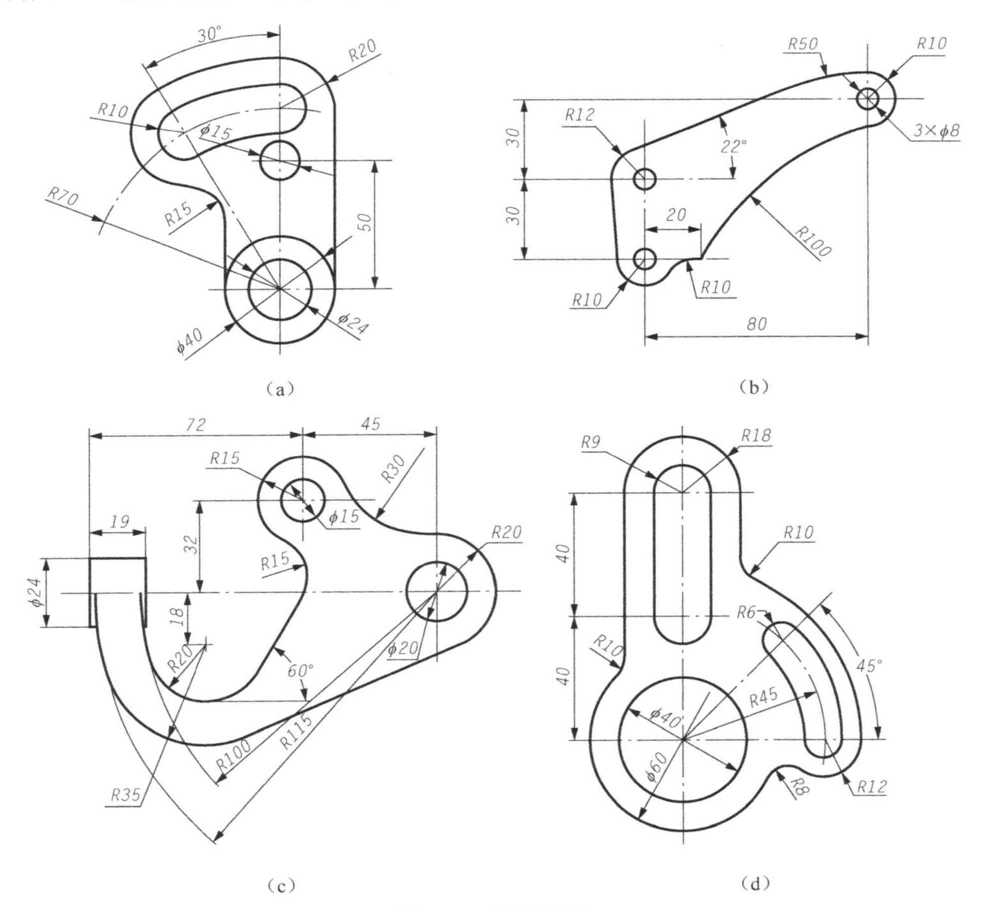

图 2-43　拓展练习

2.3.6 项目小结

不规则平面图形的形式多样，要充分利用平面图形的尺寸分析方法，将平面图形分析透彻，搞明白已知线段、中间线段和连接线段，按照绘图顺序依次绘制已知线段、中间线段和连接线段；不同图形所给的已知条件会有所差别，绘图方法和绘图顺序也会不同，因此，对于不同类型的图形，多做图形分析和绘制练习，积累经验，将会逐渐提高绘图效率。

2.4 本章小结

本章从规则和不规则图形两个方面介绍了平面图形的绘制，其中涉及常用的 AutoCAD 基本绘图命令和修改命令，这是学习 AutoCAD 计算机的基础，需要熟练掌握；掌握不同类型的平面图形的分析方法、绘制方法和绘图技巧，并能结合 AutoCAD 绘图命令快速完成平面图形的绘制是学习零件图和装配图绘制的基础。

第3章

视图与剖视图的绘制

本章提要：在机械制图中，视图和剖视图是绘制机械图样最常用的表达方法，是绘制零件图和装配图的基础。本章在学习平面图形绘制的基础上，进一步学习视图和剖视图的绘制，为后续零件图、装配图的绘制打下坚实的基础。

3.1 视图与剖视图简介

3.1.1 视图

视图是将机件向多面投影体系的各投影面做正投影所得的图形。通常一个视图不能唯一确定物体的形状和大小，因而表达机件需要多个视图；常用的三个基本视图是指主视图、俯视图、左视图。虽然在画三视图时取消了投影轴和投影间的连线，但三视图间仍保持投影之间的位置关系和投影规律。三视图的位置关系为：俯视图在主视图的下方，左视图在主视图的右方，按照此位置配置视图时，国家标准规定一律不标注视图的名称。

三视图的绘制要符合“三等规律”，如图3-1所示。

① 主视图和俯视图之间“长对正”。

② 主视图和左视图之间“高平齐”。

③ 俯视图和左视图之间“宽相等”。

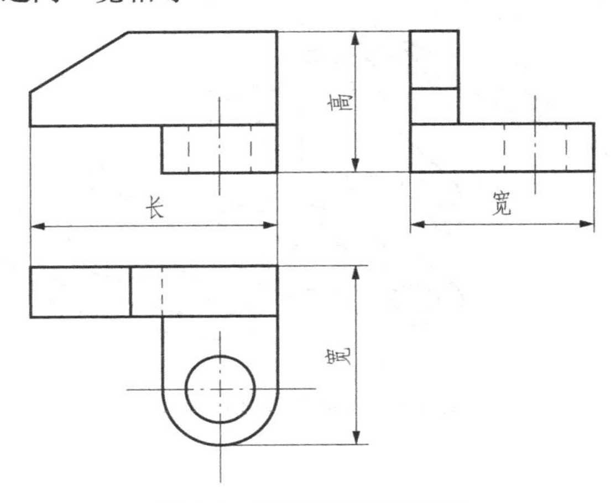

图3-1　三视图的投影规律

三视图还可以反映出以下方位关系，如图3-2所示。

① 主视图反映了物体上下、左右的位置关系，即反映了物体的高度和长度。

② 俯视图反映了物体左右、前后的位置关系，即反映了物体的长度和宽度。

③ 左视图反映了物体上下、前后的位置关系，即反映了物体的高度和宽度。

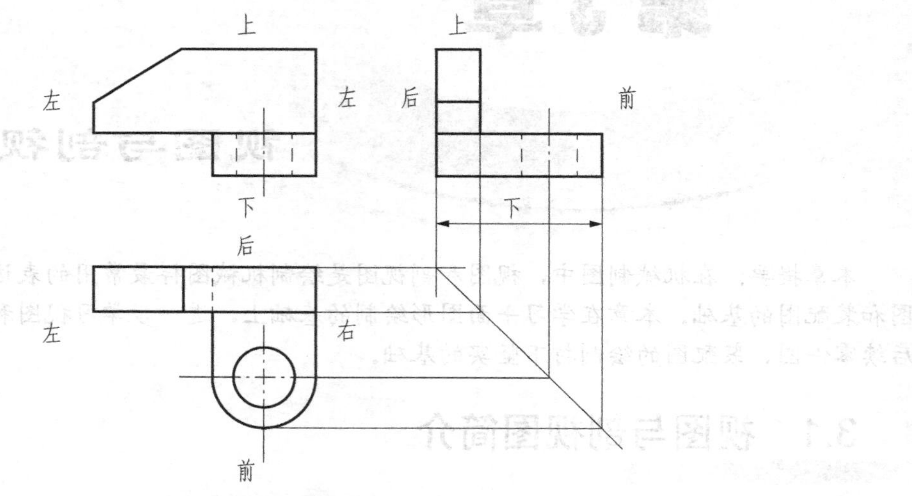

图 3-2　三视图表达的位置关系

在应用以上规律作图时，要注意形体的上、下、左、右、前、后 6 个方位在视图上的表现，特别是前、后两个方位的表示，即靠紧主视图的一侧反映形体的后面。

3.1.2　剖视图

视图用来表达机件的外部结构形状，如果要表达机件的内部形状则要用剖视图。剖视图是假想用一剖切面剖开机件，将处在观察者和剖切面之间的部分移去，而将其余部分向投影面投射所得的图形，剖视图简称剖视，如图 3-3 所示为剖视图的形成。

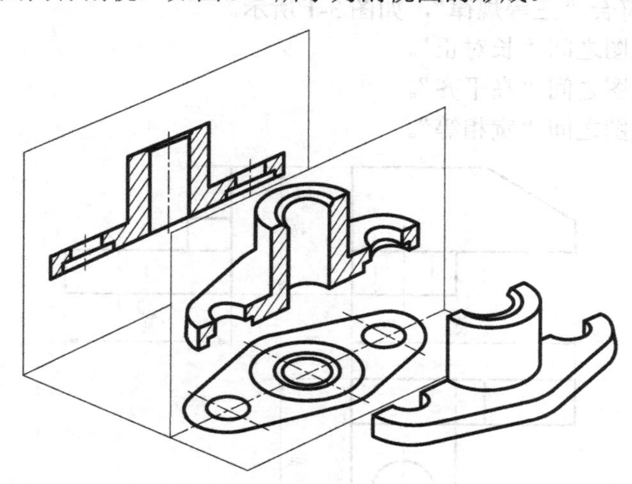

图 3-3　剖视图的形成

3.2　项目 4——组合体三视图的绘制

任何复杂的形体，都可以看成是由一些基本的形体按一定的连接方式组合而成的，通常将其称为组合体。组合体大多是由机器零件（或其局部）抽象而成的几何模型，与机器零件不同之处在于略去了一些局部的、细微的工程结构，如螺纹、倒角、圆角、凸台和槽坑等，只保留其主体结构。绘制组合体的三视图是计算机绘图的基本内容；在绘制组合体视图之前，首先运用形体分析法来分析组合体由哪几个基本体组成、基本体之间的组合形式及表面连接关系。

利用 AutoCAD 画组合体三视图要充分利用极轴、对象捕捉、对象追踪等精确绘图的辅助工具来满足“长对正、高平齐、宽相等”的三等投影规律，如果利用得当，可以省时省力，提高绘图效率。

3.2.1　项目要求

用 1∶1 的比例正确完整地抄画图 3-4 所示的轴承座的三视图，不标注尺寸。

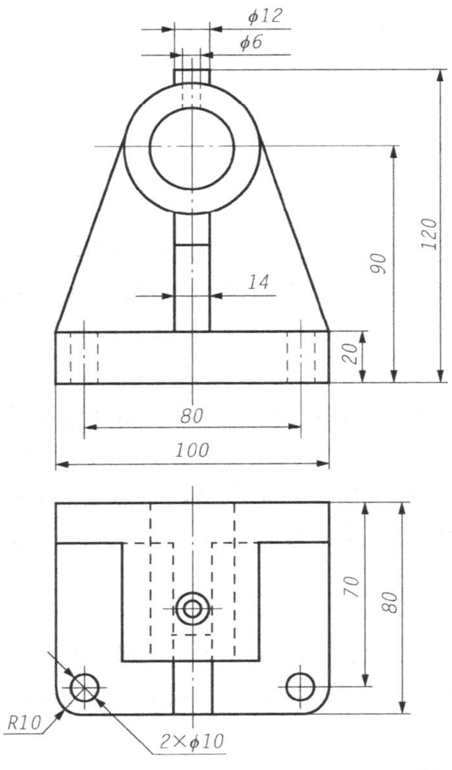

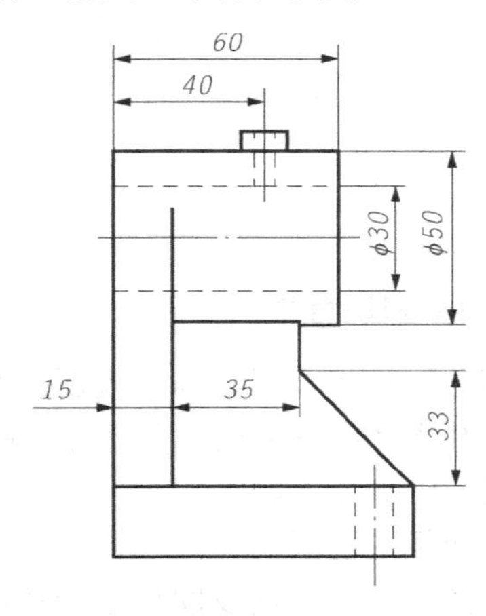

图 3-4　轴承座的三视图

3.2.2　项目导入

1. 项目分析

任何复杂的组合体都可以看成是由若干简单的组合体组合而成的。如图 3-5（a）所示的轴承座通过形体分析可以分解为圆筒Ⅰ、支撑板Ⅱ、肋板Ⅲ、底板Ⅳ、凸台Ⅴ5部分，如图3-5（b）所示。因此，在对组合体进行绘制、读图和标注尺寸的过程中，就可以采用“先分后合”的方法，即先假想把组合体分解成若干简单基本体，弄清它们的形状、大小，然后按其相对位置及其连接关系逐个分析绘制各个基本体，最后综合起来得到组合体的三视图。

如图3-5（a）所示的轴承座中，凸台与圆筒是两个垂直相交的空心圆柱体，在外表面和内表面上都有相贯线；支撑板、肋板和底板分别是不同形状的平板，支撑板的左右两侧面都与圆筒的外圆柱面相切，肋板与圆筒的外圆柱面相交，支撑板、肋板的底面与底板的顶面重合。

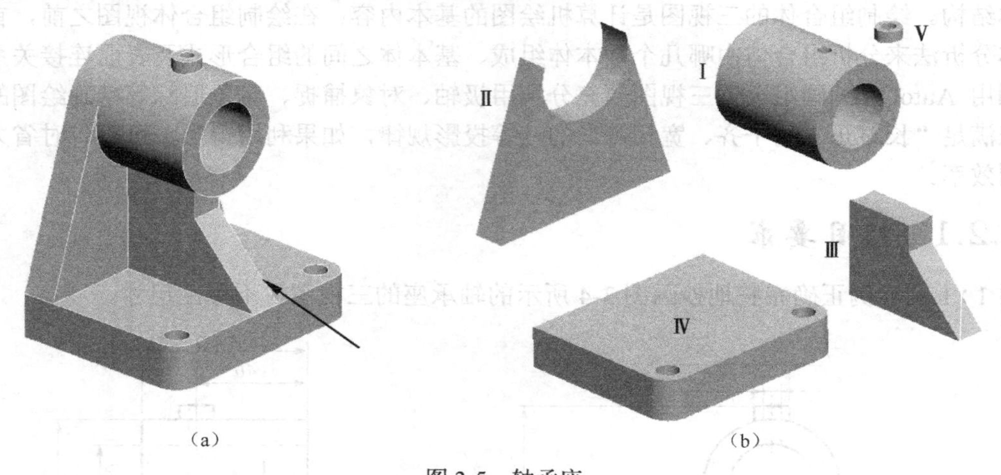

图3-5 轴承座

2. 相关知识背景

该部分知识涉及组合体三视图的画法，画组合体三视图要运用形体分析法分解成基本体，逐个绘制基本体的三视图，并遵守制图“长对正、高平齐、宽相等”的投影规律。组合体三视图的绘制方法和步骤如下。

（1）选择主视图

主视图应能明显地反映出组合体的主要特征（形状和位置特征），并尽可能使主要面平行于投影面，以便获得实形；同时考虑组合体的自然放置位置；还要兼顾其他视图的清晰性及视图中虚线要少和使图幅的布局匀称合理。如图3-5（a）所示的轴承座，从箭头方向投影所得的视图，能够满足上述基本要求，可作为主视图的投影方向，底板水平放置。主视图方向选定以后，俯视图和左视图也就随之确定了。

（2）布置视图

布置视图时，要根据各视图每个方向上的最大尺寸和视图间要留的间隙来确定每个视图的位置。作图时先画出各视图中的基准线。一般情况下，以对称平面、较大的平面或回转体的轴线作为基准线。

（3）画组合体三视图的方法比较

① 手工绘图：

➢ 按形体分析法分解各组成形体及确定它们之间的相对位置，逐个画出各形体的视图。必须要注意的是，在逐个画形体时，应严格遵循“长对正、高平齐、宽相等”的三等规律，同时画出主、俯、左三个视图，这样既能保证各形体之间的相对位置和投影关系，又能提高绘图速度。例如，具有相贯线和截交线的地方，宜适当配合线面分析，几个视图结合起来看，才能保证所绘图线的准确性。

➢ 画图顺序为先画较大形体，后画较小形体；先画粗略轮廓，后画细节部分。

➢ 底稿完成后，要仔细检查，修正错误，擦去多余图线，完成视图。

② 计算机绘图：用 AutoCAD 绘图时，除了采用上述手工绘图的方法外，也可以采用先根据给定尺寸集中画完某一视图，然后再画其他视图；特别是在要满足宽相等关系时，可以将绘制好的左视图或者俯视图，复制并旋转以满足宽相等的条件快速绘制有关图形，该种方法在后面的项目实施中有相关介绍。

3.2.3 项目实施

1．分析视图

轴承座是非常有代表性的组合体，先从形体分析入手，其由 5 部分组成，如图 3-5 所示，要看懂基本体之间的组合方式及各个基本体的尺寸。画三视图时，首先要按照机械制图中讲过的方法绘制，逐个绘制各个基本体的三视图。

2．轴承座三视图的绘制步骤——绘制方法一

Step1. 定图幅，绘制中心线。图幅确定后，在布置视图时要注意视图间要留出足够的空隙以便用于标注尺寸。打开 AutoCAD 文件，建好图层，绘制基准线、定位线，如图 3-6 所示。

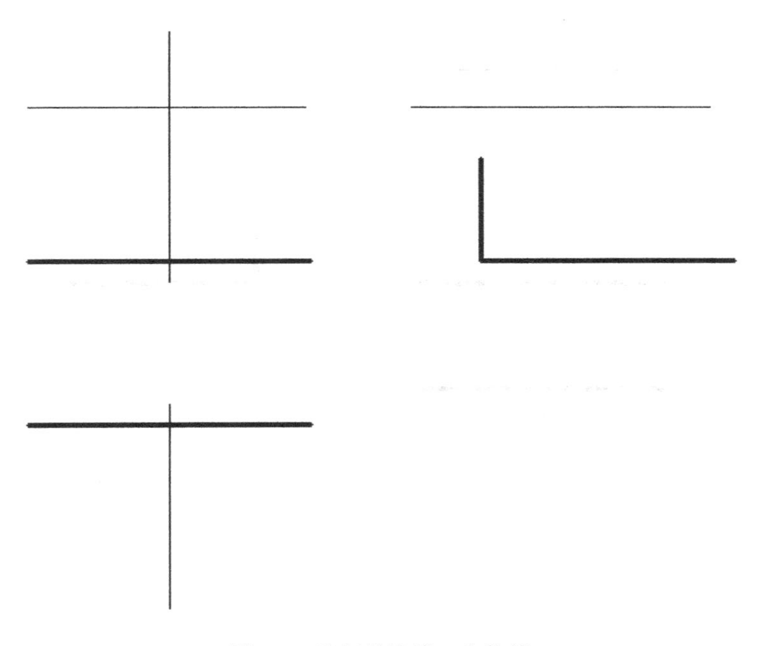

图 3-6　绘制基准线、定位线

如图 3-6 所示，如果中心线线型显示不明显，需要调整线型比例。选中要调整的线条，单击鼠标右键，选择“特性”，弹出如图 3-7 所示的“特性”对话框，改变线型比例，结果如图 3-8 所示。

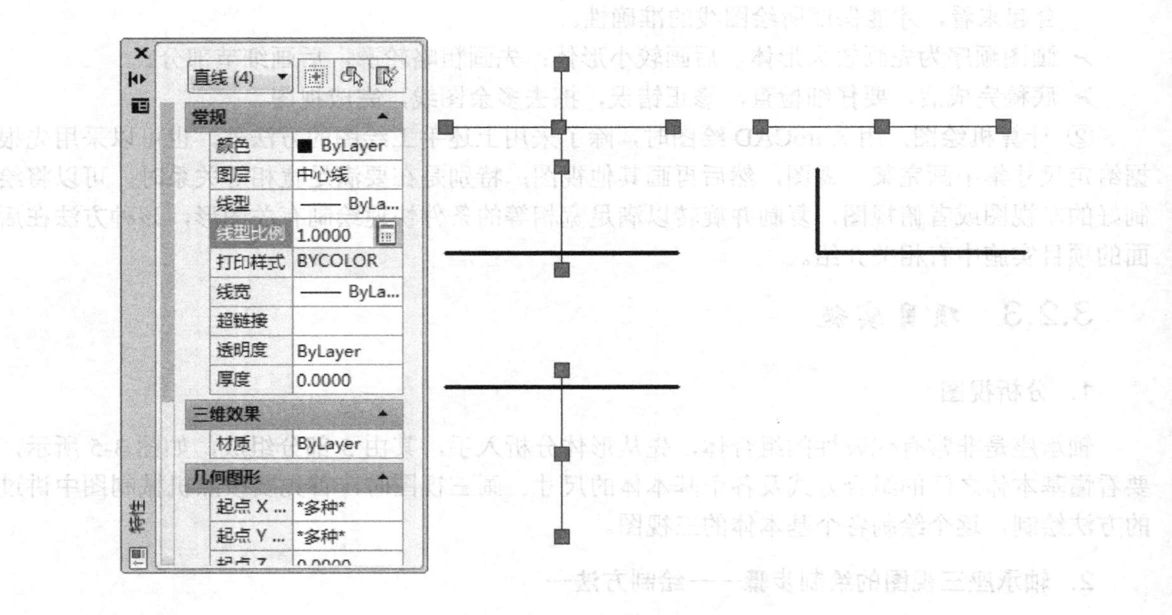

图 3-7　调整线型比例

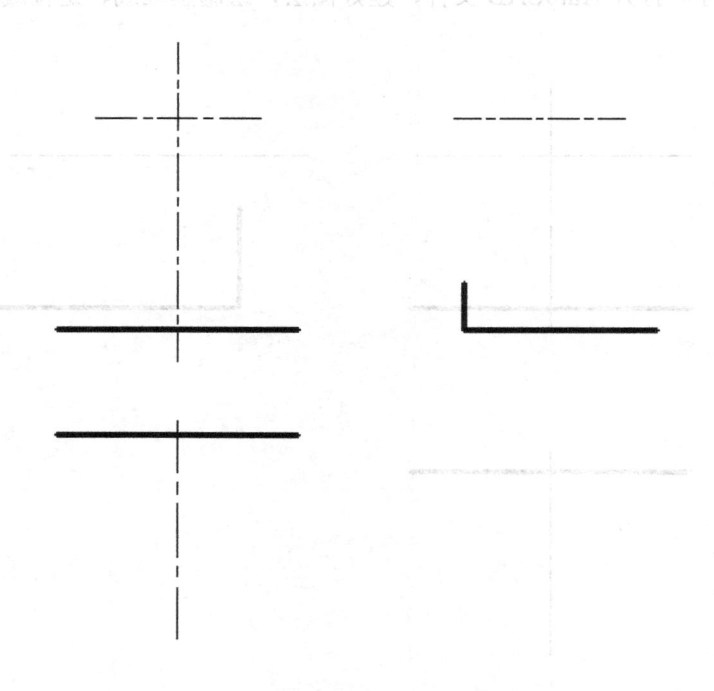

图 3-8　线型比例调整结果

Step2. 绘制圆筒的三视图，如图 3-9 所示。
Step3. 绘制底板的三视图，如图 3-10 所示。

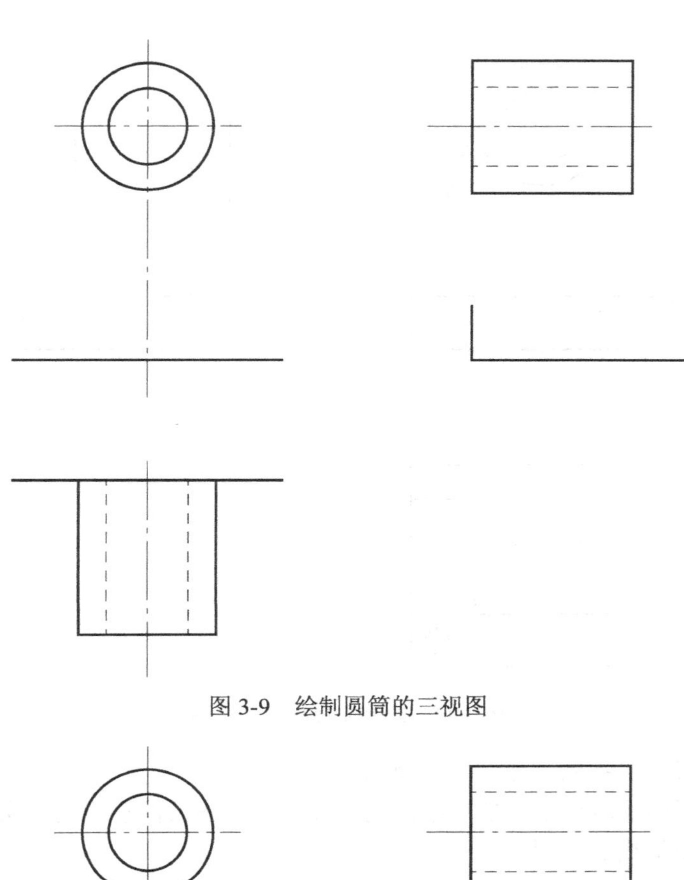

图 3-9　绘制圆筒的三视图

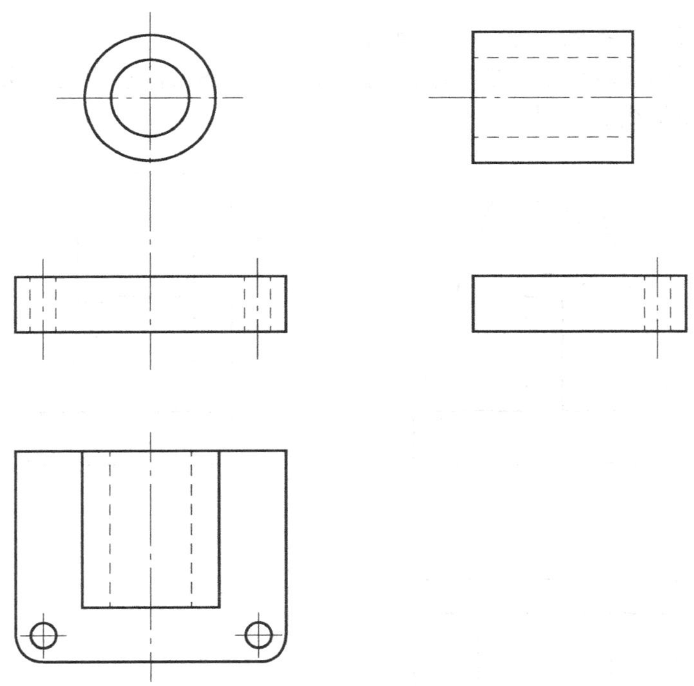

图 3-10 绘制底板的三视图

Step4. 绘制支撑板的三视图，注意与圆筒的相切关系，如图 3-11 所示。先绘制支撑板的主视图，然后根据切点位置绘制其俯视图和左视图。

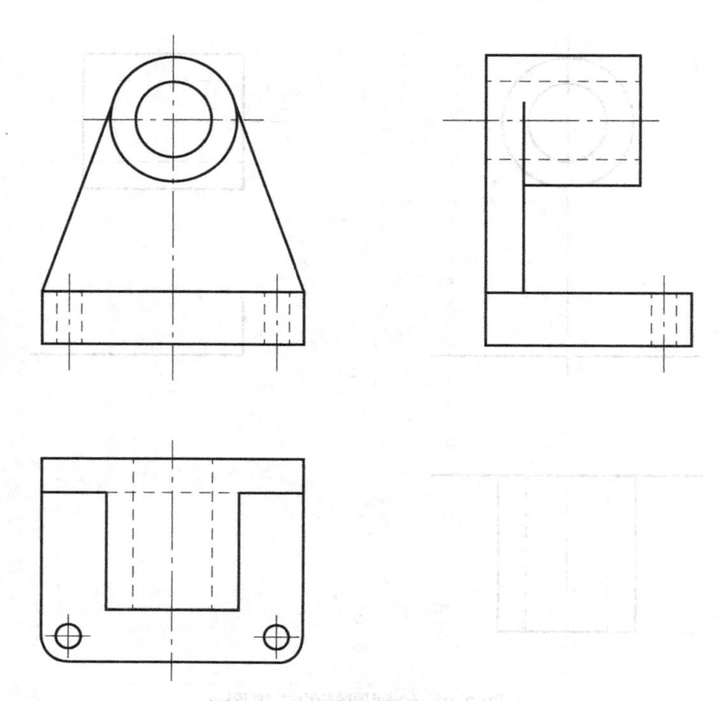

图 3-11　绘制支撑板的三视图

Step5. 绘制肋板的三视图，如图 3-12 所示。

先绘制肋板主视图比较简单，然后绘制俯视图，俯视图要注意线的虚实；绘制左视图时要注意肋板和大圆桶相贯线的绘制。

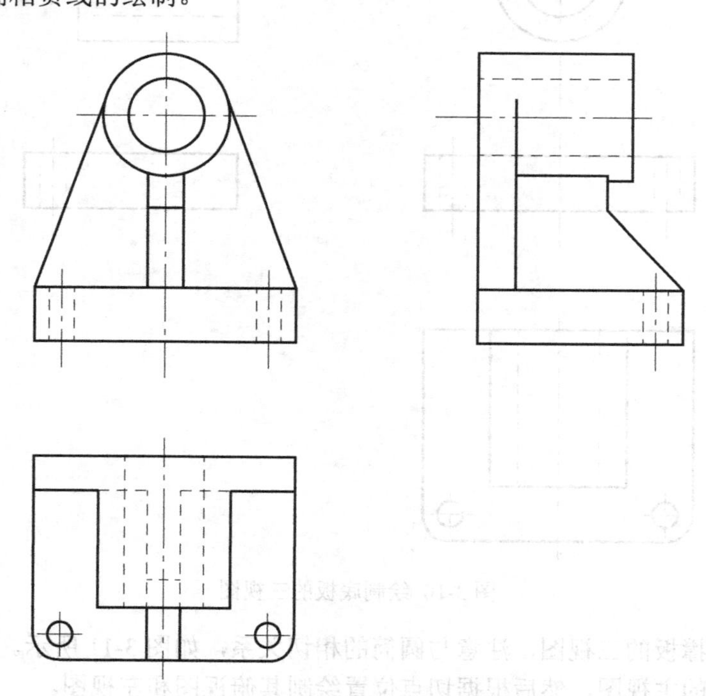

图 3-12　绘制肋板的三视图

Step6. 绘制凸台的三视图，如图 3-13 所示。

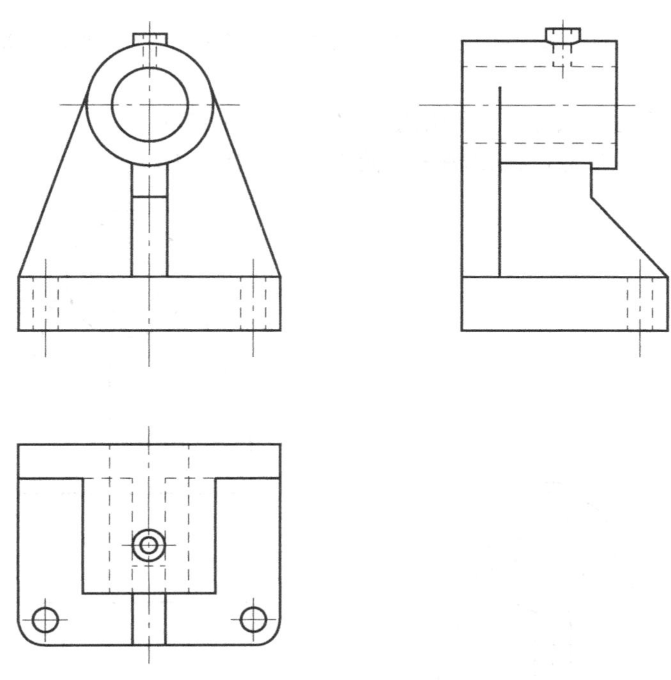

图 3-13　绘制凸台的三视图

Step7. 检查、整理，完成轴承座的三视图，如图 3-14 所示。

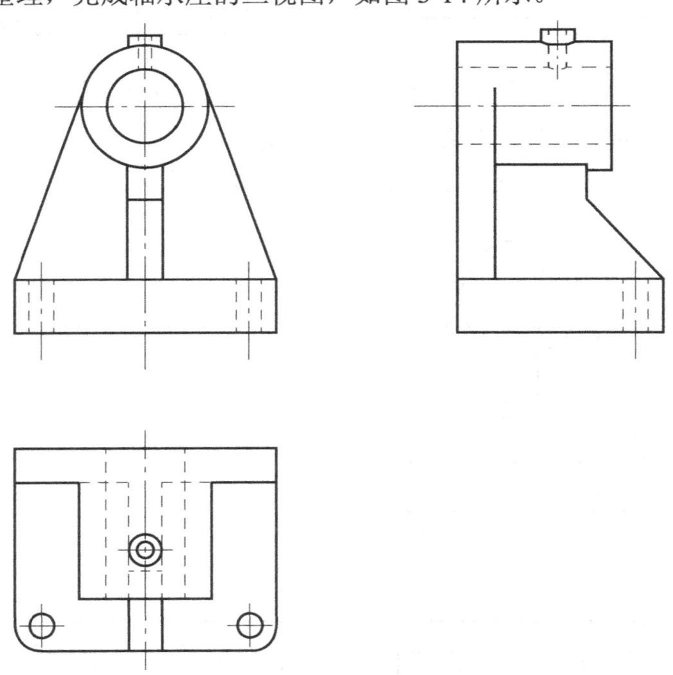

图 3-14　轴承座的三视图

3．轴承座三视图的绘制步骤——绘制方法二

利用计算机绘图时可以根据给定的尺寸，先画出某一视图再画另外的两个视图。对于此例中的轴承座，由于支撑板跟圆筒之间是相切的关系，因此画图时必须先画出主视图，然后再由

主视图画出俯视图和左视图。画图时一定要注意遵守“长对正、高平齐、宽相等”的规律。

作图步骤如下：

Step1. 根据题目给定的尺寸，先画出主视图，如图 3-15 所示。

Step2. 根据主视图及尺寸，画出轴承座俯视图，如图 3-16 所示。

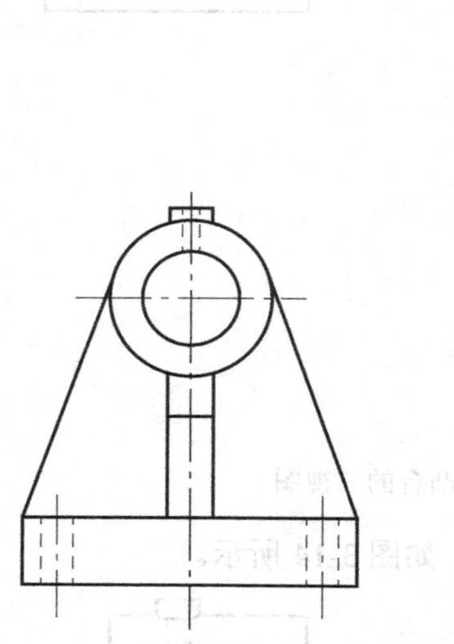

图 3-15 绘制轴承座主视图

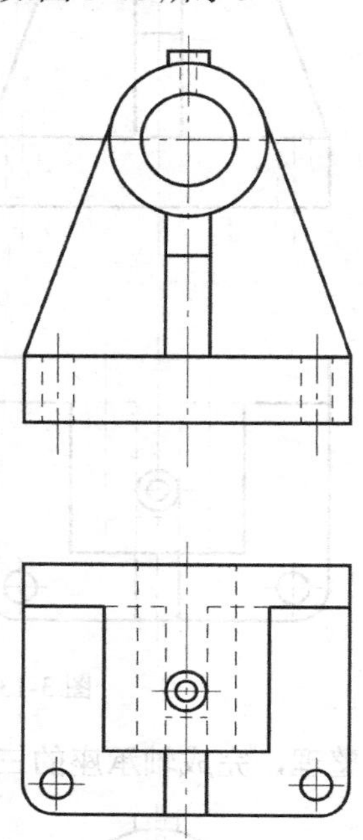

图 3-16 绘制轴承座俯视图

Step3. 由轴承座主视图、俯视图来绘制其左视图。

➢ 先将俯视图复制，放在原俯视图右侧，如图 3-17 所示。

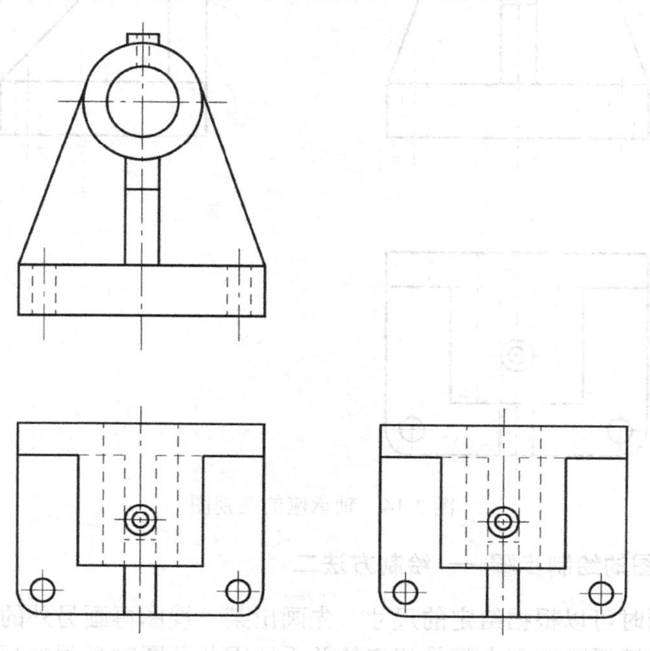

图 3-17 复制俯视图

➢ 然后将俯视图绕图 3-18 所示中 1 点旋转 90°，如图 3-19 所示。

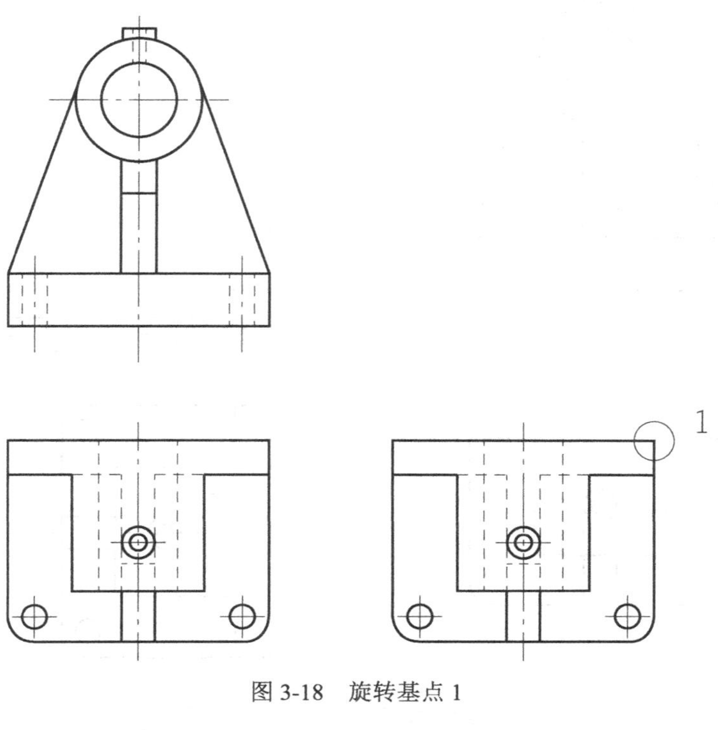

图 3-18　旋转基点 1

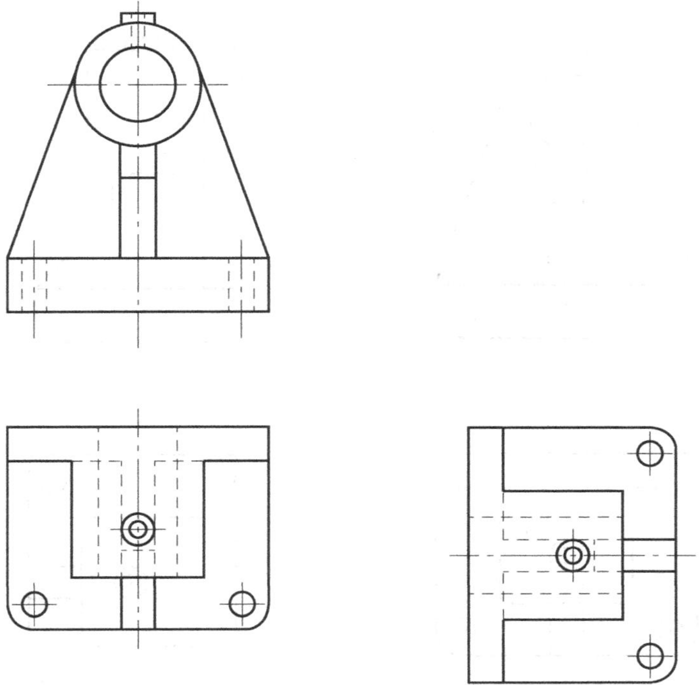

图 3-19　旋转后的俯视图

➢ 利用“极轴”、“对象捕捉”、“对象追踪”功能，满足组合体三视图的“三等规律”作图，如图 3-20 所示。最终完成轴承座左视图的绘制，如图 3-21 所示。

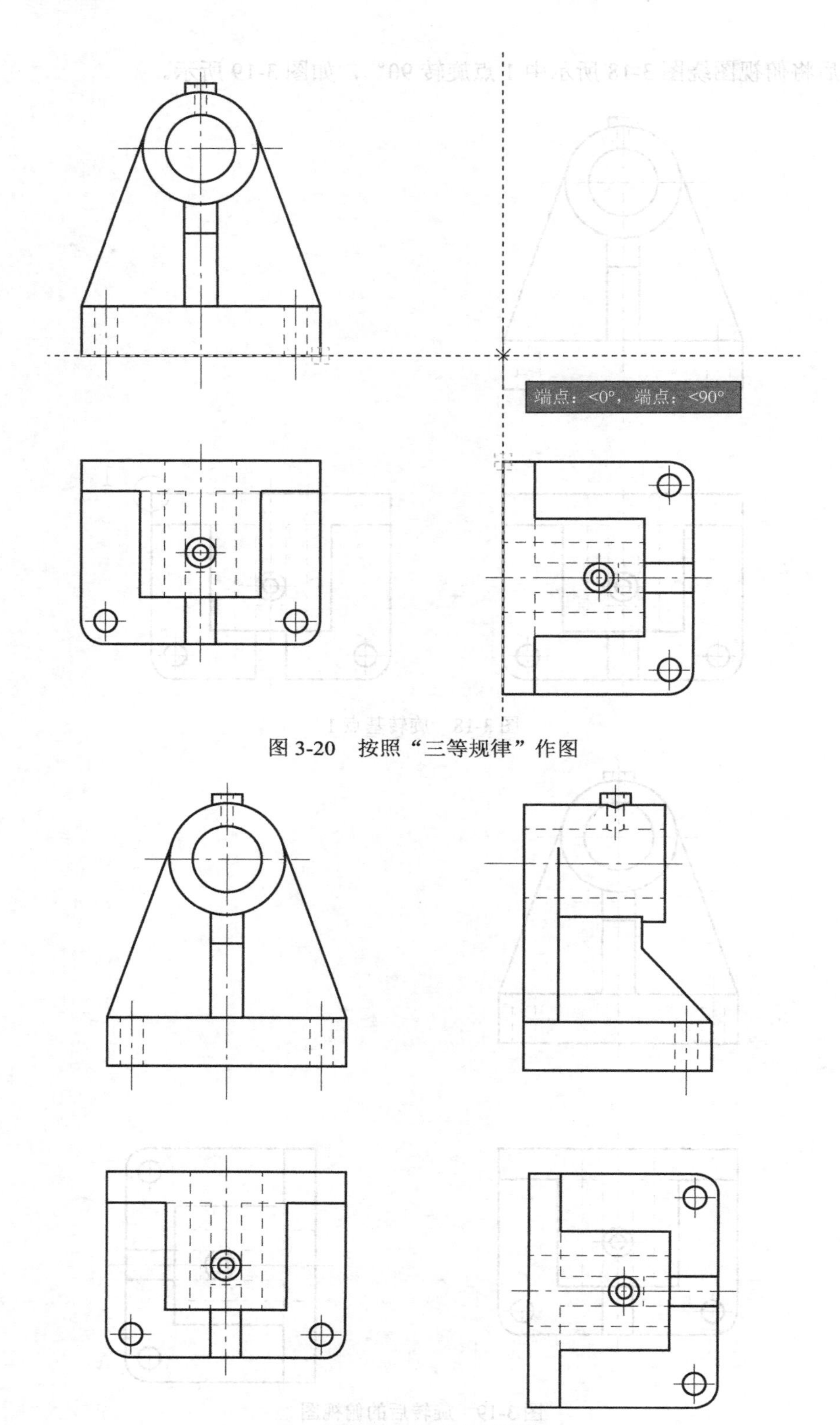

图 3-20　按照“三等规律”作图

图 3-21　完成左视图

➢ 最后，将旋转后的俯视图删除，得到如图 3-14 所示轴承座的三视图。

3.2.4　项目检查与评价

该项目检查表如表 3-1 所示。

表 3-1　项目检查表

项目名称	组合体三视图的绘制			
序号	检查内容	掌握程度（分值）	学生自检	教师检查
1	形体分析法	1．没掌握　2．掌握　3．熟练掌握		
2	三视图一般绘制方法和步骤	1．没掌握　2．掌握　3．熟练掌握		
3	视图线型的规范应用	1．没掌握　2．掌握　3．熟练掌握		
4	三等规律及精确绘图辅助工具的应用	1．没掌握　2．掌握　3．熟练掌握		
5	相贯线的绘制	1．没掌握　2．掌握　3．熟练掌握		
		合计		

检查情况说明：没掌握 1 分，掌握 2 分，熟练掌握 3 分。

6 分以下：没有掌握，不能独立完成项目，需要认真学习。

6 分～9 分：基本掌握，需要针对部分知识点加强学习。

9 分～12 分：掌握，能独立完成项目，不熟练知识点需要加强练习。

12 分～15 分：较好掌握，能够较好地完成该项目及类似项目。

3.2.5　项目拓展

绘制如图 3-22 所示图形，不标注尺寸。

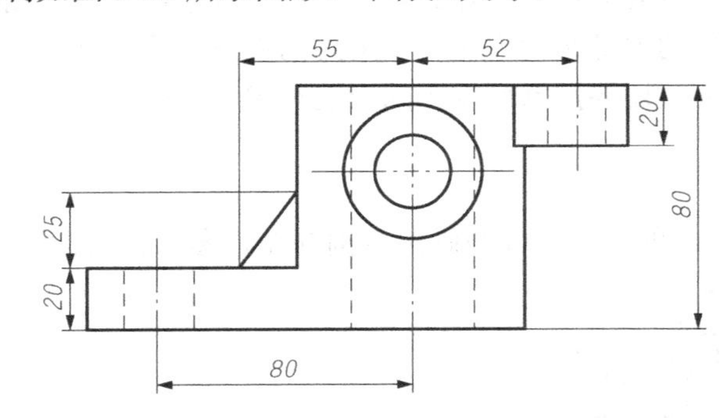

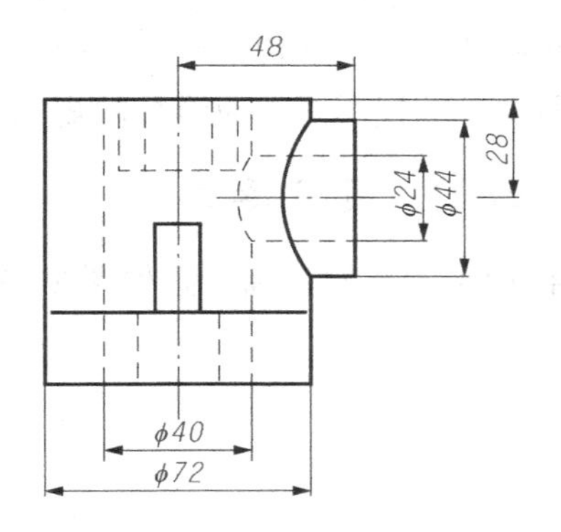

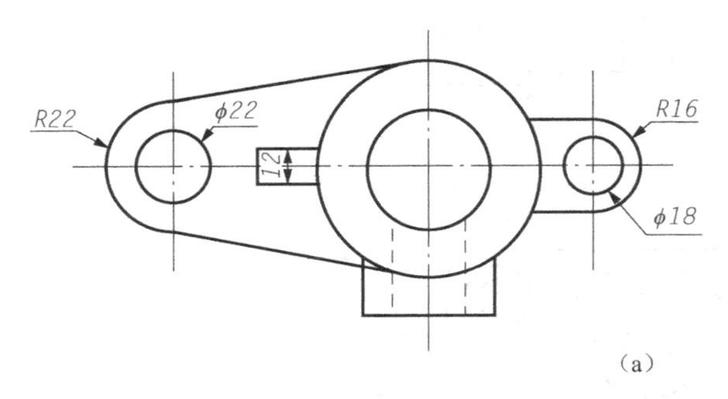

（a）

图 3-22　拓展练习

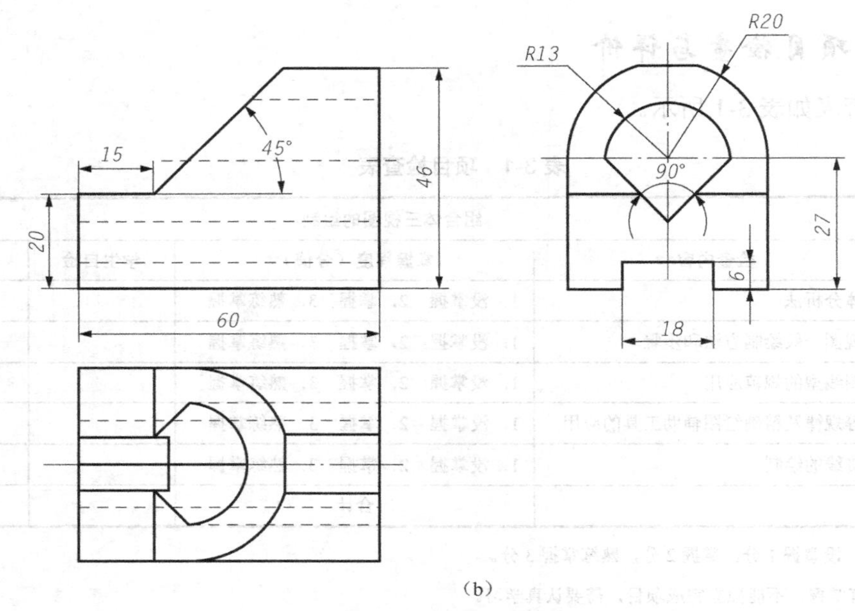

（b）

图 3-22　拓展练习（续）

3.3　项目 5——剖视图的绘制

剖视图是机械制图中表达机件的一种重要方法，也是计算机绘图的基本内容。视图主要用来表达机件的外部结构形状，要表达机件的内部结构形状就要用到剖视图。绘制剖视图时，除了前面讲过的视图画法应遵循的规则之外，还要注意剖视图的表达和国家标准的相关规定。

3.3.1　项目要求

用 1∶1 的比例正确抄画如图 3-23 所示的图形，并补画出全剖的左视图，无需标注尺寸。

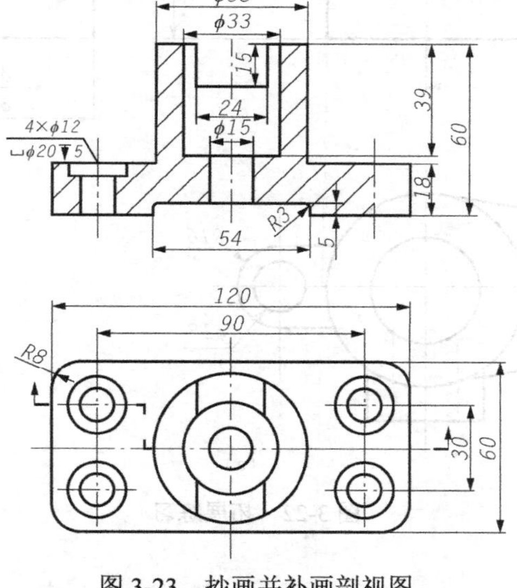

图 3-23　抄画并补画剖视图

3.3.2　项目导入

1．项目分析

根据如图 3-23 所示图形分析主视图位置采用了两个剖切平面绘制的全剖视图，俯视图位置为视图；对该结构进行形体分析，可以看出其主要由两部分组成：底板和竖圆筒。底板上分布着 4 个阶梯孔，底板的下部开有矩形槽；竖圆筒中间也有个阶梯孔，且在圆筒上方从前向后开有矩形槽，想象出该形体的立体结构如图 3-24 所示。项目要求补画全剖的左视图，则选择左右的对称线作为剖切平面的位置，经过中间孔的轴线作剖视图，其剖切后的立体图如图 3-25（a）所示，剖切后左视图的投影如图 3-25（b）所示。

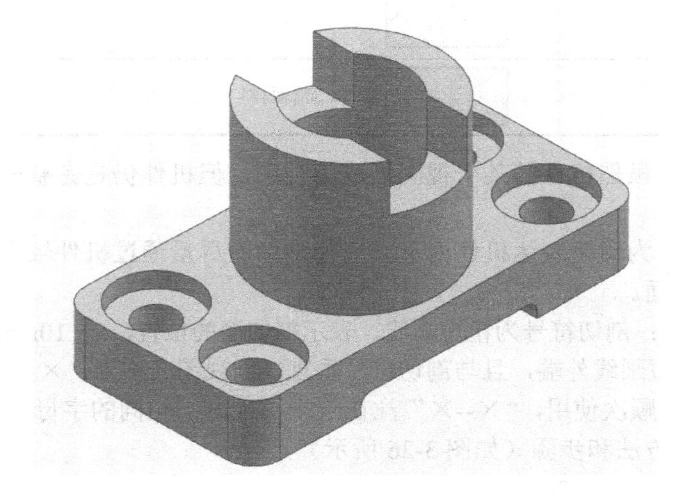

图 3-24　立体图

（a）剖切后立体图

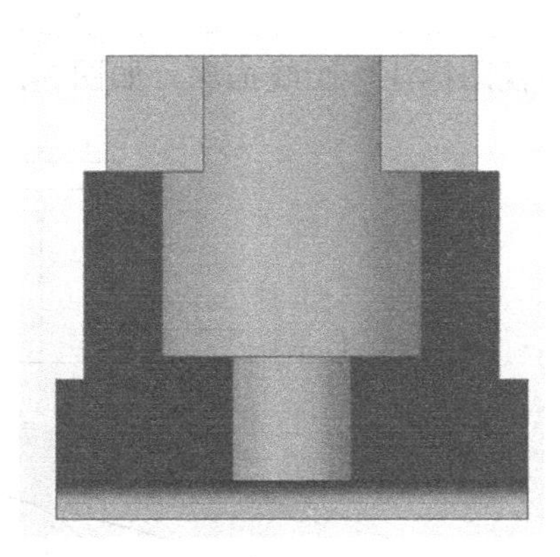

（b）剖切后左视图的投影

图 3-25　剖切后立体结构

2．相关知识背景

剖视图是绘制机件常用的表达方法，绘制剖视图时要确定剖面区域，对剖面区域进行图案填充；绘制剖切符号，并对剖视图进行标注，局部剖还要掌握波浪线的画法。

根据机械制图国标要求，用粗短画线表示剖切面的位置，用粗实线绘制长约 5～10cm。

（1）画剖视图应注意的问题

① 剖面区域：在剖视图中，剖切面与机件接触的部分称为剖面区域。剖面区域内要画出剖面符号。不同的材料用不同的剖面符号表示。

各种材料的剖面符号（摘录）如表 3-2 所示。

表 3-2 各种材料的剖面符号

材料名称	剖面符号	材料名称	剖面符号
金属材料、通用剖面线		玻璃及供观察用的其他透明材料	
非金属材料		混凝土	
型砂、填砂、粉末冶金等		固体材料	

② 剖切假想性：虽然机件的某个视图画成剖视图，但机件仍是完整的，机件其他图形的绘制不受其影响。

③ 剖切面位置：为清楚表达机件内形，应使剖切面尽量通过机件较多的内部结构（孔、槽等）的轴线、对称面。

④ 剖视图的标注：剖切符号为粗短画线，表示剖切面的位置，5～10mm 的粗实线；箭头表示投射方向，画在粗短画线外端，且与剖切符号垂直；剖视图名称为“×--×”，“×”为大写拉丁字母，A、B、C …顺次使用，“×--×”注在剖视图上方；相同的字母注在剖切符号附近。

（2）画剖视图的方法和步骤（如图 3-26 所示）

① 画视图底稿，如图 3-26（a）所示。

② 确定剖切平面的位置，画出剖面区域，剖面区域内画剖面符号，如图 3-26（b）所示。

③ 画出剖切平面后可见部分的投影，画出必要的细虚线，如图 3-26（c）所示。

④ 剖视图标注，图线描深，如图 3-26（d）所示。

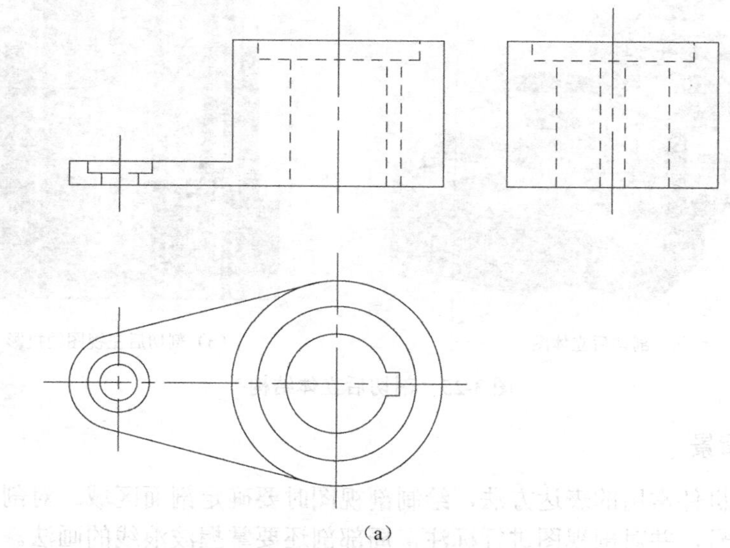

（a）

图 3-26 剖视图画图步骤

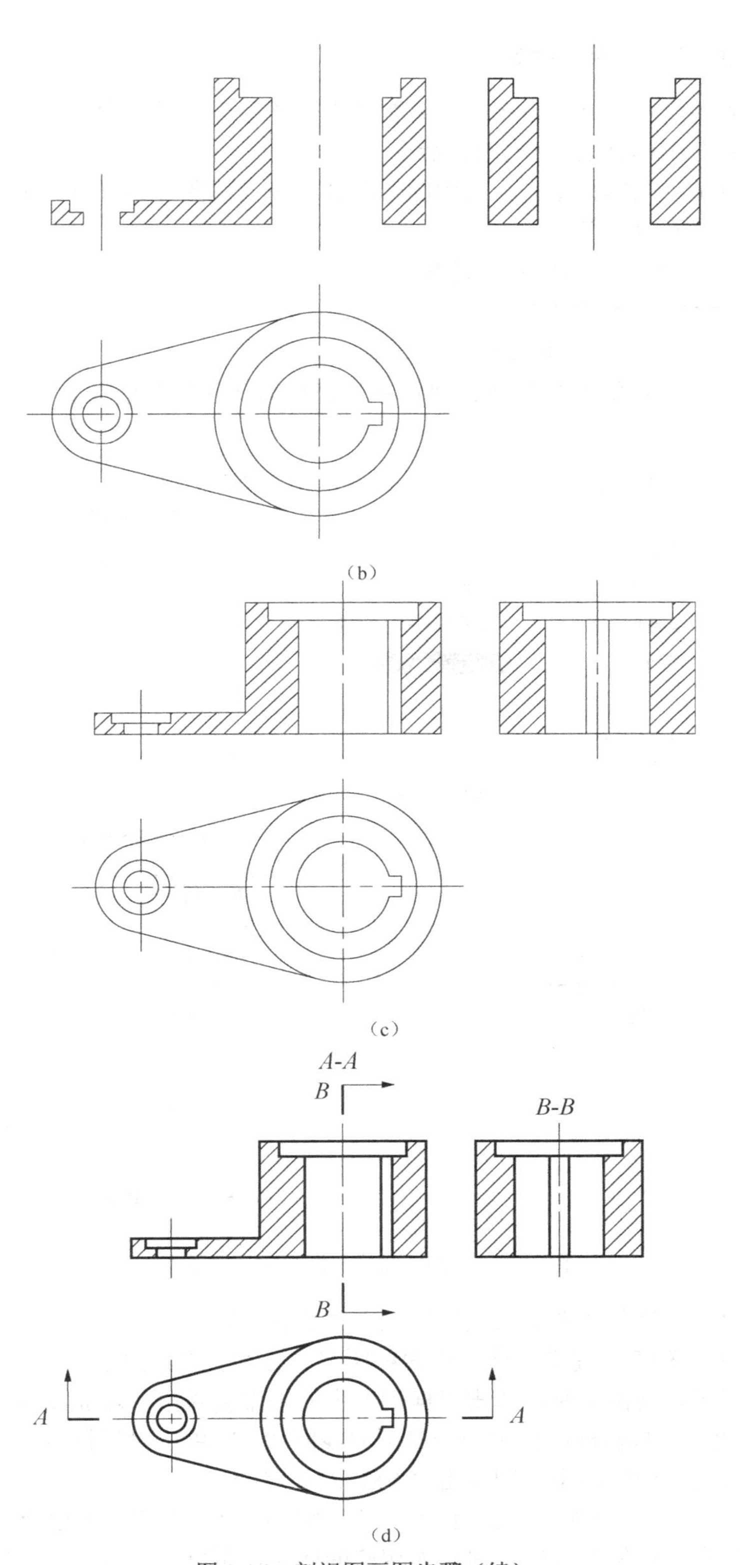

图 3-26　剖视图画图步骤（续）

3. 绘制剖视图涉及的相关命令

除了前面用到的绘图、修改命令外，绘制剖视图还会用到以下命令。

（1）图案填充（BHATCH/HATCH）命令

图案填充是以某种图案来填充封闭的图形区域，在工程图样中可以用来绘制剖面线。

命令的调用方式有以下几种：

➢ 命令行：BHATCH / HATCH（或 H）。
➢ 菜单栏："绘图" → "图案填充"。
➢ 工具栏："绘图" → " 图案填充" 。

输入命令后，弹出如图 3-27 所示的"图案填充和渐变色"对话框。

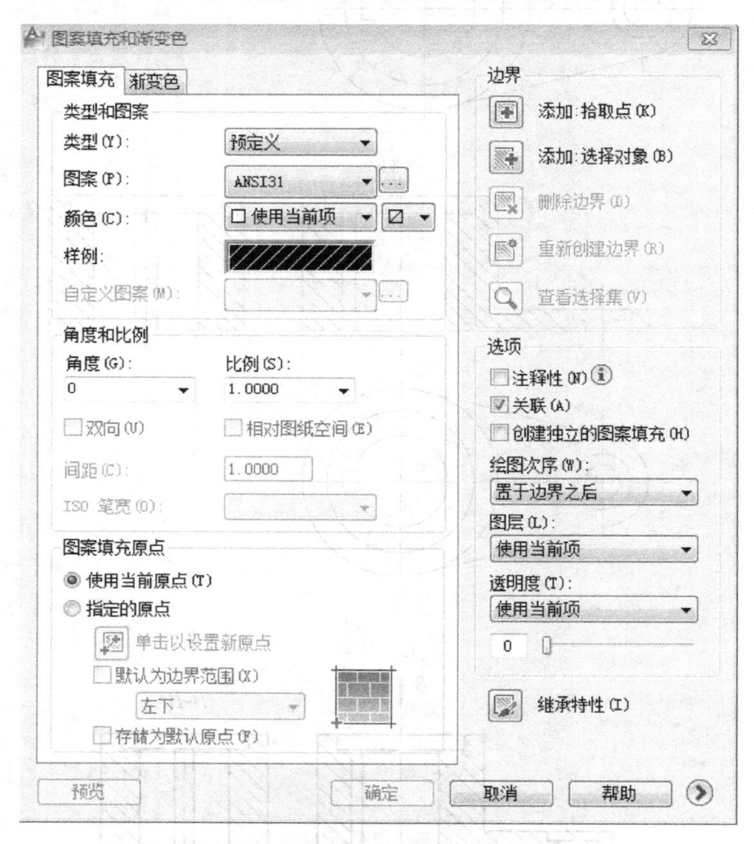

图 3-27 "图案填充和渐变色"对话框

绘制剖面线只需要操作"图案填充"选项卡中的各选项。

①"类型"下拉列表。提供了选择剖面线图案的三种类型：预定义、用户定义、自定义。一般情况下，使用预定义图案时，单击"样例"中的图案会弹出"填充图案选项板"对话框，如图 3-28 所示。如需选择机械图样中的金属剖面线图案，则单击对话框中的"ANSI31"按钮；如需选择非金属材料剖面线图案，则单击"ANSI37"按钮。

②"角度和比例"选项组。通过在"角度"编辑框内输入相应的数值，可以使图案旋转相应的角度。通过在"比例"编辑框内输入相应的数值，可以放大或缩小预定义图案中的线条间距离。

③"边界"选项组。边界即剖面线填充的区域，有两种选择方法。

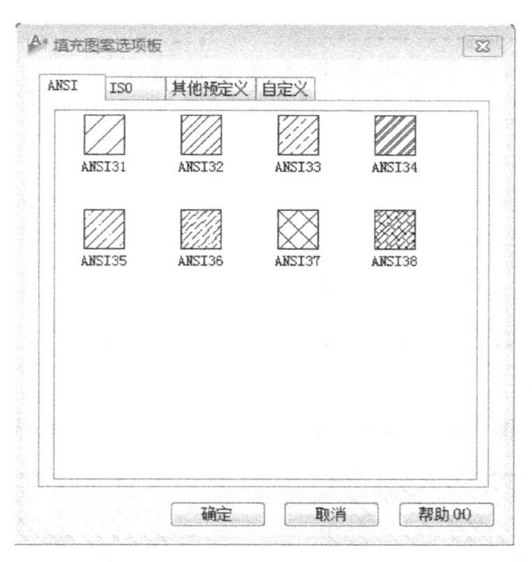

图 3-28　“填充图案选项板”对话框

➢ “添加拾取点”：单击如图 3-27 所示“图案填充和渐变色”对话框右上角“边界”选项组中第一行图标，添加拾取点。使用该方式拾取点，务必注意所点区域必须封闭。如图 3-29（a）所示是一个闭合的区域，当我们拾取这个闭合区域内的任意一点时，组成该区域的 4 条直线作为填充边界都被选中，显示为虚线。如图 3-29（b）所示明显不是闭合区域，当我们在这个区域拾取点时，系统弹出提示“边界定义错误”，并在原图中圈出未闭合的线条端点。

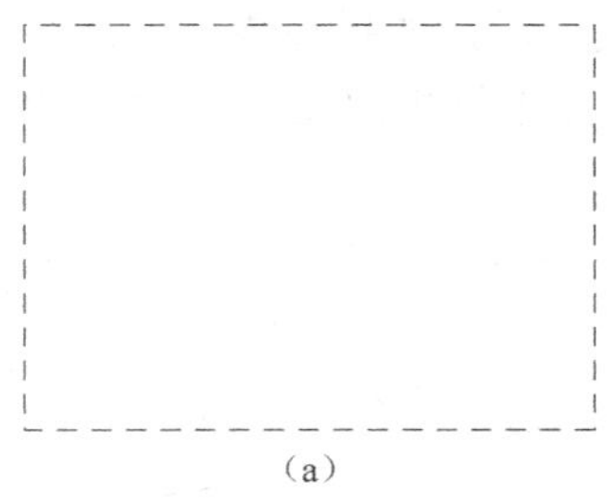

（a）

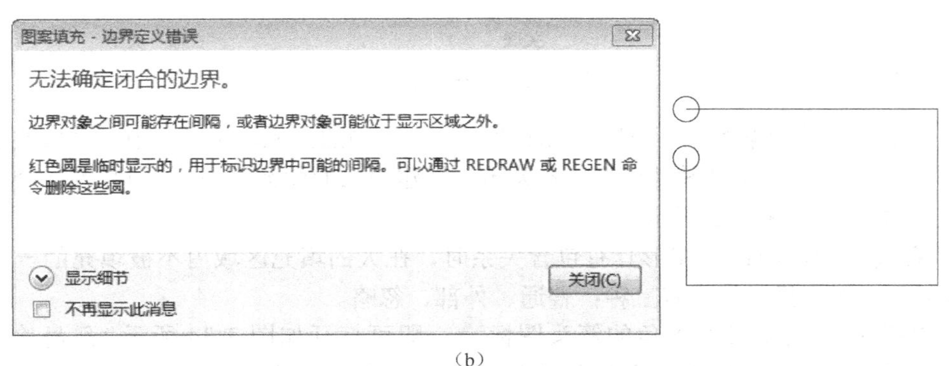

（b）

图 3-29　用拾取点方式确定图案填充边界

➢ “添加选择对象”：单击如图 3-27 所示“图案填充和渐变色”对话框右上角“边界”选项组中第二行图标，添加选择对象，如图 3-30 所示，其结果如图 3-31 所示。该方式要求通过选择组成区域的线条的方式来确定图案填充的边界。

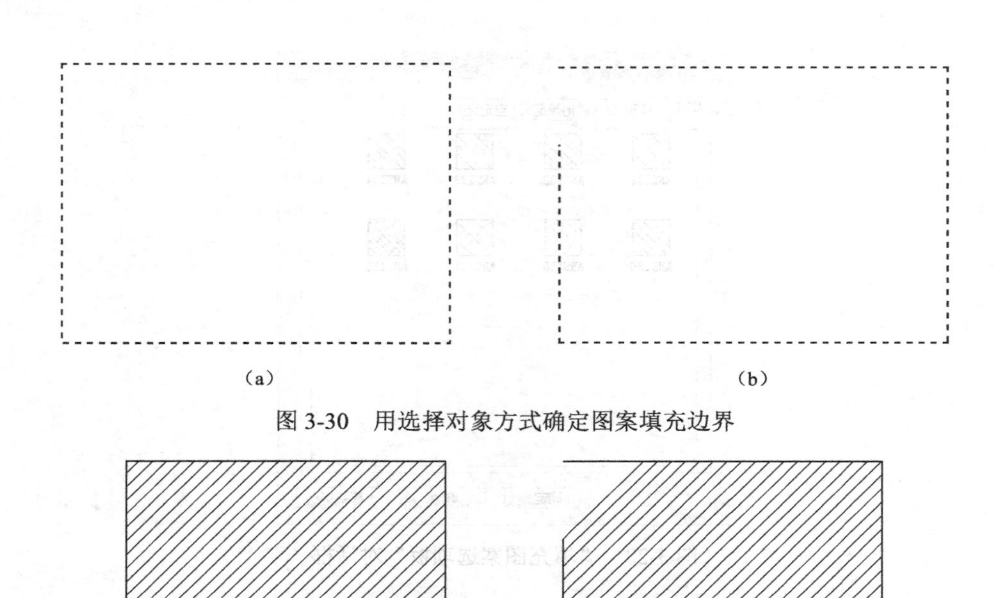

图 3-30 用选择对象方式确定图案填充边界

(a) (b)

图 3-31 用选择对象方式确定填充边界结果

④ “选项”选项组。

➢ “关联”是指图案填充完成以后，如果边界发生改变则填充图案自动更新；若“关联”关闭，则边界修改后图案填充不发生改变，如图 3-32 所示。

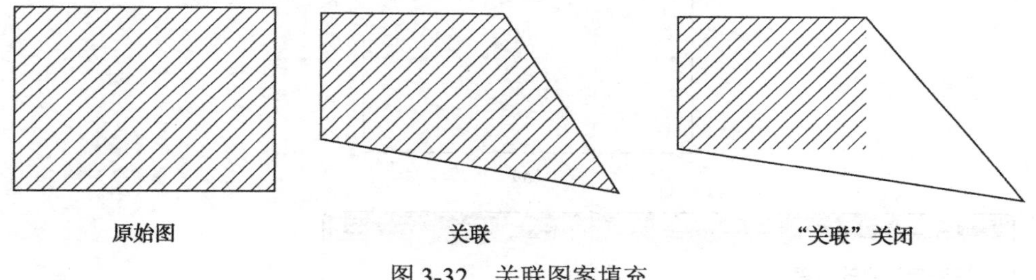

图 3-32 关联图案填充

➢ “创建独立的图案填充”是指一次填充了几个不同的区域，如果其中一个修改了填充的图案，则其他区域的图案不变；若关闭“创建独立的图案填充”，则修改一个后别的都跟着改变，如图 3-33 所示。

⑤ “孤岛”选项组：当图形具有包含关系时，在大的填充区域内不被填充的一个或多个区域称为孤岛。孤岛显示样式有三种：普通、外部、忽略。

单击如图 3-27 所示最右下角的箭头图标，即可打开如图 3-34 所示“孤岛检测”。“普通”是间隔填充；“外部”是由外向内当探测到第二条边界时就停止填充；“忽略”是所有边界都填充。需要注意的是，删除孤岛时，一定要用拾取点方式选择边界，否则不能使用该命令。

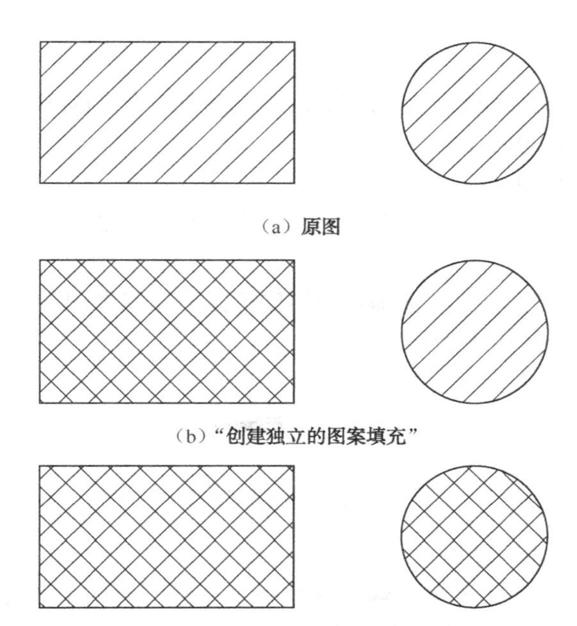

（a）原图

（b）“创建独立的图案填充”

（c）关闭“创建独立的图案填充”

图 3-33　创建独立的图案填充

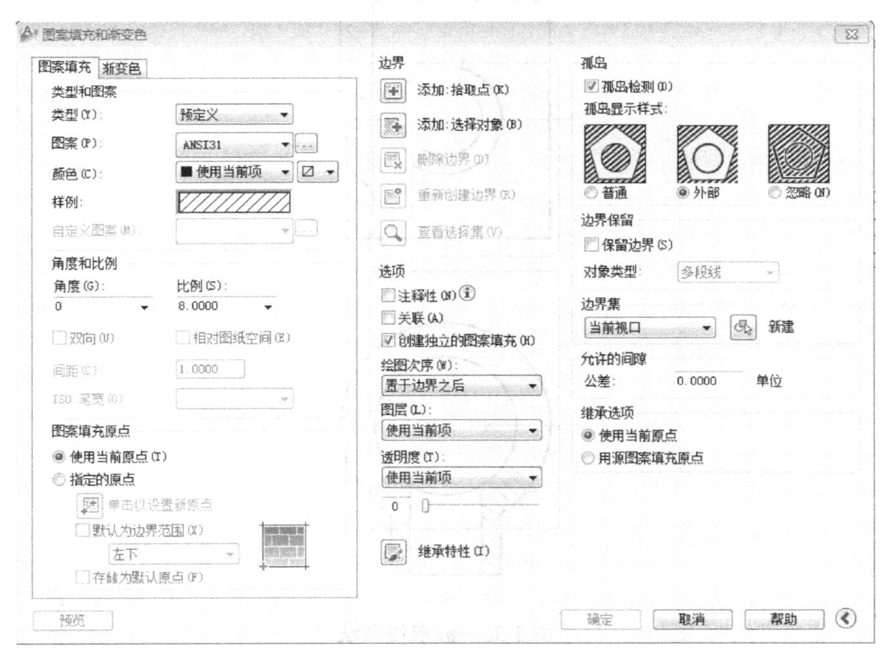

图 3-34　孤岛检测

（2）多段线（PLINE）命令

执行“多段线”命令绘制箭头：

- 命令：_PLINE↙
- 指定起点：（用鼠标任意捕捉一点）↙
- 当前线宽为 0.0000
- 指定下一个点或 [圆弧(A)/半宽(H)/长度(L)/放弃(U)/宽度(W)]:（鼠标沿水平方向向右稍

动，键盘输入 5）↙
- 指定下一个点或 [圆弧(A)/半宽(H)/长度(L)/放弃(U)/宽度(W)]: w↙
- 指定起点宽度<0.0000>:1↙
- 指定端点宽度<1.0000>:0↙
- 指定下一个点或 [圆弧(A)/半宽(H)/长度(L)/放弃(U)/宽度(W)]:（鼠标沿水平方向向右稍动，键盘输入 4）↙
- 指定下一个点或 [圆弧(A)/半宽(H)/长度(L)/放弃(U)/宽度(W)]:↙
- 箭头的绘制结果如图 3-35 所示。

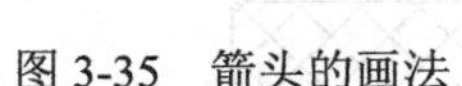

图 3-35　箭头的画法

（3）样条曲线（SPLINE）命令

SPLINE 称为非均匀有理 B 样条曲线，简称样条曲线。视图中的波浪线用样条曲线绘制。用样条曲线绘制如图 3-36 所示中的波浪线的过程如下。

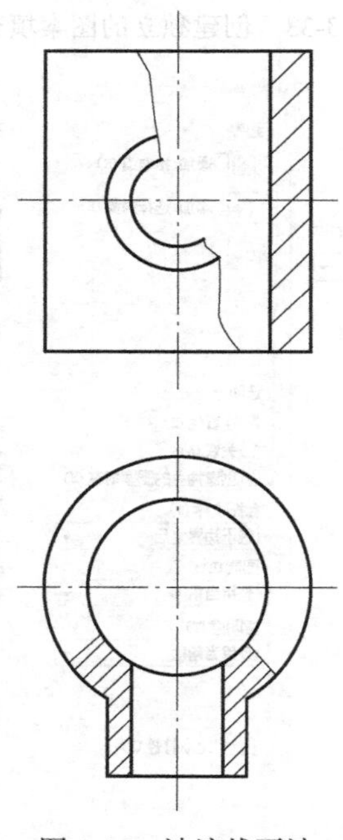

图 3-36　波浪线画法

① 设定“最近点”对象捕捉，以保证起点和结束点在直线上，如图 3-37 所示。

② 执行“样条曲线”命令 ：

- 命令：SPLINE↙
- 当前设置：方式=拟合　节点=弦↙
- 指定第一个点或[方式(M)/节点(K)/对象(O)]:（用鼠标单击 a 点，注意捕捉到直线上）↙
- 输入下一个点或[起点切向(T)/公差(L)]:（任取适当点）↙
- 输入下一个点或[起点切向(T)/公差(L)/放弃(U)]:（任取适当点）↙

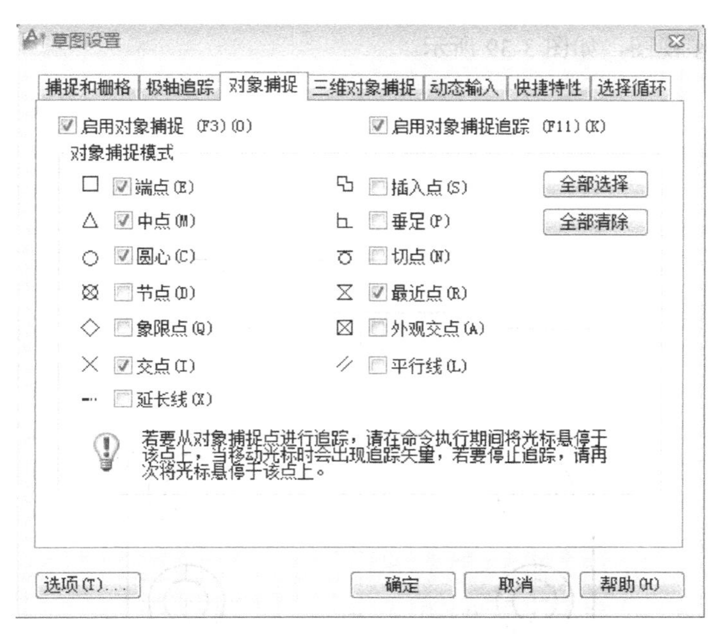

图 3-37　草图设置

➢ 输入下一个点或[起点切向(T)/公差(L)/放弃(U)/闭合(C)]：(任取适当点）↙
➢ 输入下一个点或[起点切向(T)/公差(L)/放弃(U)/闭合(C)]：(注意捕捉到直线上）↙
③ 用修剪（TRIM）命令剪掉不需要的一段，如图 3-36 所示。

3.3.3　项目实施

1．定图幅，绘制视图

Step1. 打开样板文件，进入中心线层，绘制图样中的中心线，调整后如图 3-38 所示。

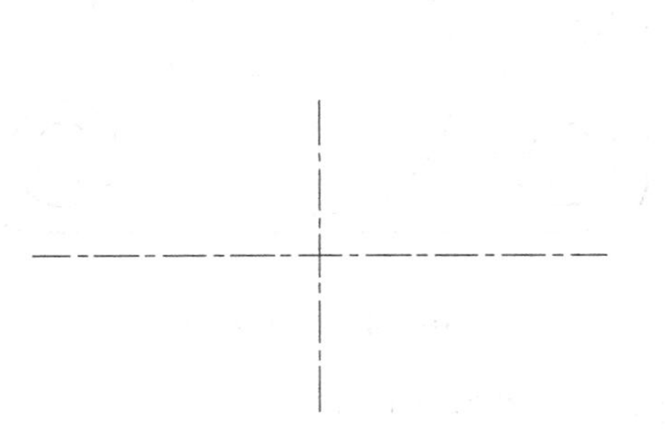

图 3-38　中心线的绘制与调整

Step2. 绘制底座视图，如图 3-39 所示。

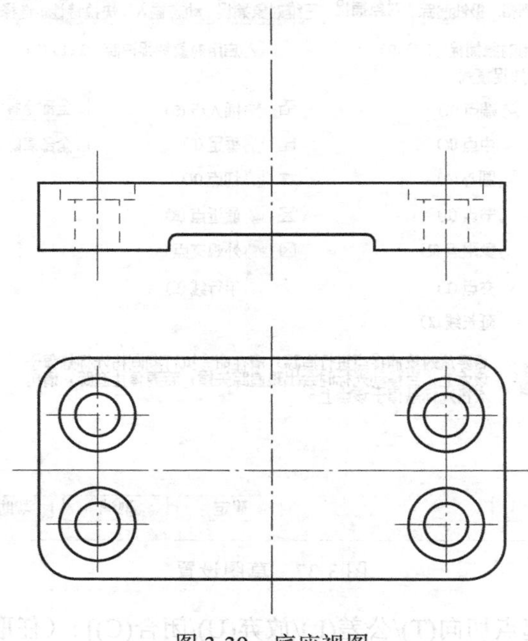

图 3-39　底座视图

Step3. 绘制圆柱视图，如图 3-40 所示。

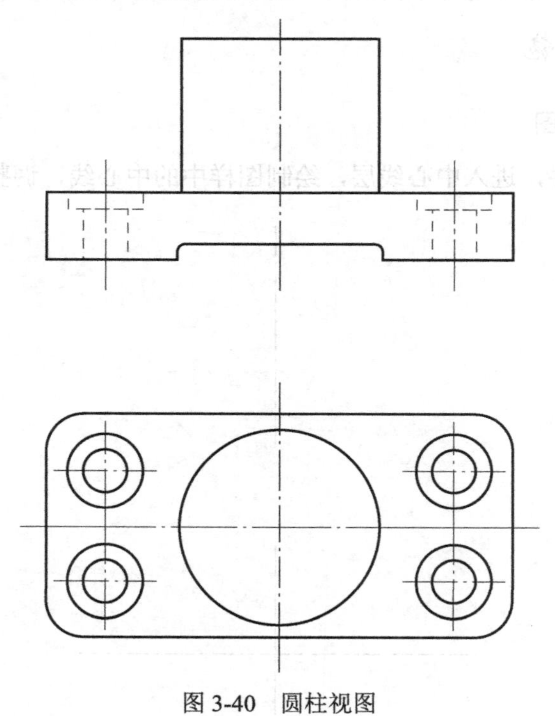

图 3-40　圆柱视图

Step4. 绘制虚体圆柱视图，如图 3-41 所示。

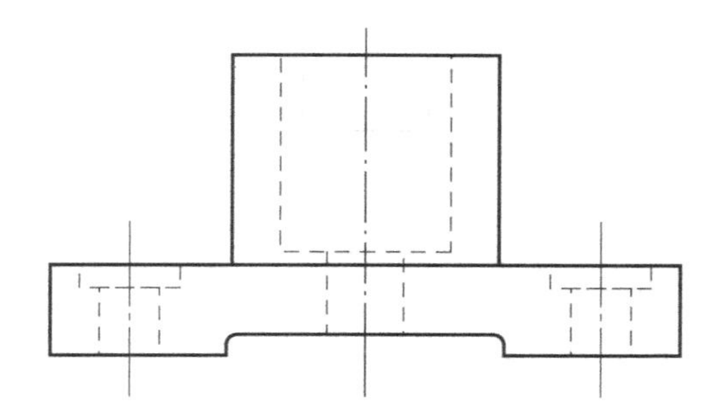

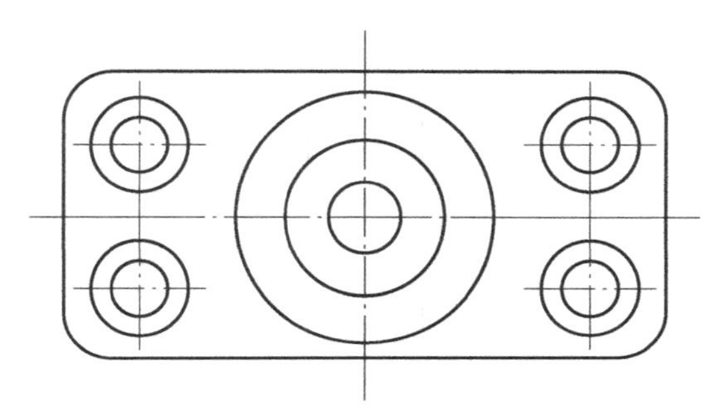

图 3-41　虚体圆柱视图

Step5. 绘制圆筒被切割后的视图，如图 3-42 所示。

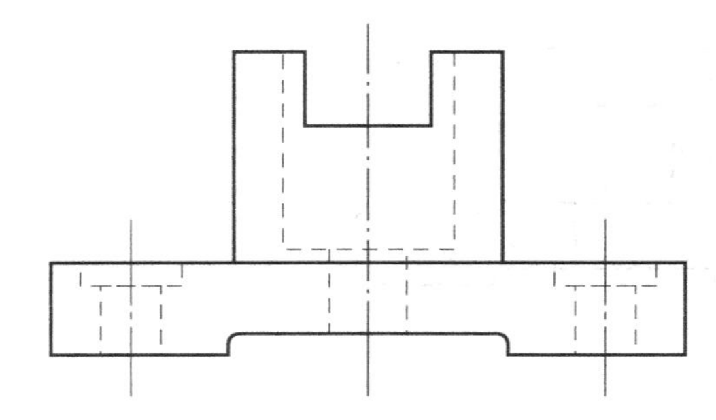

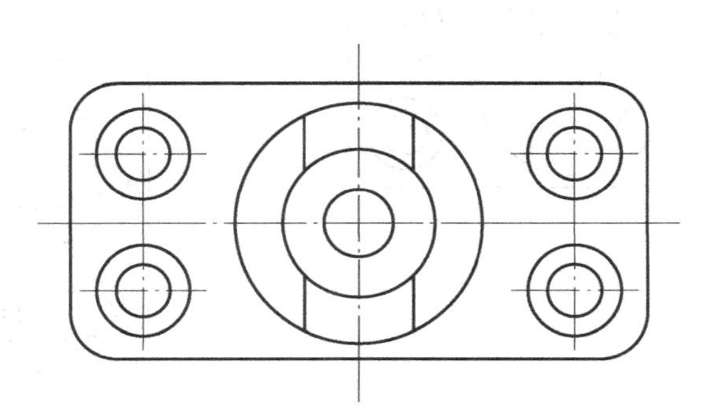

图 3-42　圆筒被切割后的视图

Step6. 按给定视图将主视图改画成全剖视图，如图 3-43 所示。

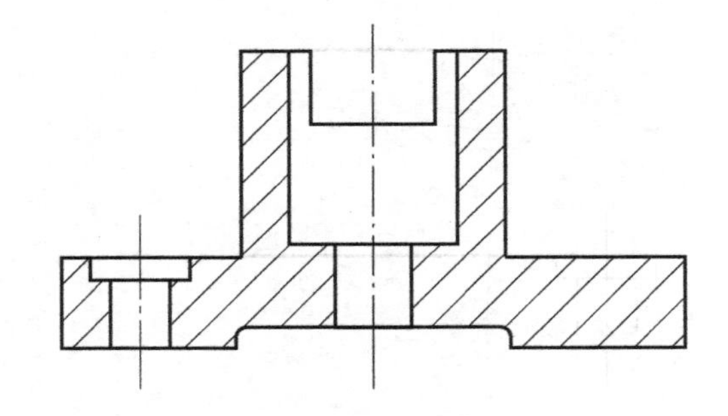

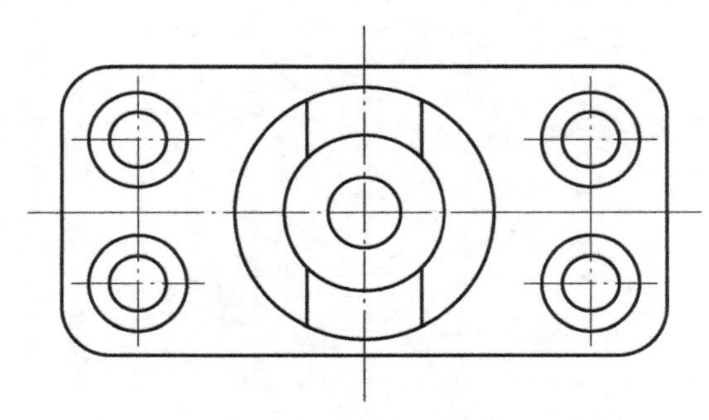

图 3-43　主视图改画成剖视图

Step7. 将俯视图旋转 90°，放置在适当位置，如图 3-44 所示。

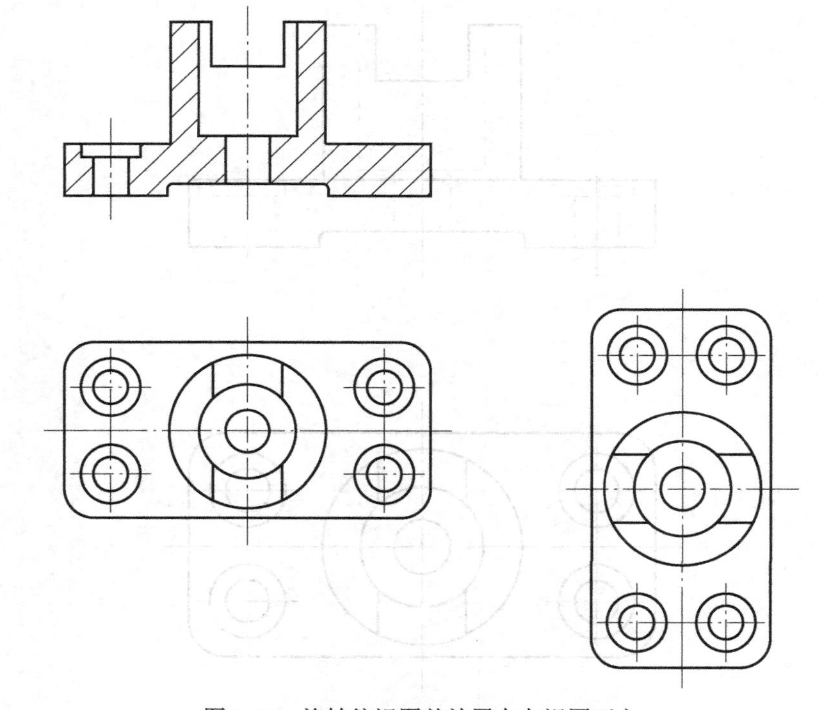

图 3-44　旋转俯视图并放置在左视图下方

Step8. 作出底板左视图，如图 3-45 所示。

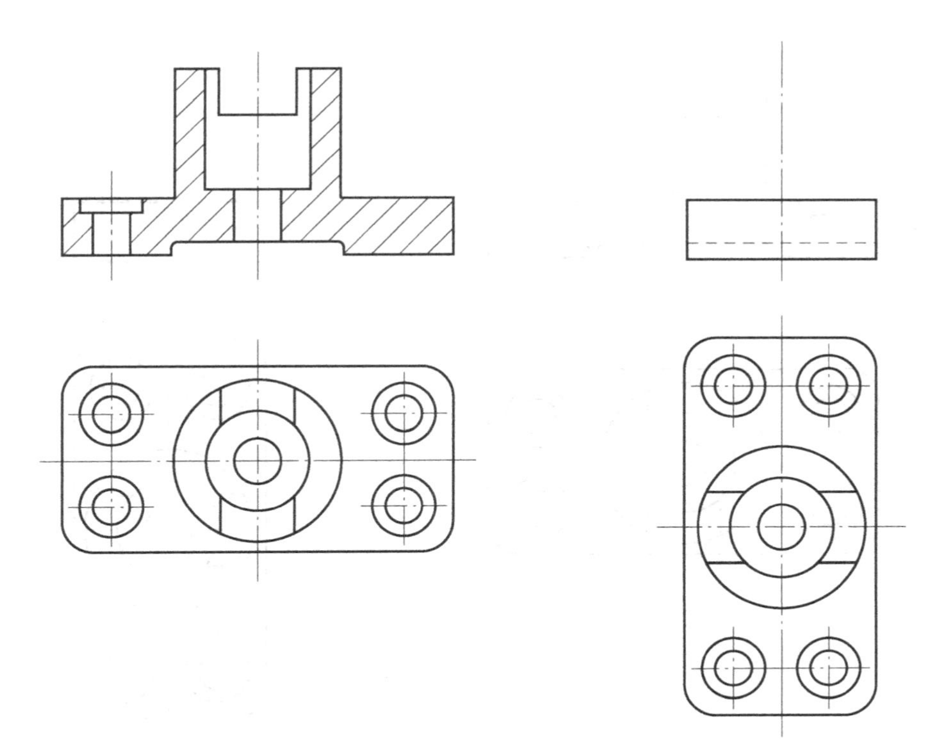

图 3-45　底板左视图

Step9. 作出圆筒外形左视图，如图 3-46 所示。

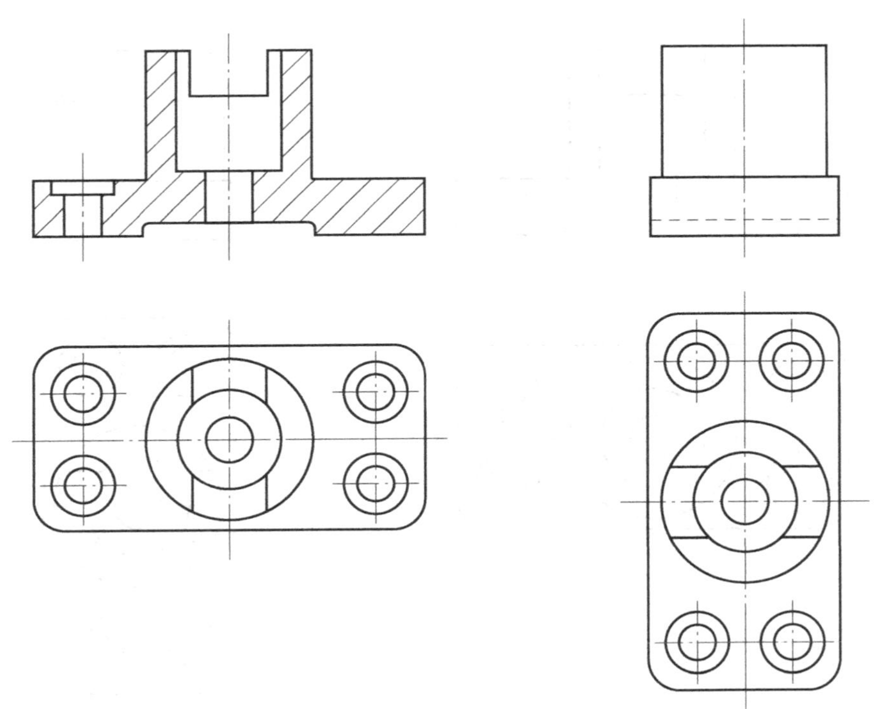

图 3-46　圆筒外形左视图

Step10. 挖切圆筒，作出内部左视图，如图 3-47 所示。

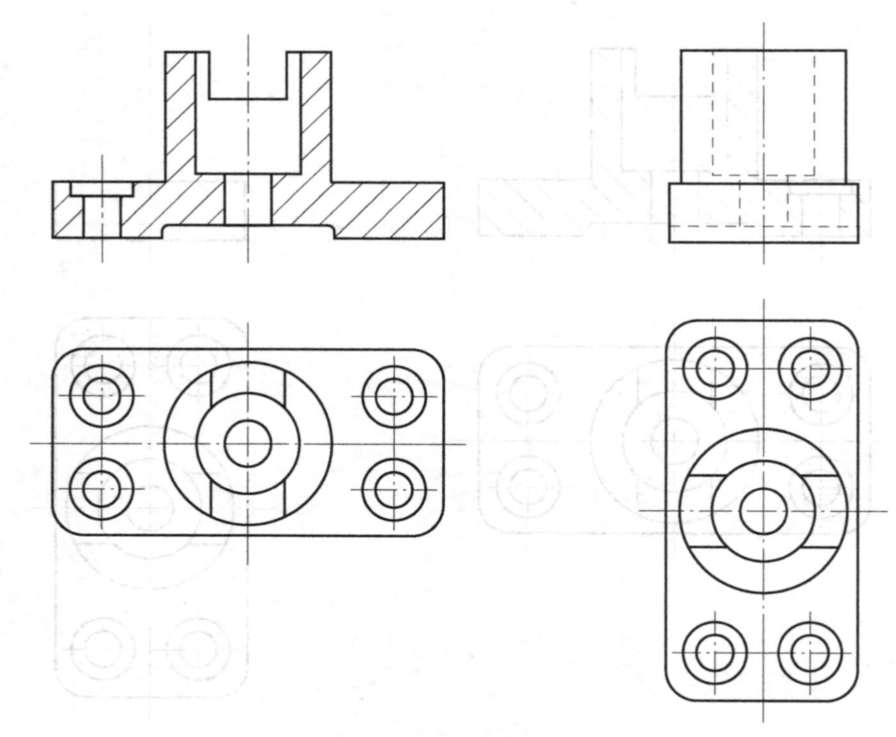

图 3-47 圆筒内部左视图

Step11. 完成圆筒剖切，如图 3-48 所示。

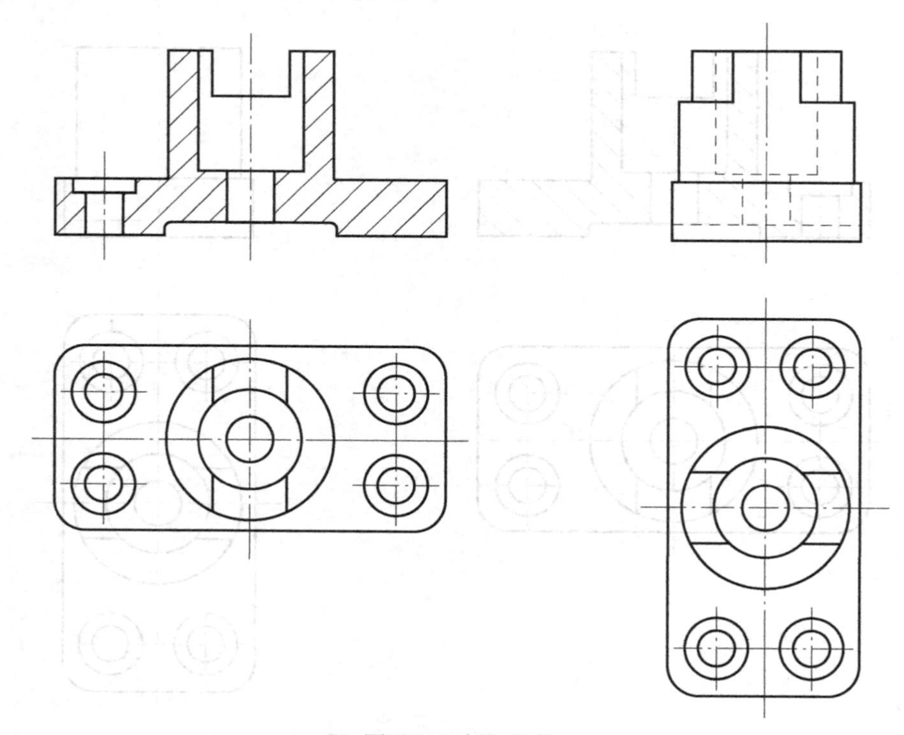

图 3-48 剖切圆筒

Step12. 将左视图改画成全剖视图，如图 3-49 所示。

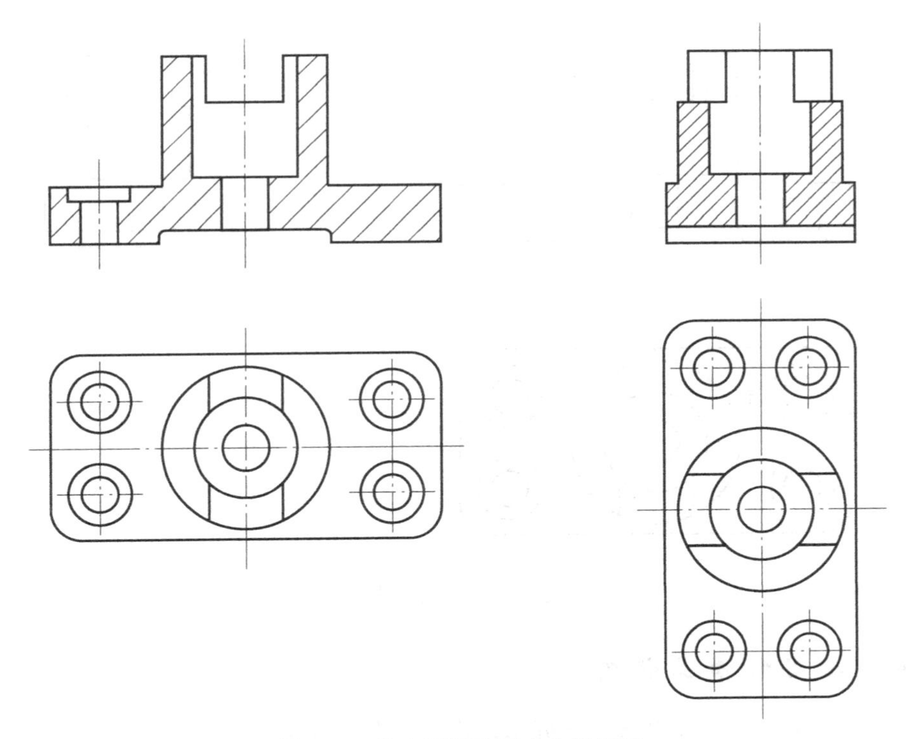

图 3-49　将左视图改画成全剖视图

Step13. 将左视图下方的视图删除掉，检查调整有关图线，最终图形绘制结果如图 3-50 所示。

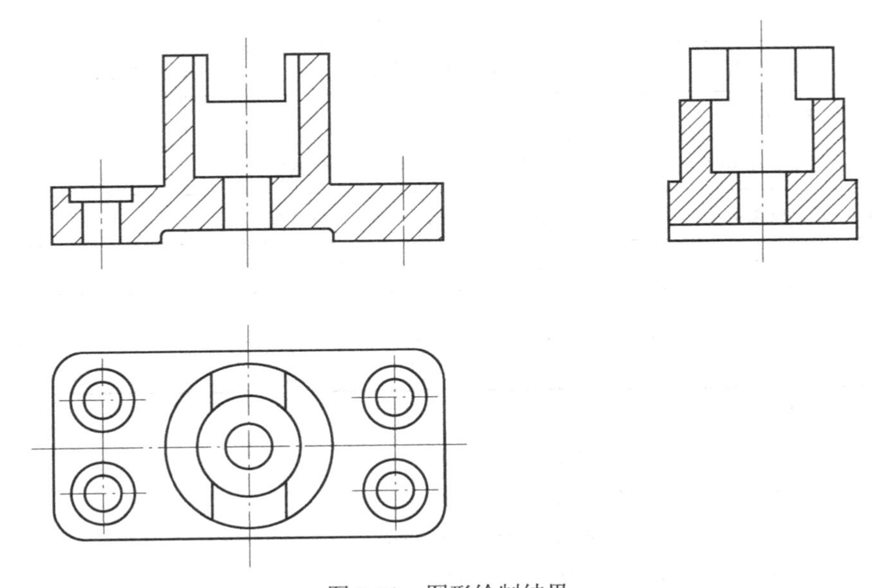

图 3-50　图形绘制结果

Step14. 在俯视图上作出剖切标记，如图 3-51 所示。

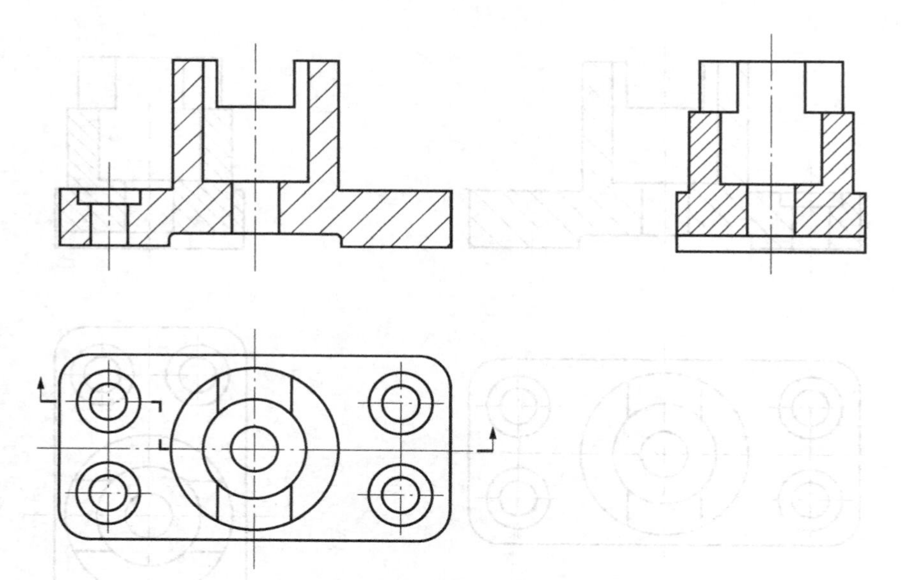

图 3-51　完成剖切标记

3.3.4　项目检查与评价

项目完成后，学生与教师可根据掌握知识点的情况进行综合评分，来评价对项目的掌握情况。项目检查表如表 3-3 所示。

表 3-3　项目检查表

项目名称	组合体视图画法			
序号	检查内容	掌握程度（分值）	学生自检	教师检查
1	视图的绘制	1．没掌握　2．掌握　3．熟练掌握		
2	样条曲线绘制	1．没掌握　2．掌握　3．熟练掌握		
3	绘制图案填充	1．没掌握　2．掌握　3．熟练掌握		
4	剖视图的标注	1．没掌握　2．掌握　3．熟练掌握		
5	剖视图的正确绘制	1．没掌握　2．掌握　3．熟练掌握		
		合计		

检查情况说明：没掌握 1 分，掌握 2 分，熟练掌握 3 分。

9 分以下：没有掌握，不能独立完成项目，需要认真学习。

9 分～10 分：基本掌握，需要针对部分知识点加强学习。

10 分～12 分：掌握，能独立完成项目，不熟练知识点需要加强练习。

12 分～15 分：较好掌握，能够较好地完成该项目及类似项目。

3.3.5　项目拓展

① 按照 1∶1 比例抄画如图 3-52 所示的图形，并补画半剖的左视图，无需标注尺寸。

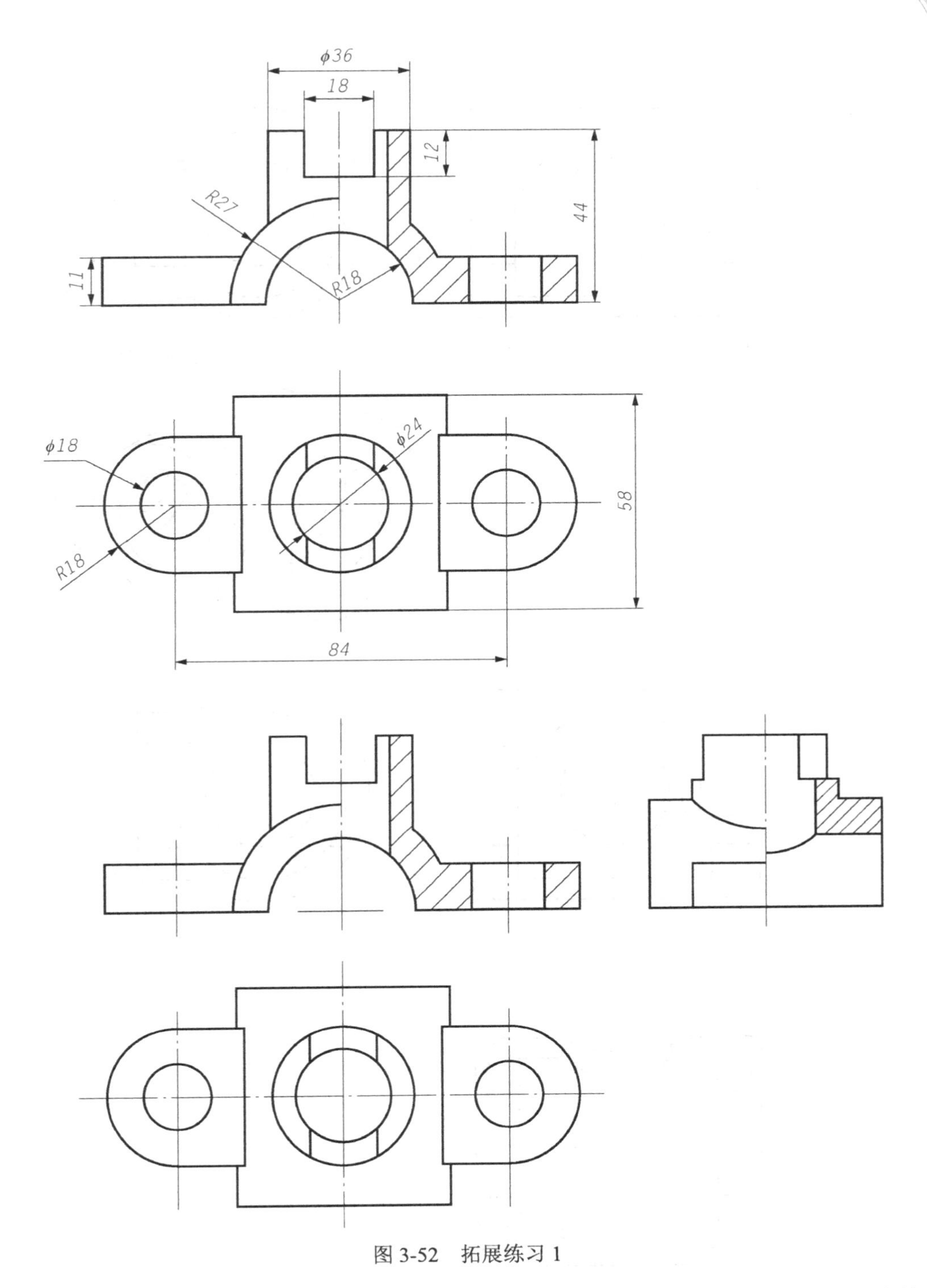

图 3-52　拓展练习 1

② 按照 1 : 1 比例抄画如图 3-53 所示形体的两个图形，补画其全剖的俯视图。（附答案）

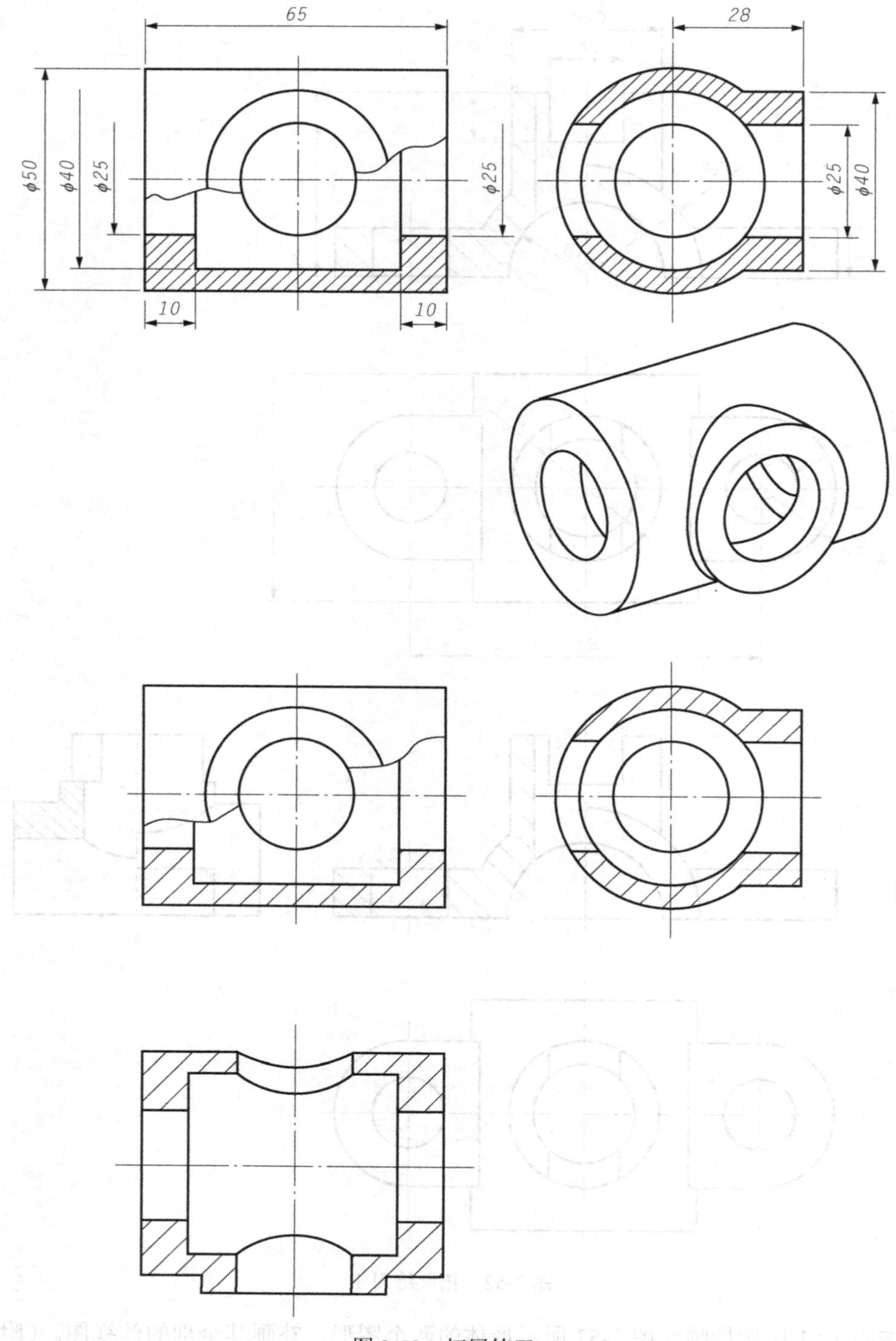

图 3-53　拓展练习 2

③ 根据已知立体的两个视图，按 1 : 1 画出如图 3-54 所示立体的三视图，并在主视图、左视图选择适当的剖视图，不标注尺寸。

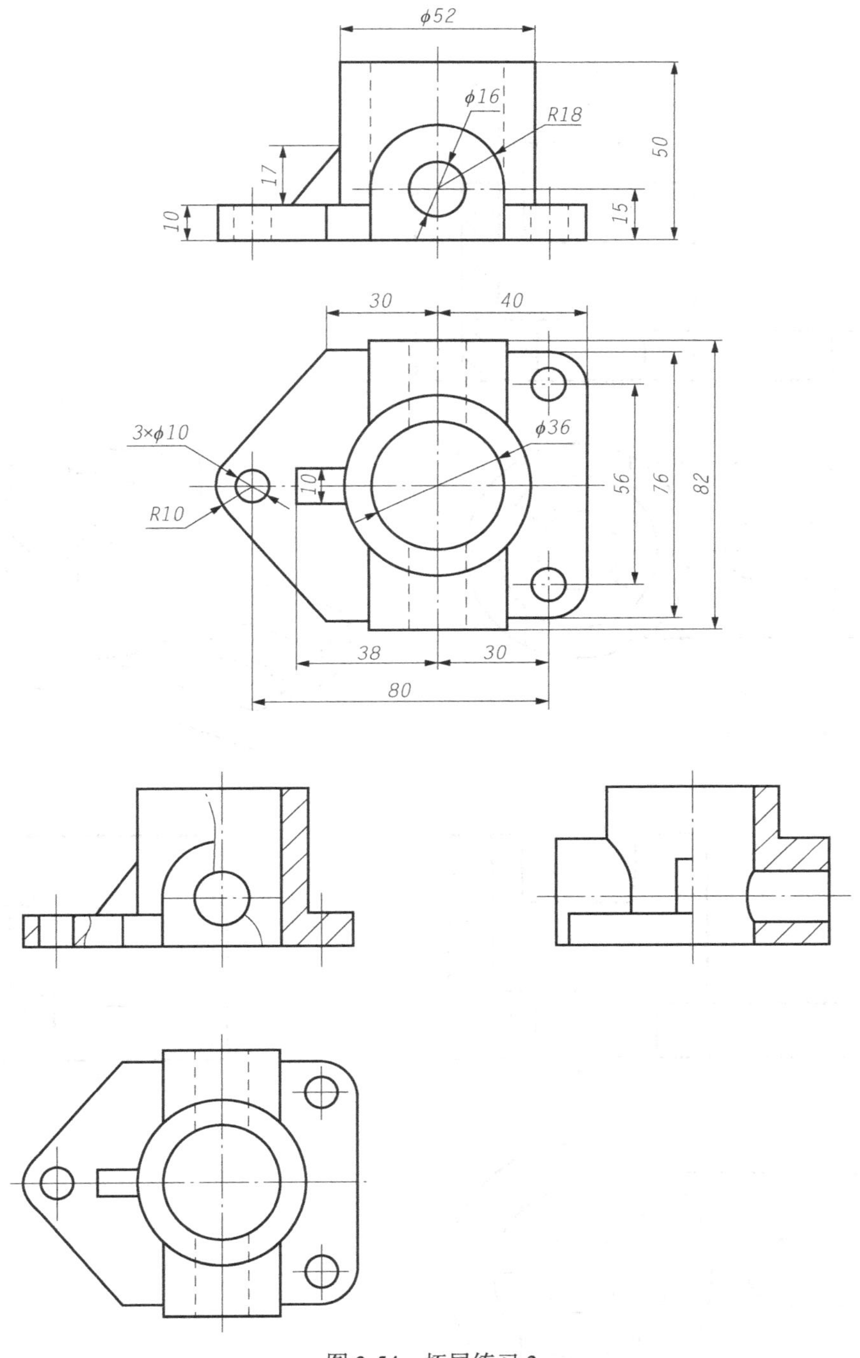

图 3-54　拓展练习 3

④ 按 1 : 1 抄画如图 3-55 所示的主视图和俯视图，补画半剖的左视图。

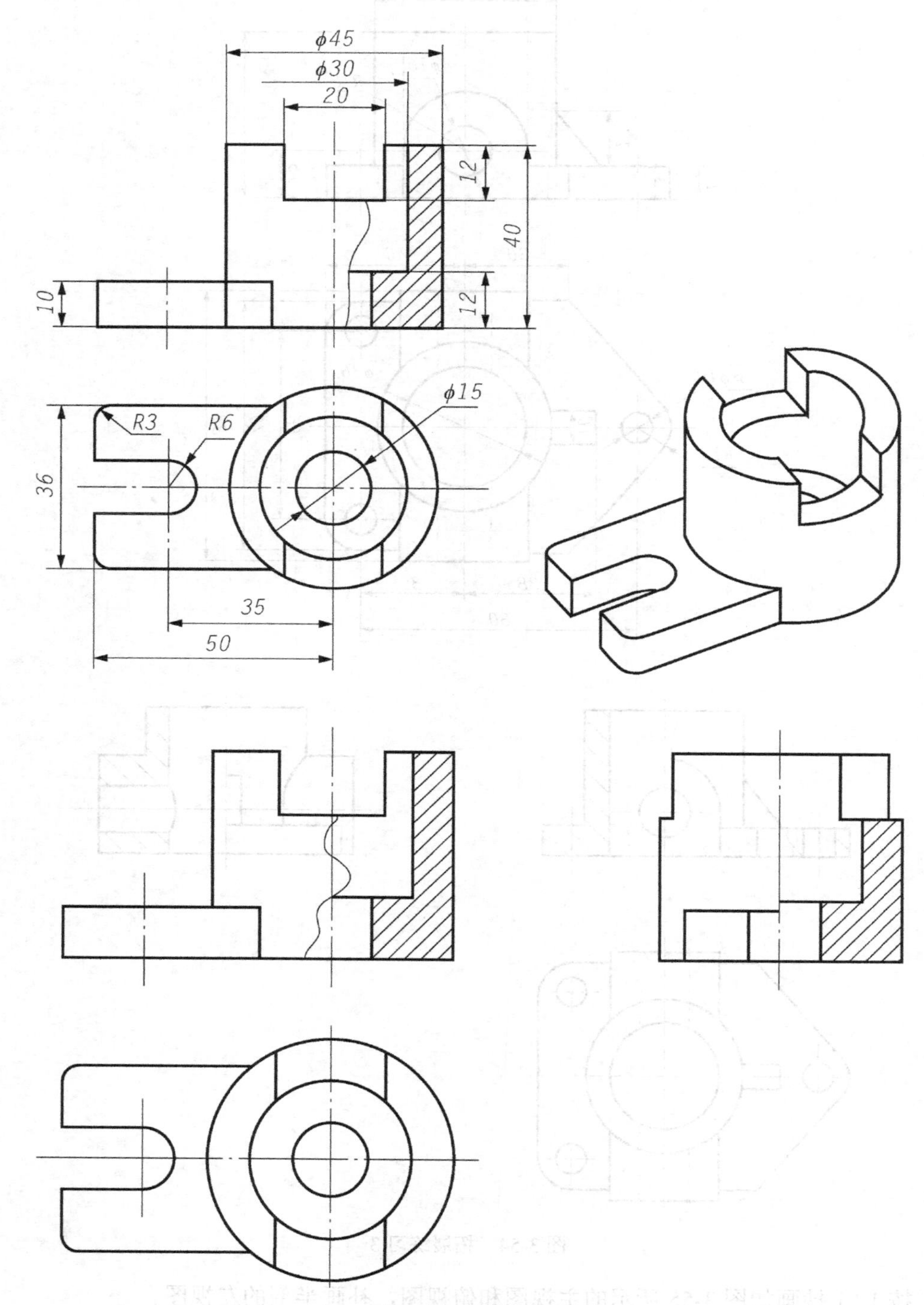

图 3-55　拓展练习 4

⑤ 按照 1∶1 比例抄画如图 3-56 所示的主视图和左视图，补画俯视图。

⑥ 按照 1∶1 的比例抄画如图 3-57 所示的主视图和俯视图，补画其半剖的左视图，不画虚线，不标注尺寸。

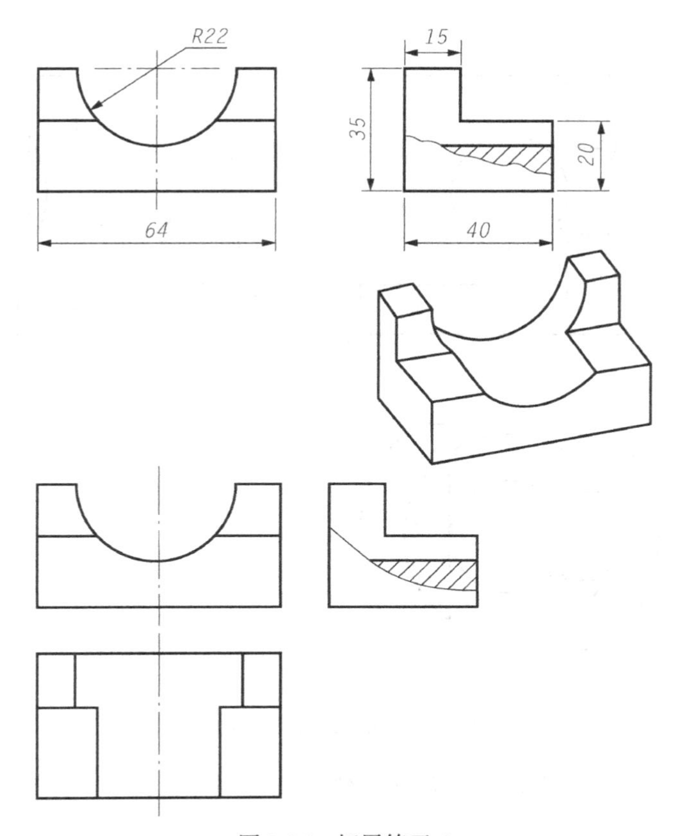

图 3-56　拓展练习 5

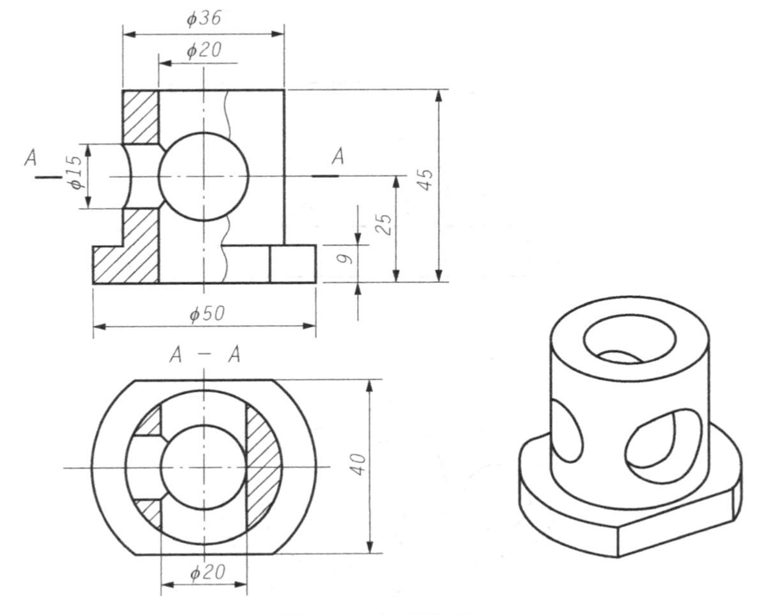

图 3-57　拓展练习 6

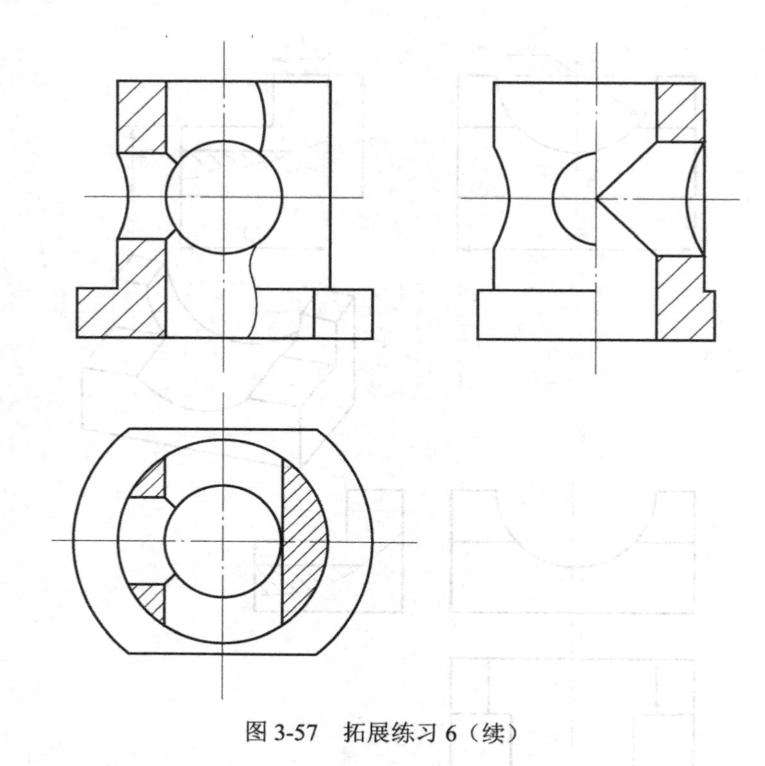

图 3-57　拓展练习 6（续）

⑦ 按照 1∶1 的比例抄画如图 3-58 所示形体的主视图和俯视图，补画其半剖的左视图，不标注尺寸。

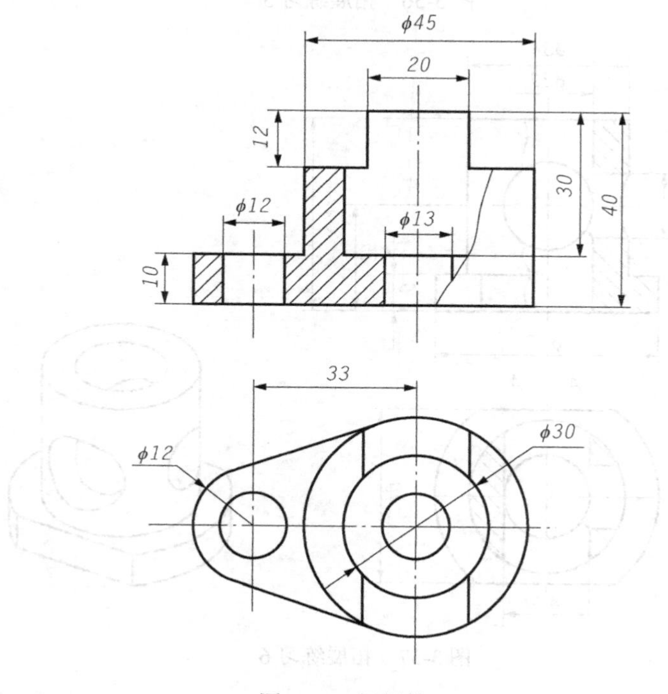

图 3-58　拓展练习 7

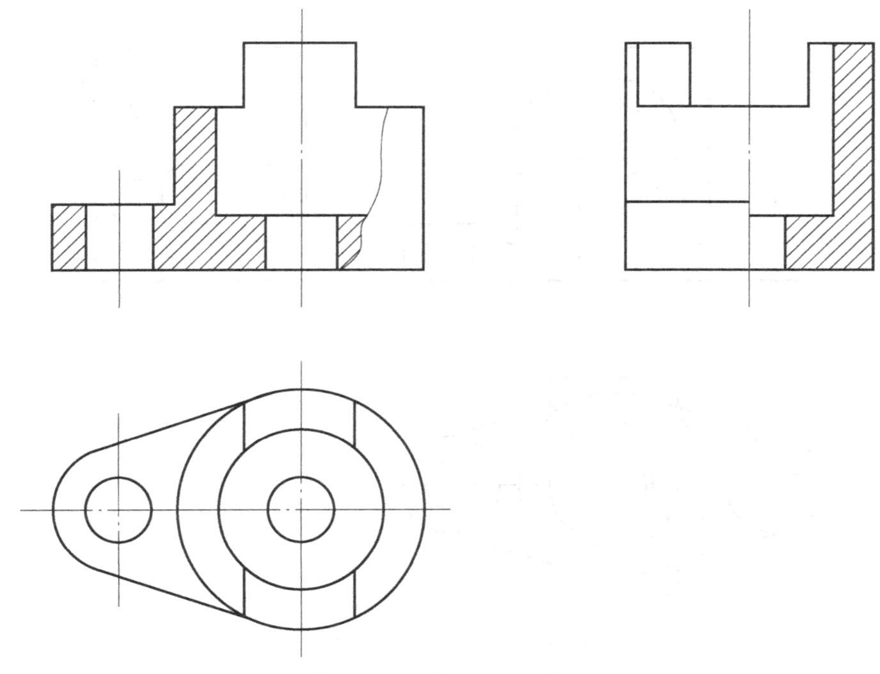

图 3-58　拓展练习 7（续）

⑧ 按照 1∶1 的比例抄画如图 3-59 所示形体的两个视图，补画半剖的左视图，不标注尺寸。

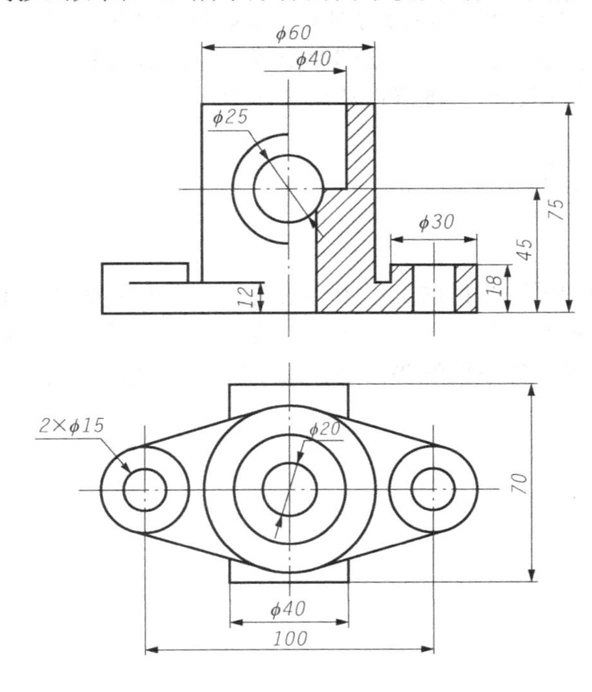

图 3-59　拓展练习 8

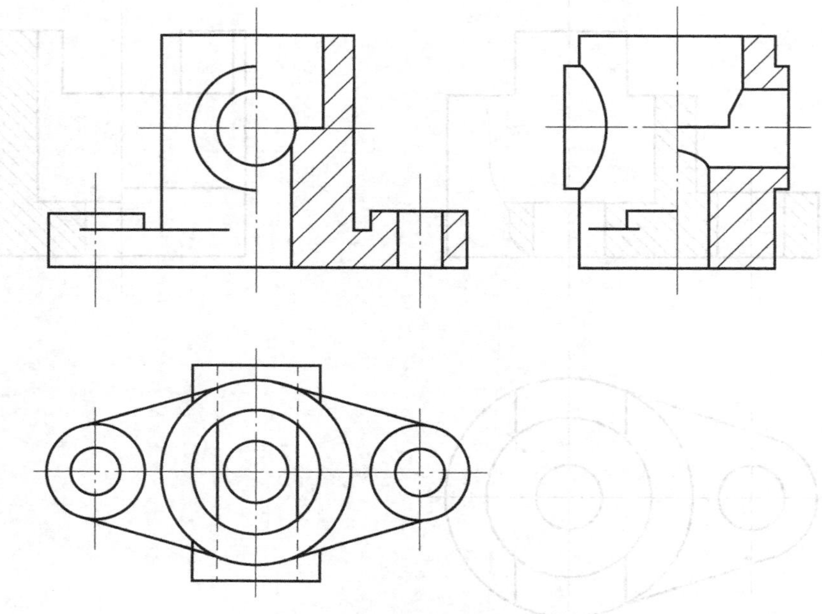

图 3-59 拓展练习 8（续）

3.3.6 项目小结

以上剖视图的绘制包含了读图能力的训练，准确读图才能更好地绘制并补画有关剖视图，因此该部分除了要掌握剖视图的表达、绘图命令等内容，通过多读图、多做练习，才能更好地融会贯通，从而提高剖视图表达的准确性和绘图速度。

3.4 本章小结

机件的视图和剖视图画法是机械工程图样的基础，正确完整地掌握绘制机件的视图和剖视图画法是绘制零件图、装配图的基础。在计算机绘制视图和剖视图的基础上，还要注意剖视图标记、图案填充、多段线、样条曲线等命令在其绘制过程中的熟练应用。

第4章

零件图的绘制

本章提示：结合前期所学 AutoCAD 绘图及编辑命令快速完成零件图的绘制；能够运用绘制平面图形的方法和技巧熟练绘制常用典型零件的图样，掌握典型零件的绘图方法和步骤；熟练掌握零件图绘制所需 AutoCAD 中尺寸公差、形位公差和文本的标注方法，利用创建块功能标注零件图的表面结构要求。

4.1 常用零件分类

零件的结构形状千差万别，根据它们在机器或部件中的作用，可以大体将其分为轴套类、轮盘类、叉架类、箱体类 4 类典型零件。零件图主要包括用于表达零件结构形状的一组视图，确定零件各部分结构形状大小和相对位置的一套尺寸，零件加工制造、检验和使用时应达到的尺寸公差、形位公差、表面结构要求和零件的表面处理及热处理等的技术要求，以及用于填写零件名称、材料、图样编号、比例、制图人和审核人姓名和日期等信息的标题栏图框。本章按照零件结构分类，以项目的形式介绍 4 类典型零件的零件图绘制方法和过程。

4.2 项目 6——轴类零件的绘制

4.2.1 项目要求

按照图 4-1 完成轴的零件图。要求在读懂图形的基础上完成以下任务：

① 配置绘图环境。
② 完成轴零件图的绘制。
③ 标注尺寸。
④ 标注公差及形位公差。
⑤ 标注表面结构要求。
⑥ 标注文字。

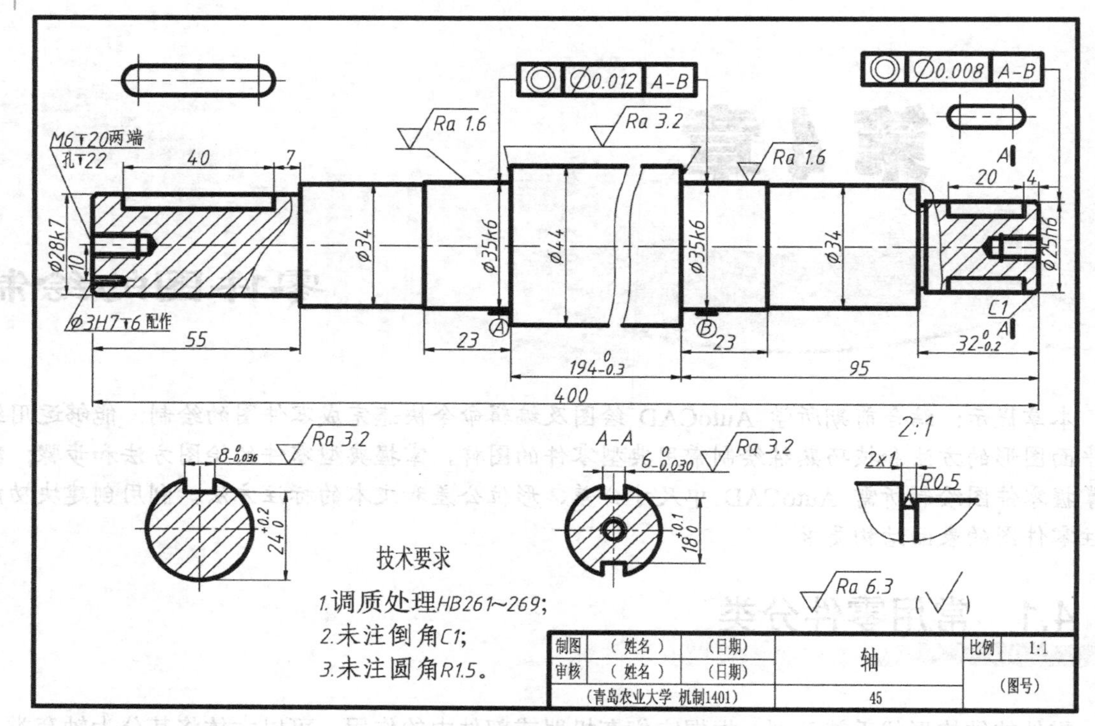

图 4-1　轴零件图

4.2.2 项目导入

1．项目分析

如图 4-1 所示是典型的轴类零件。一个局部剖主视图表达轴的外部结构形状和轴上键槽、中心孔，采用两个断面图表达轴上键槽、中心孔和定位孔的结构，采用局部放大图表达退刀槽细部结构，两个局部视图表达轴上键槽的形状。

2．相关知识背景

轴的主要功用是支撑传动零件，传递运动和扭矩。轴的结构设计主要取决于具体使用情况，通常轴的主体由几段不同直径的圆柱体（或圆锥体）组成，构成阶梯状。轴上常加工有键槽、轴肩、倒角、中心孔、螺纹、退刀槽或砂轮越程槽等结构。根据国家标准、工程分析和加工时看图方便，要将轴类零件表达清晰、完整，通常将轴线水平放置（按加工位置）的位置作为主视图的位置，一般只用一个基本视图——主视图（采用不剖或局部剖）表示，轴上的一些细部结构通常采用断面图、局部视图、局部剖视图和局部放大图等表达方法表示。

3．项目涉及的 AutoCAD 命令

零件图中的表面粗糙度标注较多，可以将粗糙度图形创建成图块（简称为块），并根据需要为块创建属性，指定块的名称、用途及设计者等信息，在需要时将这组对象插入到图中任意指定位置，还可以按不同的比例和旋转角度插入，从而提高绘图速度、节省存储空间、便于修改图形等。所以本项目除了会用到前面所讲的绘图、修改、尺寸标注和文字标注等命令外，还会用到块操作命令。其中 AutoCAD 命令前面章节已经详细介绍，在此不再赘述。下面以建立表

面粗糙度图块为例介绍块操作步骤。

（1）激活创建块命令

创建块命令的激活有以下几种方式：

① 下拉菜单。单击“绘图”下拉菜单后，在其下拉菜单中选取“块”命令，打开“创建（M）”命令，如图 4-2 所示，即打开所需的创建块命令。

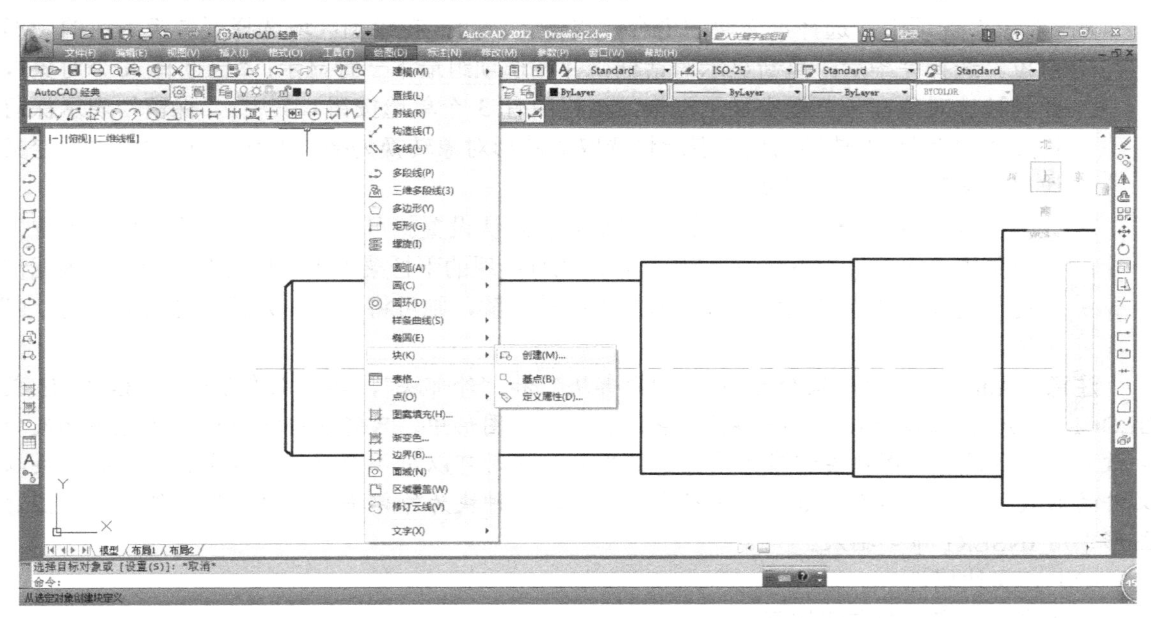

图 4-2　下拉菜单方式打开“块定义”对话框

② 绘图工具栏。在“绘图”工具栏中直接单击“创建块”按钮，同样打开“块定义”对话框，可以将已绘制的对象创建为块。“块定义”对话框如图 4-3 所示。

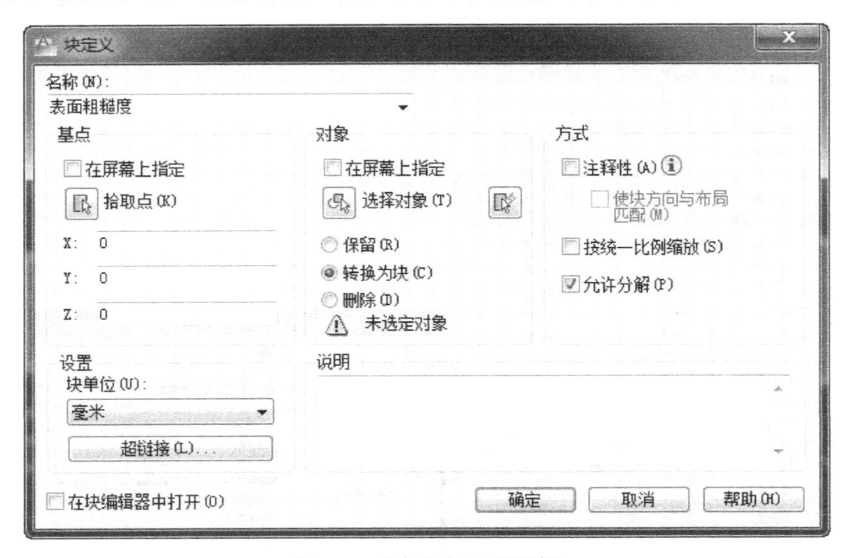

图 4-3　“块定义”对话框

③“命令”提示符。在命令行直接键入完整的创建块命令“BLOCK”或只键入其前面部分字母“B”，即可打开“块定义”对话框。

“块定义”对话框各选项说明如下。

- ➢“名称”文本框：在“名称”输入框中填写所建块的名称，可以是中文或字母、数字、下画线构成的字符串，如“表面粗糙度”等。
- ➢“基点”选项组：选择一点作为被创建块的基点，可以在对话框中输入基点的坐标值（X，Y，Z），也可以单击按钮，在绘图区域选择一点。
- ➢“对象”选项组：选择定义块的内容，单击按钮，在绘图区域选择要转换为块的图形对象。选择完毕后，重新显示对话框，并在选项组最下一行显示：“已选择 X 个对象”，并且被选对象在预览框中显示出来。该栏中有 3 个单选按钮，其中，“保留”表示保留构成块的对象；“转换为块”表示将选取的图形对象转换为插入的块；“删除”表示定义块后，将删除生成块定义的对象。
- ➢“设置”选项组：一般情况下，该选项组内容默认设置就可以。如果要选择其他的单位，则可单击“块单位”下面的“倒三角”，此时出现的下拉菜单中列出所有单位，可根据需要进行选择。如果希望块在被插入后不能被分解，则可将“允许分解”复选框中的“√”去掉。

注意：AutoCAD 中的块分为两种，“内部块”和“外部块”，其区别在于：用 BMAKE 或 BLOCK 命令定义的块称为“内部块”，它保存于当前图形中，只能在当前图形中通过块插入命令被引用；但是有些图块在许多图中经常被用到，这时可以用 WBLOCK 命令将定义的图块以文件的形式（文件扩展名为.dwg）保存在硬盘上，这种块为外部块，这种图形文件可以在任意图形中用 INSERT 命令插入。

（2）定义块属性

激活块属性窗口的方式如下：

① 下拉菜单。选取“绘图”→“块”→“定义属性”，打开“属性定义”对话框，如图 4-4 所示。

②“命令”提示符。在命令行直接键入命令“_ATTDEF”，打开“属性定义”对话框，如图 4-4 所示。

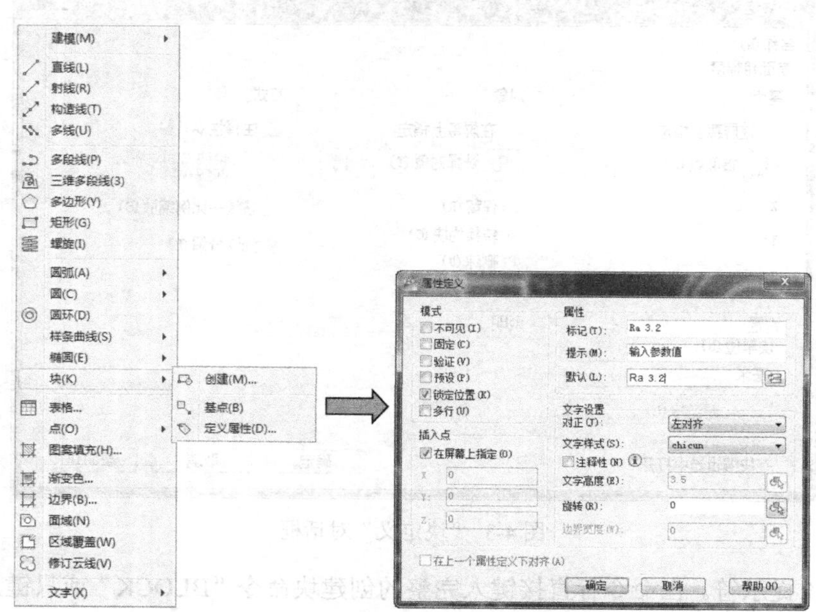

图 4-4　定义块属性

“属性定义”对话框中的常用选项功能说明如下。

➢“模式”选项组。

不可见：控制属性值在图形中的可见性。如果想使图中包含属性信息，但又不想使其在图形中显示出来，就选择此复选框。

固定：选择此复选框，属性值将为常量。

验证：该复选框用于插入块时提示验证属性值是否正确。

预设：该复选框用于设定是否将实际属性值设置成默认值。若选择此复选框，则插入块时 AutoCAD 将不再提示用户输入新属性值，实际属性值等于默认文本框中的默认值。

锁定位置：锁定块参照中属性的位置。解锁后，属性可以相对于使用加点编辑的块的其他部分移动，并且可以调整多行文字的大小。

多行：指定属性值可以包含多行文字。选定此复选后，可以指定属性的边界宽度。

➢“属性”选项组。

标记：标识图形中每次出现的属性。

提示：指定在插入包含该属性定义的块时显示的提示。如果不输入提示，属性标记将用作提示。如果在“模式”区域选择“常数”模式，“属性提示”选项将不可用。

默认：指定默认属性值。

➢“文字设置”选项组。

对正：该下拉列表包含了 15 种属性文字的对齐方式，如左对齐、对齐、居中等。

文字样式：从该下拉列表中选择文字样式。

文字高度：在此文本框中输入属性的文字高度。

旋转：设定属性文字的旋转角度。

（3）创建带属性的图块

下面以表面粗糙度图块的创建为例给出带属性图块的操作过程。

① 绘制表面粗糙度符号，如图 4-5 所示。

② 定义块属性：打开“属性定义”对话框，在其“属性”选项组中输入以下内容：

标记：Ra；提示：输入参数值（可根据个人习惯输入，如“？”等）；默认：Ra　3.2（Ra 与数字之间有空格）。

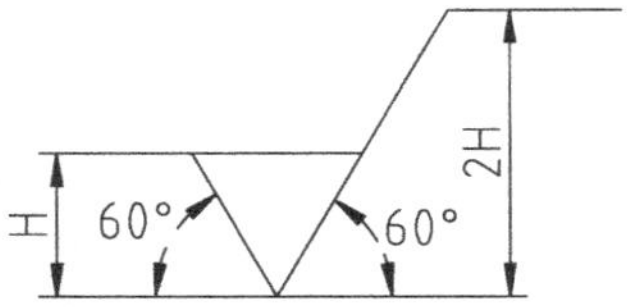

单击 确定 按钮，AutoCAD 提示“指定起点”，在图 4-6 中的适当位置拾取一点。

H　60°　60°　2H

图 4-5　表面粗糙度符号

③ 创建“表面粗糙度”图块。

➢ 块命名：打开“块定义”对话框，在“名称”文本框中输入块名“表面粗糙度”，如图 4-3 所示。

➢ 指定块的插入基点：单击“基点”下的 拾取点(K) 按钮，AutoCAD 返回绘图窗口，并提示“指定插入基点”，拾取 A 点，如图 4-6 所示。

➢ 选择构成块的对象：单击“对象”下的 选择对象(T) 按钮，AutoCAD 返回绘图窗口，并提示“选择对象”，选择表面粗糙度符号图形及属性，按回车键确认。

➢ 单击 确定 按钮，生成图块。

将上述所建“表面粗糙度”内部块利用“外部块”命令（WBLOCK）生成外部块文件，操作如下。

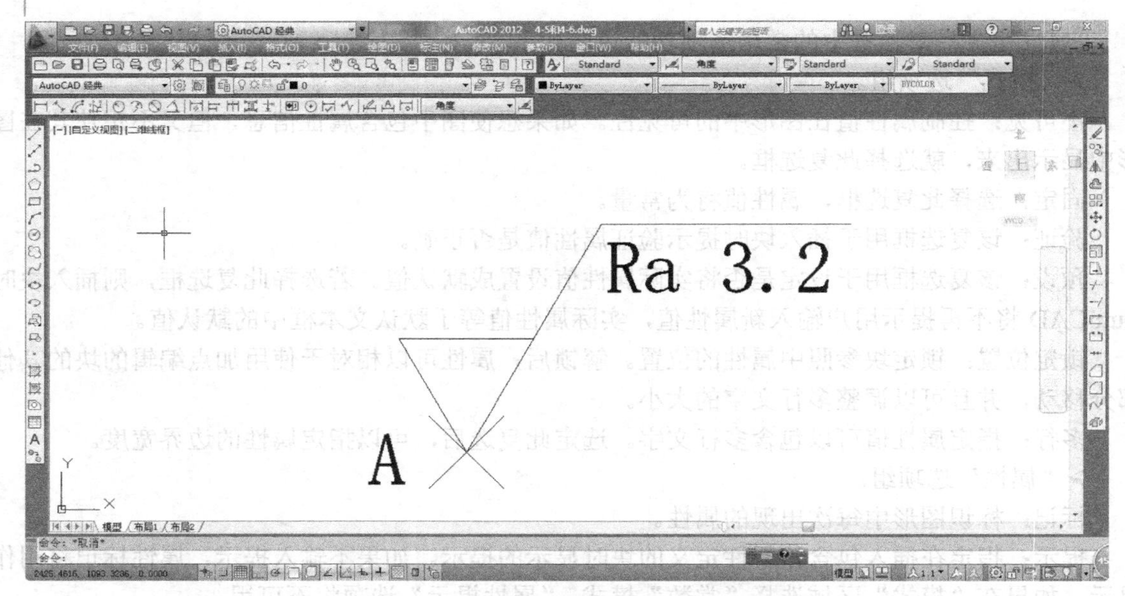

图 4-6 “表面粗糙度”块属性定义

命令：WBLOCK↵（调出“写块”对话框，如图 4-7 所示）

图 4-7 “写块”对话框

在“源”选项组下单击“块”下拉列表，选择“表面粗糙度”块，或单击对象在文件中选择所建立的“表面粗糙度”内部块；单击 确定 按钮，生成外部“表面粗糙度”图块。

4.2.3 项目实施

1. 配置绘图环境

打开新建文件，选择样板文件 GB_A3.dwt，另存为“轴.dwg”文件；如果没有 A3 样板图，则参照 1.10 节重新创建 A3 样板图，并另存为“轴.dwg”文件，以备后期绘制零件图时使用。

2．完成轴零件图的绘制

（1）图形分析

根据所给轴零件图可知，该零件采用了主视图、两个断面图、两个键槽局部视图和一个局部放大图表达，由于ϕ44 轴段为等径变化且长度较长，采用了断开画法；该轴的径向基准为轴中心线，轴向基准为ϕ44 右端面。

（2）绘制主视图

① 绘制主视图轴线：将“点画线层”设置为当前图层。调用“直线”命令（或者单击“绘图”工具栏中的／按钮）绘制轴线，启用“极轴追踪”，增量角设为 90°，轴线长度为 290。

② 绘制轴轮廓：将“粗实线层”设置为当前层。调用“直线”命令，绘制连续线段，命令操作如下：

命令：↵（回车，继续执行绘制直线命令）

指定下一点：<对象捕捉开>　（单击状态栏中的“对象捕捉”按钮，打开对象捕捉功能）将鼠标放置在点画线左端点处并捕捉，向右移动鼠标出现 0° 追踪线时，输入长度 3↵

指定下一点或[放弃(U)]：（鼠标向上，出现 90° 追踪线时，输入长度）14↵

指定下一点或[放弃(U)]：（鼠标向右，出现 0° 追踪线时，输入长度）55↵

指定下一点或[闭合(C)/放弃(U)]：（鼠标向上，出现 90° 追踪线时，输入长度）3↵

指定下一点或[闭合(C)/放弃(U)]：（鼠标向右，出现 0° 追踪线时，输入长度）33↵

指定下一点或[闭合(C)/放弃(U)]：（鼠标向上，出现 90° 追踪线时，输入长度）0.5↵

指定下一点或[闭合(C)/放弃(U)]：（鼠标向右，出现 0° 追踪线时，输入长度）23↵

指定下一点或[闭合(C)/放弃(U)]：（鼠标向上，出现 90° 追踪线时，输入长度）4.5↵

指定下一点或[闭合(C)/放弃(U)]：（鼠标向右，出现 0° 追踪线时，输入长度）78↵

指定下一点或[闭合(C)/放弃(U)]：（鼠标向下，出现 270° 追踪线时，输入长度）4.5↵

指定下一点或[闭合(C)/放弃(U)]：（鼠标向右，出现 0° 追踪线时，输入长度）23↵

指定下一点或[闭合(C)/放弃(U)]：（鼠标向下，出现 270° 追踪线时，输入长度）0.5↵

指定下一点或[闭合(C)/放弃(U)]：（鼠标向右，出现 0° 追踪线时，输入长度）40↵

指定下一点或[闭合(C)/放弃(U)]：（鼠标向下，出现 270° 追踪线时，输入长度）5.5↵

指定下一点或[闭合(C)/放弃(U)]：（鼠标向右，出现 0° 追踪线时，输入长度）2↵

指定下一点或[闭合(C)/放弃(U)]：（鼠标向上，出现 90° 追踪线时，输入长度）1↵

指定下一点或[闭合(C)/放弃(U)]：（鼠标向右，出现 0° 追踪线时，输入长度）30↵

指定下一点或[闭合(C)/放弃(U)]：（鼠标向下，出现 270° 追踪线时，自动捕捉与点画线交点）↵

结果如图 4-8 所示。

图 4-8　绘制轴轮廓

注意：在命令窗口中按 Enter 键或者空格键可重复调用上一个命令，不管上一个命令是完成了还是被取消了。

③ 延伸：调用“延伸”命令，进一步完成轴轮廓。

命令：_EXTEND↵（或者单击“修改”工具栏中的按钮）

选择对象：（选中轴线）↵

选择要延伸的对象，或按住 Shift 键选择要修剪的对象，或[投影(P)/边(E)/放弃(U)]：（依次单击各需要延伸至点画线的线段）↵

结果如图 4-9 所示。

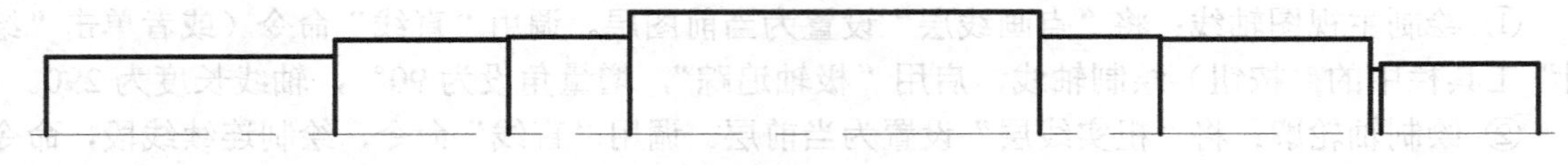

图 4-9　延伸

④ 绘制两端倒角：调用“倒角”命令，完成轴两端倒角。

命令：_CHAMFER↵（或者单击“修改”工具栏中的按钮）

（“修剪”模式）当前倒角距离 1=0.0000，距离 2=0.0000

选择第一条直线或[放弃(U)/多段线(P)/距离(D)/角度(A)/修剪(T)/方式(E)/多个(M)]：D↵

指定第一个倒角距离<0.0000>：1↵

指定第二个倒角距离<1.0000>：↵

选择第一条直线或[放弃(U)/多段线(P)/距离(D)/角度(A)/修剪(T)/方式(E)/多个(M)]：M↵

选择第一条直线或[放弃(U)/多段线(P)/距离(D)/角度(A)/修剪(T)/方式(E)/多个(M)]：(选中右端倒角的第一条直线）

选择第二条直线，或按住 Shift 键选择直线以应用角点或[距离(D)/角度(A)/方法(M)]：（选中右端倒角的第二条直线）

选择第一条直线或[放弃(U)/多段线(P)/距离(D)/角度(A)/修剪(T)/方式(E)/多个(M)]：(选中左端倒角的第一条直线）

选择第二条直线，或按住 Shift 键选择直线以应用角点或[距离(D)/角度(A)/方法(M)]：（选中左端倒角的第二条直线）

选择第一条直线或[放弃(U)/多段线(P)/距离(D)/角度(A)/修剪(T)/方式(E)/多个(M)]：↵

调用“直线”命令，画出倒角线。

结果如图 4-10 所示。

⑤ 绘制ϕ25h6、ϕ28k7 轴段键槽：调用“直线”命令，绘制连续线段，结果如图 4-11 所示。同样方法，完成ϕ28k7 轴段键槽的绘制。

图 4-10　倒角绘制　　　　图 4-11　键槽绘制

⑥ 镜像轴外轮廓线：调用“镜像”命令，以轴线为镜像轴进行镜像操作。

命令：_MIRROR↵（或者单击“修改”工具栏中的按钮）

选择对象：（采用框选的方式选中需要镜像的图形）指定对角点：找到 26 个

选择对象：↵

指定镜像线的第一点：（捕捉轴线左端点）

指定镜像线的第一点：（捕捉轴线右端点）

是否删除源对象？[是(Y)/否(N)]<N>：↵

⑦ 绘制ϕ28k7 轴左端螺纹中心孔：将“粗实线层”设置为当前层，调用“直线”命令完成图形。

命令：_LINE↵

指定第一点：<对象捕捉开>（单击状态栏中的“对象捕捉”按钮，打开对象捕捉功能）将鼠标放置在如图 4-12 所示 1 处并捕捉，向上移动鼠标，出现 90° 追踪线时，输入长度 3↵

指定下一点或[放弃(U)]：（向右移动鼠标，出现 0° 追踪线时，输入长度）20↵

指定下一点或[闭合(C)/放弃(U)]：（向下移动鼠标，出现 270° 追踪线时，输入长度）6↵

指定下一点或[闭合(C)/放弃(U)]：（向左移动鼠标，出现 180° 追踪线时，自动捕捉与轴左端面轮廓线的交点）↵

命令：↵（回车，继续执行绘制直线命令）

指定下一点或[放弃(U)]：（将鼠标放置在如图 4-12 所示 1 处并捕捉，向上移动鼠标出现 90° 追踪线时，输入长度）2.55↵

指定下一点或[放弃(U)]：（向右移动鼠标，出现 0° 追踪线时，输入长度）22↵

指定下一点或[闭合(C)/放弃(U)]：（向下移动鼠标，出现 270° 追踪线时，输入长度）5.1↵

指定下一点或[闭合(C)/放弃(U)]：（向左移动鼠标，出现 180° 追踪线时，自动捕捉与轴左端面轮廓线的交点）↵

命令：↵（回车，继续执行绘制直线命令）

指定下一点或[放弃(U)]：<极轴追踪开>（右键单击状态栏中的“极轴追踪”按钮，设置极轴角度为 30° ）鼠标捕捉 2 点，向右下移动鼠标，出现 300° 追踪线时，自动捕捉与轴线的交点↵

指定下一点或[放弃(U)]：（自动捕捉 3 点）↵

选中螺纹大径线，单击“细实线层”，完成轴左端中心螺纹孔的绘制。

⑧ 绘制ϕ28k7 轴端定位销孔：将“粗实线层”设置为当前层，调用“偏移”、“直线”和“镜像”命令完成图形。

命令：_OFFSET↵

当前设置：删除源=否　图层=源　OFFSETGAPTYPE=0

指定偏移距离或[通过(T)/删除(E)/图层(L)]<通过>：10

选择要偏移的对象，或[退出(E)/放弃(U)]<退出>：（选中轴线）

指定要偏移那一侧上的点，或[退出(E)/多个(M)/放弃(U)]<退出>：（在轴线下方单击鼠标）

选择要偏移的对象，或[退出(E)/放弃(U)]<退出>：↵

命令：_LINE↵

指定下一点或[放弃(U)]：<打开对象捕捉>（将鼠标放置在 4 处并捕捉，向上移动鼠标，出现 90° 追踪线时，输入长度）1.5↵

指定下一点或[放弃(U)]：（向右移动鼠标，出现 0° 追踪线时，输入长度）6↵

指定下一点或[闭合(C)/放弃(U)]：（向右下移动鼠标，出现 300° 追踪线时，自动捕捉与轴线的交点）↵

命令：↵

指定下一点或[放弃(U)]：（鼠标捕捉 5 点）↵

指定下一点或[放弃(U)]：(向下移动鼠标，出现 270° 追踪线时，自动捕捉与轴线的交点) ↵

命令：_MIRROR↵

选择对象：指定对角点，找到 3 个

选择对象：↵

指定镜像线的第一点：单击销孔轴线左端点

指定镜像线的第二点：单击销孔轴线右端点

要删除源对象吗？[是(Y)/否(N)]<N>：↵

完成定位销孔的绘制，如图 4-12 所示。

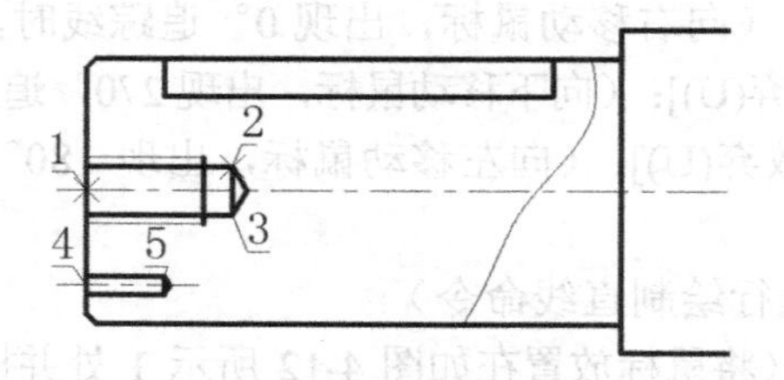

图 4-12　轴端中心孔和销孔

⑨ 波浪线绘制：将“细实线层”设置为当前层。调用“样条曲线”命令（或者单击“绘图”工具栏中的按钮），绘制波浪线。然后采用“修剪”命令修剪多余轮廓线。

结果如图 4-13 所示。

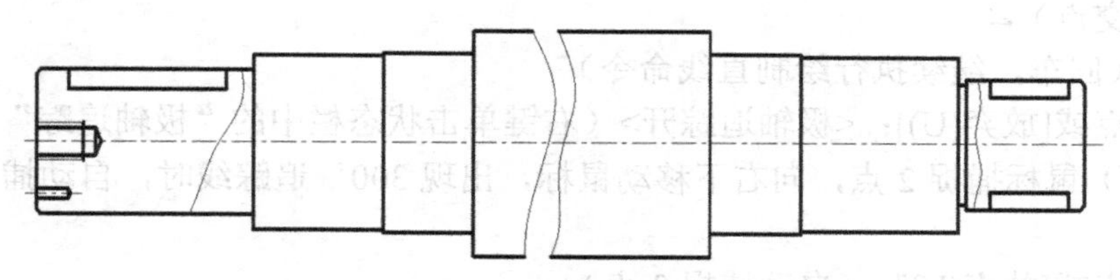

图 4-13　主视图绘制

（3）绘制ϕ25h6、ϕ28k7 轴段键槽的局部视图

将“粗实线层”设置为当前层。调用“圆”、“直线”和“修剪”命令完成图形。

采用“直线”命令绘制对称中心线；采用“圆”命令绘制两端的圆；然后采用“直线”命令并将捕捉状态设置为仅捕捉切点，绘制两端圆的上下切线；最后采用“修剪”命令修剪多余弧线（或者直接点击鼠标右键，然后修剪多余弧线）。结果如图 4-14 所示。

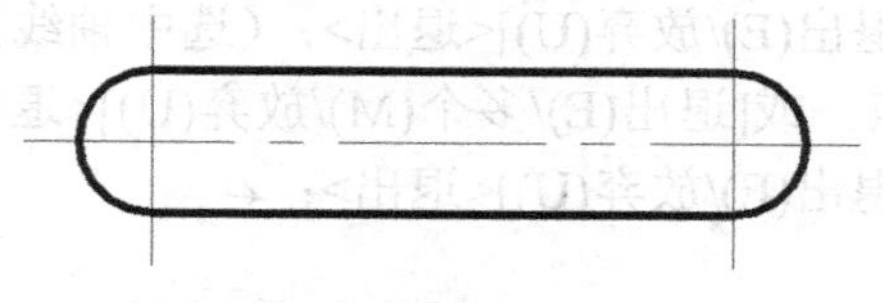

图 4-14　键槽局部视图

同样方法，完成ϕ25h6 轴段键槽的局部视图。

注意：使用修剪命令时，在选择修剪边时直接按回车键，则默认所有对象为修剪边，然后按需修剪线段。此方法在需要多处修剪线段，线段间相互又不干涉的时候使用比较方便。

（4）绘制ϕ28k7 和ϕ25h6 轴段键槽部分断面图

首先，将“点画线层”设置为当前图层，调用“直线”命令绘制中心线。然后，将“粗实线层”设置为当前层。调用“圆”和“偏移”命令完成图形草图，最后采用“修剪”和“镜像”编辑命令完成图形。结果如图 4-15（a）所示。

同样方法，绘制ϕ25h6 轴段键槽断面图。结果如图 4-15 所示。

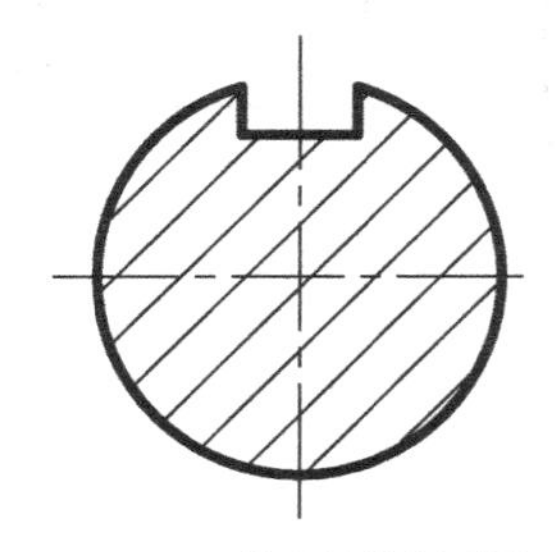

（a）ϕ28k7 轴段键槽断面图

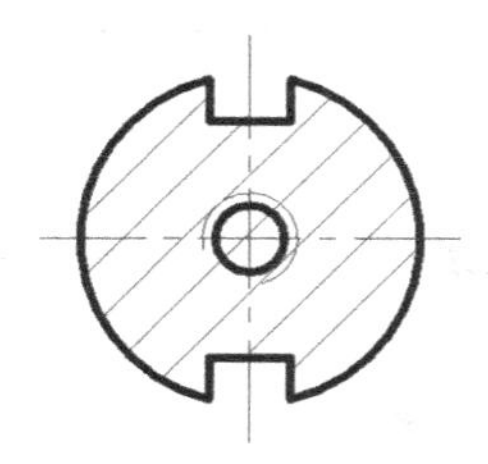

（b）ϕ25h6 轴段键槽断面图

图 4-15　断面图

（5）绘制退刀槽局部放大图

① 复制图形：调用“复制”命令复制需局部放大部分的图形，如图 4-16（a）所示。

命令：_COPY↵（或者单击“修改”工具栏中的按钮）

选择对象：指定对角点：（选中要复制的对象）找到 5 个

选择对象：↵

当前设置：复制模式 = 多个

指定基点或[位移(D)/模式(O)]<位移>：（捕捉轴线与右端面交点）

指定第二个点或[阵列(A)]<使用第一个点作为位移>：（将图形放置到适当位置）

指定第二个点或[阵列(A)/退出(E)/放弃(U)]<退出>：↵

② 放大图形：调用“缩放”命令，将图形按要求放大，如图 4-16（b）所示。

命令：_SCALE↵

选择对象：指定对角点：找到 1 个，总计 9 个

选择对象：↵

指定基点：

指定比例因子或[复制(C)/参照(R)]：2↵

退刀槽局部放大图绘制结果如图 4-16 所示。

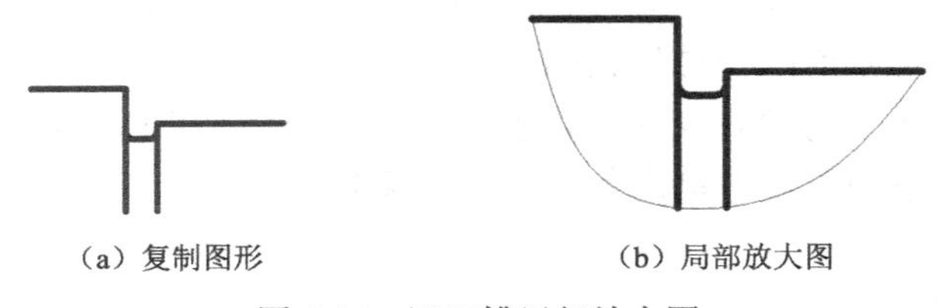

（a）复制图形　　（b）局部放大图

图 4-16　退刀槽局部放大图

（6）绘制剖面线

将“细实线层”设置为当前层。调用“图案填充”/命令完成剖面线绘制。

图形的位置可以采用“移动”/命令做调整。

结果如图 4-17 所示。

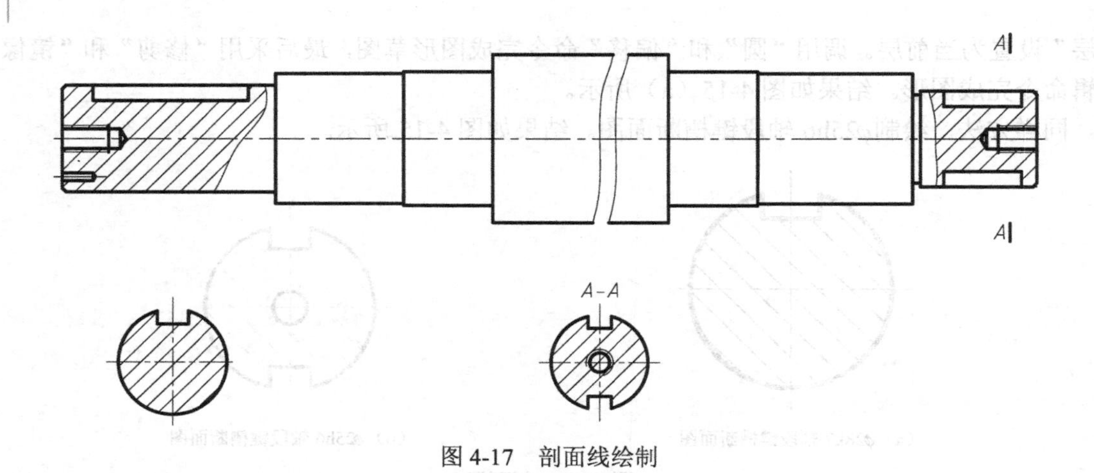

图 4-17　剖面线绘制

3．尺寸标注

（1）尺寸标注样式的设置（参照附录 D）

（2）切换图层

将“尺寸标注层”切换到当前图层。如“尺寸标注”样式不是当前样式，则选择“标注”工具栏中的按钮，将“尺寸标注”样式设置为当前样式。

（3）标注轴视图中的基本尺寸

① 标注长度尺寸：标注长度尺寸一般可以使用以下两种方法：

➢ 通过在标注对象上指定尺寸线的起始点及终止点来创建尺寸标注。

➢ 直接选取要标注的对象。

DIMLINEAR 命令可以用于标注水平、竖直及倾斜方向的尺寸，它可以自动测量标注的两点间的距离，对直线和斜线进行线性尺寸标注。

➢ 标注尺寸“55”

打开“对象捕捉”对话框，设置捕捉类型为“端点”、“圆心”和“交点”。打开“图层特性管理器”对话框，将“剖面线”图层关闭。单击“标注”工具栏上的“线型”按钮，启动 DIMLINEAR 命令。

命令：_DIMLINEAR↵

指定第一个尺寸界线原点或<选择对象>：（捕捉端点 *A*，如图 4-18 所示）

指定第二条尺寸界线原点：（捕捉端点 *B*）

指定尺寸位置或[多行文字(M)/文字(T)/角度(A)/水平(H)/垂直(V)/旋转(R)]：（向下移动鼠标指针，将尺寸线放置在适当位置，单击鼠标左键结束）

标注文字=55

结果如图 4-18 所示。

按上述方式，标注两个线性尺寸“23”。

➢ 标注尺寸“194”

命令：_DIMLINEAR↵

指定第一个尺寸界线原点或<选择对象>：（捕捉端点 *C*，如图 4-18 所示）

指定第二条尺寸界线原点：（捕捉端点 *D*）

指定尺寸位置或[多行文字(M)/文字(T)/角度(A)/水平(H)/垂直(V)/旋转(R)]：t

输入标注文字<78>：194↵

指定尺寸线位置或[多行文字(M)/文字(T)/角度(A)/水平(H)/垂直(V)/旋转(R)]：（向下移动鼠标指针，指定尺寸线位置，单击鼠标左键结束，结果如图 4-18 所示）

标注文字=70

按该方式标注轴总长尺寸 400。

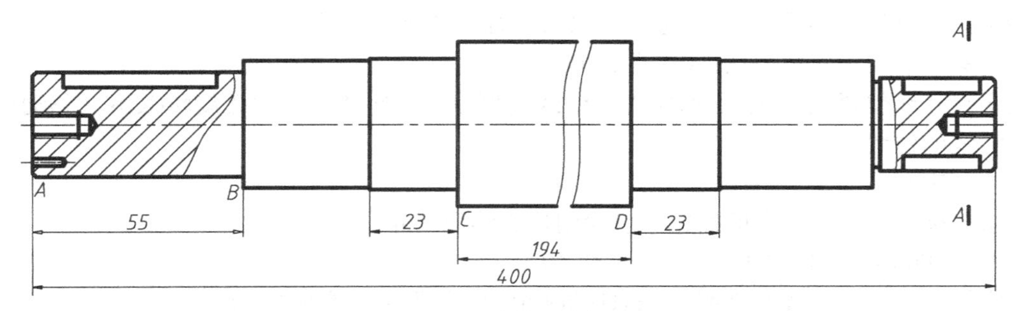

图 4-18　线性尺寸标注

注意：由多行文字(M)和文字(T)选项输入的文字将替代系统自动计算出的尺寸文字。

DIMLINEAR 命令的选项介绍如下。

多行文字(M)：使用该选项时打开“在位文字编辑器”，利用此编辑器用户可输入新的标注文字。

文字(T)：使用此选项可以在命令行上输入新的尺寸文字。

注意：若用户修改了系统自动标注的文字，则会失去尺寸标注的关联性，即尺寸数字不随标注对象的改变而改变。

角度(A)：通过此选项设置文字的放置角度。

水平(H)/垂直(V)：创建水平或垂直型尺寸。用户也可以通过移动鼠标指针来指定创建何种类型的尺寸。若左右移动鼠标指针，则生成垂直尺寸；若上下移动鼠标指针，则生成水平尺寸。

旋转(R)：使用 DIMLINEAR 命令时，AutoCAD 自动将尺寸线调整成水平或垂直方向。此选项可以使尺寸线倾斜一定角度，所以可利用此选项标注倾斜的对象。

基线型尺寸标注：基线型尺寸是指所有的尺寸都是从同一点开始标注，即公用一条尺寸界线。创建这种形式的尺寸时，应首先建立一个尺寸标注，然后发出“基线”标注命令。

➢ 标注尺寸 32、95

命令：_DIMLINEAR↵（标注尺寸 32）

指定第一个尺寸界线原点或<选择对象>：（捕捉端点 *E*，如图 4-19 所示）

指定第二条尺寸界线原点：（捕捉端点 *F*）

指定尺寸位置或[多行文字(M)/文字(T)/角度(A)/水平(H)/垂直(V)/旋转(R)]：（移动鼠标指针，指定尺寸线的位置。注意通过捕捉和极轴追踪使该尺寸的尺寸线与 23 在一条水平线上）

标注文字=32

单击“标注”工具栏上的按钮，启动创建基线型尺寸命令。

命令：_DIMBASELINE↵

选择基准标注：（单击尺寸 32）

指定第二条延伸线原点或 [放弃(U)/选择(S)] <选择>：（单击 *D* 点）

标注文字=95

选择基准标注：↵（按回车键结束）

结果如图 4-19 所示。

连续型尺寸标注：连续型尺寸标注是一系列尺寸首尾相连的标注形式。在创建这种形式的尺寸时，应首先建立一个尺寸标注，然后发出“连续”标注命令。

➢ 标注尺寸 7、40

命令：_DIMLINEAR↵（标注尺寸 7）

指定第一个尺寸界线原点或<选择对象>：（捕捉 *G* 点，如图 4-20 所示）

指定第二条尺寸界线原点：（捕捉 *H* 点）

指定尺寸线位置或[多行文字(M)/文字(T)/角度(A)/水平(H)/垂直(V)/旋转(R)]：（移动鼠标，指定尺寸线的位置。）

标注文字=7

单击“标注”工具栏上的按钮，启动创建连续型尺寸命令。

命令：_DIMCONTINUE↵（标注尺寸 40）

指定第二条尺寸界线原点或[放弃(U)/选择(S)]<选择>：（捕捉 *I* 点）

标注文字=40

指定第二条尺寸界线原点或[放弃(U)/选择(S)]<选择>：↵

选择连续标注：↵（结束连续型尺寸标注）

结果如图 4-20 所示。

同样方法标注尺寸 4、20。

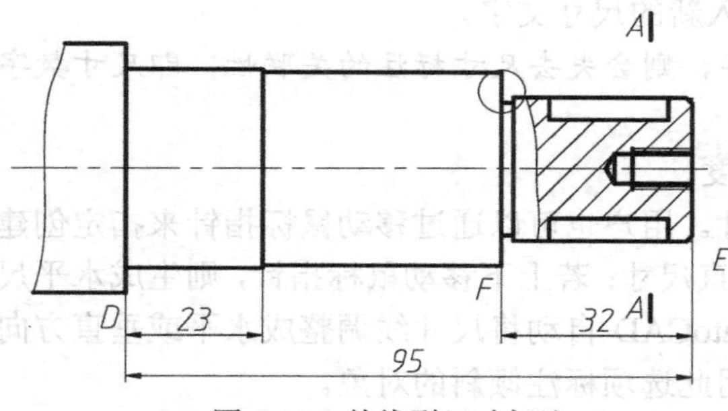

图 4-19 基线型尺寸标注

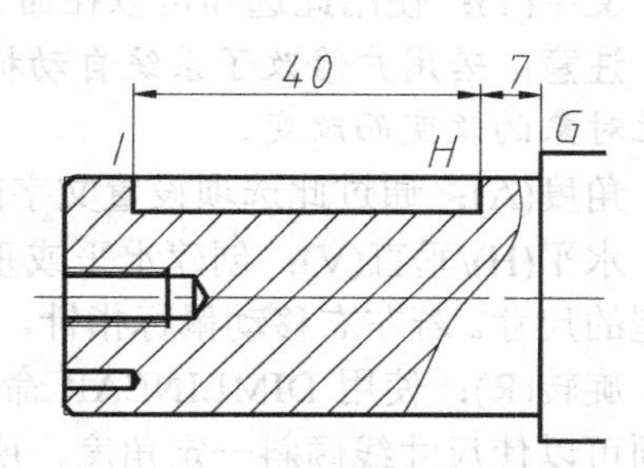

图 4-20 连续型尺寸标注

注意：*当用户创建一个尺寸标注后，紧接着启动基线或连续标注命令，则 AutoCAD 将以该尺寸的第一条尺寸界线为基准线生成基线型尺寸，或者以该尺寸的第二条尺寸界线为基准线建立连续型尺寸。若不想在前一个尺寸的基础上生成基线型或连续型尺寸，就按回车键，根据系统提示“选择基准标注”或“选择连续标注”，此时，选择某一条尺寸界线作为建立新尺寸的基准线。*

② 直径尺寸ϕ28k7、ϕ34、ϕ35k6、ϕ44、ϕ35k6、ϕ34、ϕ25h6 的标注。

➢ 直接标注

命令：_DIMLINEAR↵

指定第一个尺寸界线原点或<选择对象>：（捕捉 *J* 点，如图 4-21 所示）

指定第二条尺寸界线原点：（捕捉 *K* 点）

指定尺寸线位置或[多行文字(M)/文字(T)/角度(A)/水平(H)/垂直(V)/旋转(R)]：t↵

输入标注文字<28>：%%c28k7（ϕ标注见表 4-1 特殊字符的代码）

指定尺寸线位置或[多行文字(M)/文字(T)/角度(A)/水平(H)/垂直(V)/旋转(R)]：（移动鼠标，指定尺寸线的位置）

标注文字=28

结果如图 4-21 所示。

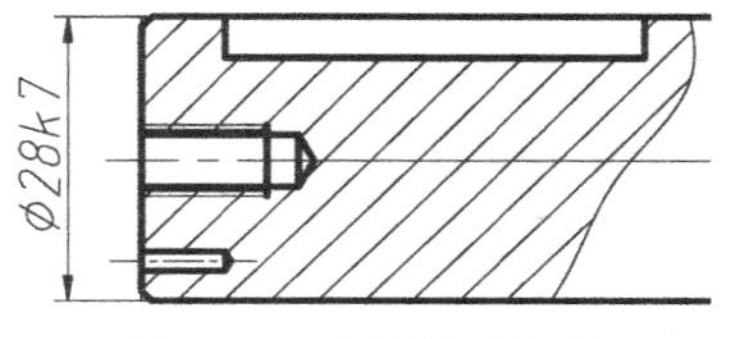

图 4-21　直径尺寸标注

同样方法完成尺寸ϕ34、ϕ35k6、ϕ44、ϕ35k6、ϕ34、ϕ25h6 的标注。

➢ 编辑尺寸的方法标注

先由 DIMLINEAR 命令完成ϕ28k7、ϕ34、ϕ35k6、ϕ44、ϕ35k6、ϕ34、ϕ25h6 的标注。

单击“标注”工具栏的按钮，打开“标注样式管理器”对话框，再单击 替代(O)... 按钮，打开“替代当前样式”对话框，进入“主单位”选项卡，在“前缀”栏中输入直径代号“%%c”。

返回图形窗口，单击“标注”工具栏的“标注更新”按钮，AutoCAD 提示“选择对象”，选择尺寸 28k7、34、35k6、44、35k6、34、25h6，按回车键，结果如图 4-22 所示。

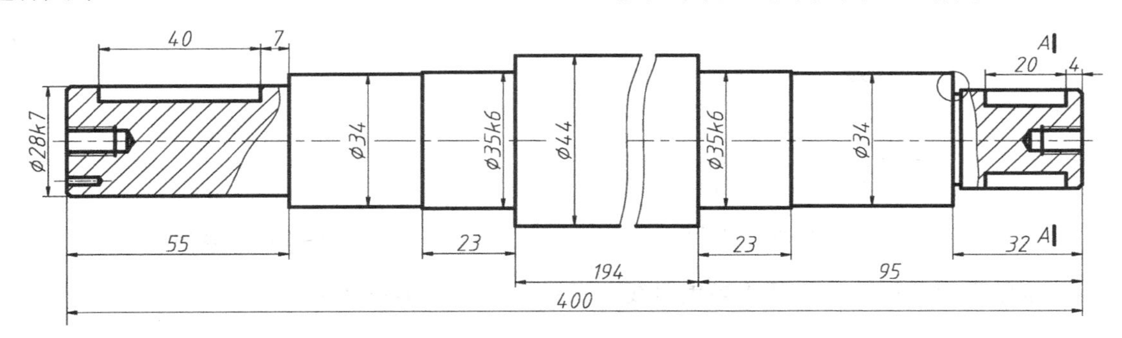

图 4-22　编辑尺寸的方法标注直径

最后选中尺寸ϕ34、ϕ35k6、ϕ44、ϕ35k6、ϕ34，单击“标准”工具栏上的按钮，打开“特性”对话框，如图 4-23 所示，在此对话框中将“尺寸线 1”、“尺寸线 2”选项选择“关”。

编辑尺寸标注主要包括以下几个方面。

修改标注文字：修改标注文字的最佳方法是使用 DDEDIT 命令（或者双击要修改的尺寸），发出该命令后，用户可以连续地修改想要编辑的尺寸。

调整标注位置：夹点编辑方式非常适合于移动尺寸线和标注文字，单击选中要调整的尺寸进入这种编辑模式，一般利用尺寸线两端或标注文字所在处的夹点来调整标注位置。

调整平行尺寸线之间的距离：对于平行尺寸间的距离可用 DIMSPACE 命令（或者单击“标注”工具栏的按钮）调整，该命令可使平行尺寸按用户指定的数值等间距分布。

编辑尺寸标注属性：使用 PROPERTIES 命令可以非常方便地编辑尺寸标注属性。用户一次选取多个尺寸标注，启动 PROPERTIES 命令（或者单击“标准”工具栏上的按钮），打开“特性”对话框，在此对话框中可修改标注字高、文字样式及总体比例等属性。

修改某一尺寸标注的外观：先通过尺寸样式的覆盖方式调整样式，然后利用“标注”工具栏上的按钮去更新尺寸标注。

引线标注：引线标注由箭头、引线、基线（引线与标注文字间的线）和多行文字或图块组成，如图 4-24 所示。其中箭头的形式、引线外观、文字属性及图块形状等由引线样式控制。

选中引线标注对象，利用夹点移动基线，则引线、文字和图块随之移动；若利用夹点移动箭头，则只有引线跟随移动，基线、文字和图块不动。

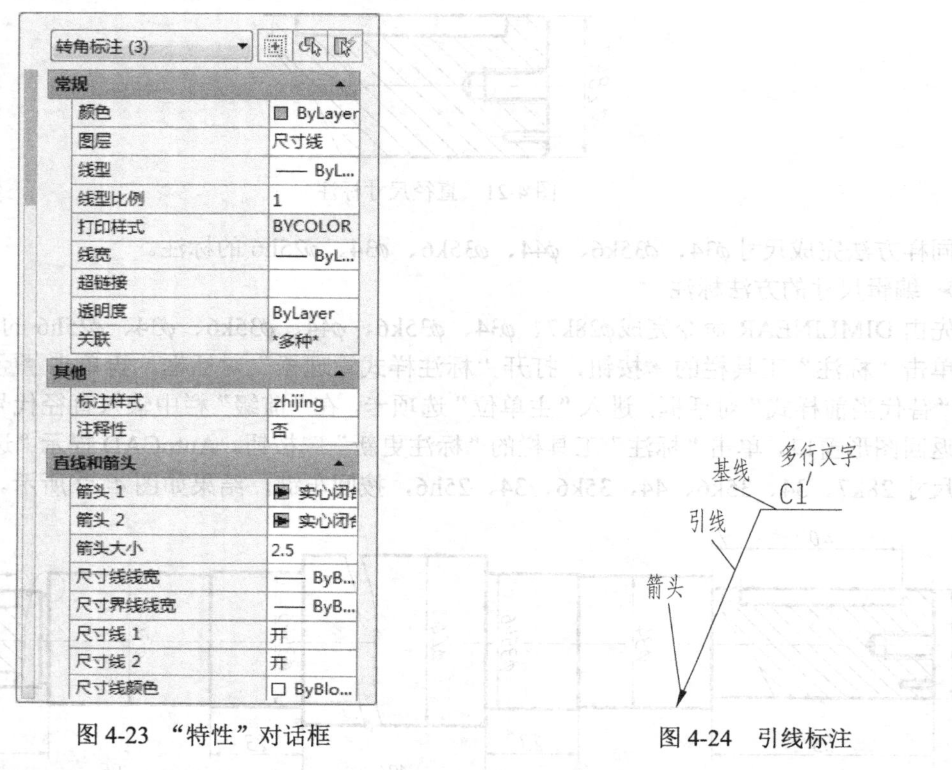

图 4-23 “特性”对话框　　　　图 4-24 引线标注

③ 倒角等尺寸标注。打开“多重引线”工具栏，如图 4-25 所示。

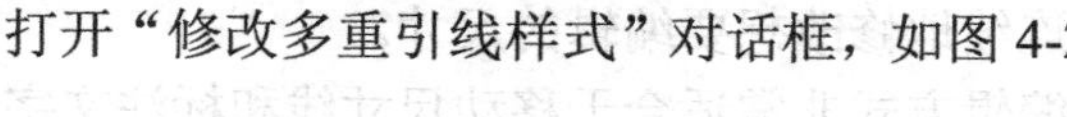

Standard

图 4-25 “多重引线”工具栏

建立多重引线样式：单击多重引线工具栏的按钮，打开“多重引线样式管理器”对话框，如图 4-26 所示。

利用该对话框可以新建、修改、重命名或删除引线样式。

单击 修改(M)... 按钮，打开“修改多重引线样式”对话框，如图 4-27 所示。在对话框中完成以下设置：

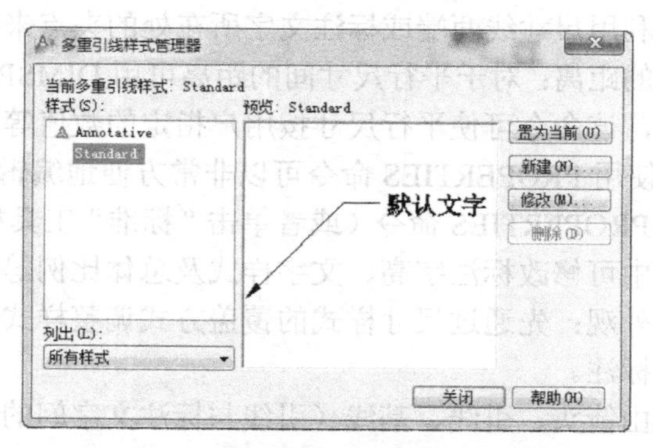

图 4-26 “多重引线样式管理器”对话框

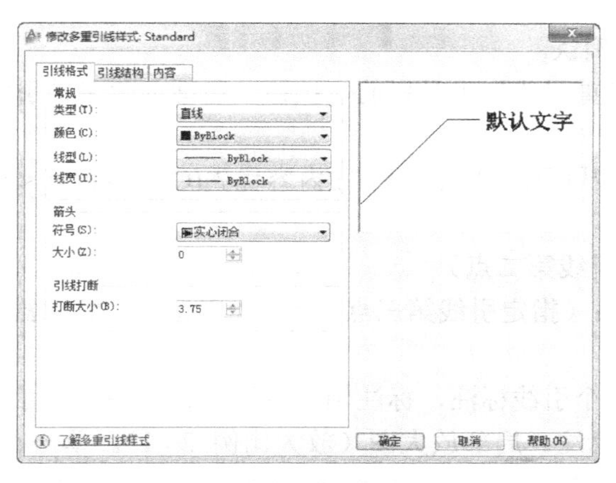

图 4-27　“修改多重引线样式”对话框

➢“引线格式”选项卡“箭头”→“大小”改为“0”，如图 4-27 所示。

➢“引线结构”选项卡设置如图 4-28 所示，其中“设置基线距离”框中的数值表示基线的长度。

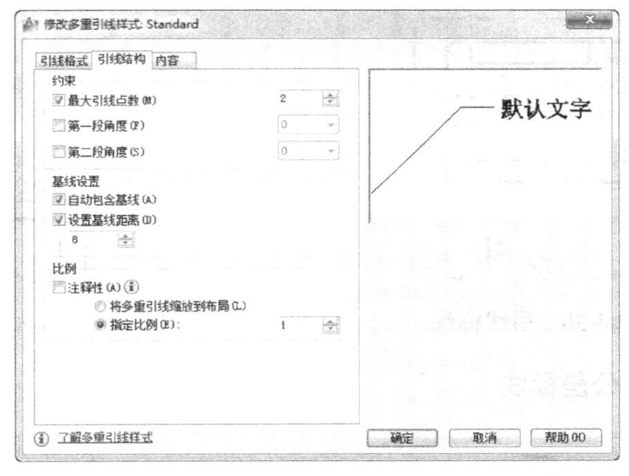

图 4-28　“引线结构”选项卡设置

➢“内容”选项卡设置如图 4-29 所示，其中“基线间隙”的数值表示基线与标注文字间的距离。

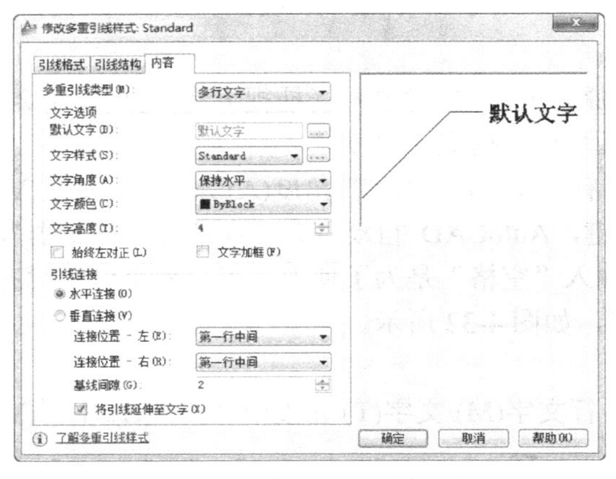

图 4-29　“内容”选项卡设置

➢ 单击[确定]按钮确认。

引线标注：单击“多重引线”工具栏的按钮，启动创建多重引线标注命令。

命令：_MLEADER↵

指定引线箭头的位置或[引线基线优先(L)/内容优先(C)/选项(O)]<选项>：

（指定引线起点）

指定下一点：（指定引线第二点）

指定引线基线的位置：（指定引线第三点，启动“在位文字编辑器”，输入标注文字“C1”）

结果如图 4-30 所示。

重复命令，创建另一个引线标注，标注轴左端倒角、孔等的尺寸。

④ 局部放大图尺寸标注。局部放大图（放大比例 2∶1）。单击“标注”工具栏的按钮，打开“标注样式管理器”对话框，再单击[替代(O)...]按钮，打开“替代当前样式”对话框，进入“主单位”选项卡，在“测量单位比例”→“比例因子”栏中输入 0.5。

返回图形窗口，标注尺寸。结果如图 4-31 所示。

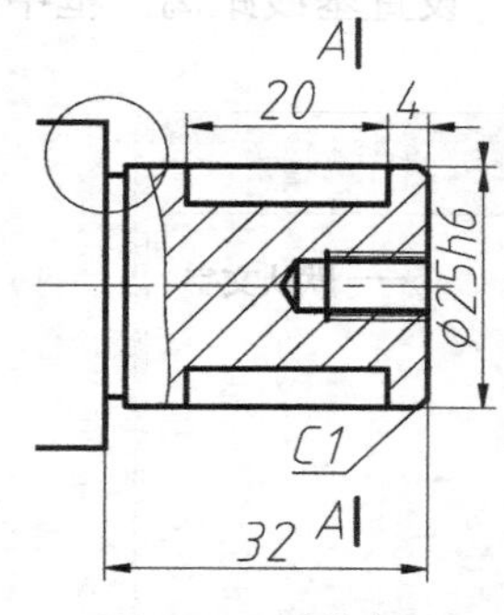

图 4-30 引线标注

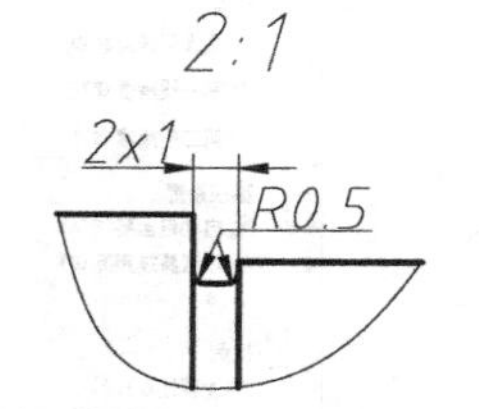

图 4-31 局部放大图的标注

4．尺寸公差及形位公差标注

（1）尺寸公差标注

创建尺寸公差的方法有两种：

① 采用文字堆叠方式标注尺寸公差。标注时，利用“多行文字(M)”选项打开“在位文字编辑器”，然后采用文字堆叠方式标注尺寸公差。

标注尺寸公差$24_{-0.2}^{\ 0}$、$8_{\ 0}^{+0.036}$、$6_{\ 0}^{+0.03}$、$18_{-0.2}^{\ 0}$、$194_{-0.2}^{\ 0}$。

命令：_DIMLINEAR↵

指定第一个尺寸界线原点或<选择对象>：（捕捉 *L* 点，如图 4-32 所示）

指定第二条尺寸界线原点：（捕捉 *M* 点）

指定尺寸线位置或[多行文字(M)/文字(T)/角度(A)/水平(H)/垂直(V)/旋转(R)]：M↵

输入“M”后按回车键，AutoCAD 自动打开“在位文字编辑器”，在文本框自动测量尺寸后输入“空格 0^+0.2”（输入“空格”是为了使上、下偏差个位 0 对齐），并选中它们，然后在“选项”中选择“堆叠”，如图 4-32 所示。

单击[确定]按钮。

指定尺寸线位置或[多行文字(M)/文字(T)/角度(A)/水平(H)/垂直(V)/旋转(R)]：（移动鼠标，将尺寸线放置在适当位置）

标注文字 24。

结果如图 4-33 所示。

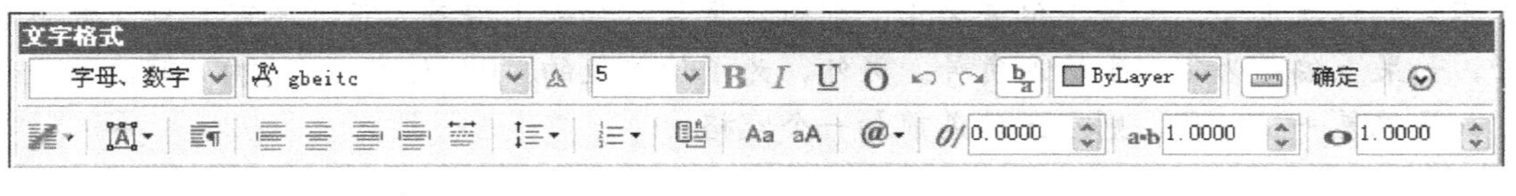

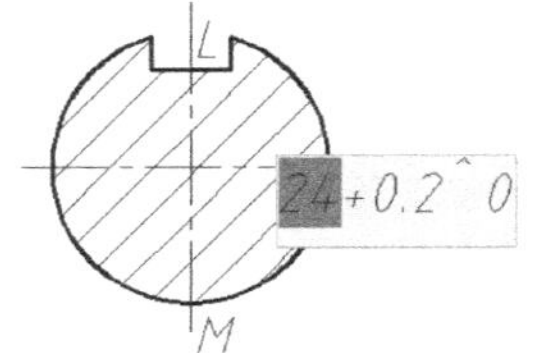

图 4-32　“多行文字”标注上下偏差

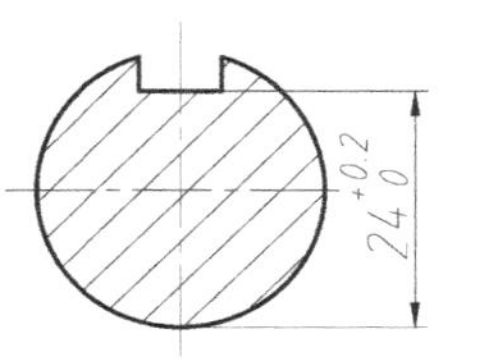

图 4-33　尺寸公差标注

采用相同的方法标注其余带有上下偏差的尺寸。

② 利用“特性”修改的方式标注尺寸公差。

标注尺寸公差 $6^{+0.03}_{0}$：选中尺寸 32，单击鼠标右键，或单击“标注”工具栏上的按钮，打开“特性”对话框，如图 4-34 所示。在“显示公差”和“公差精度”下拉列表中分别选择“极限偏差”和“0.000”，在“公差下偏差”、“公差上偏差”和“公差文字高度”数值框中分别输入 0.2、0 和 0.6。按回车键确认，结果如图 4-35 所示。

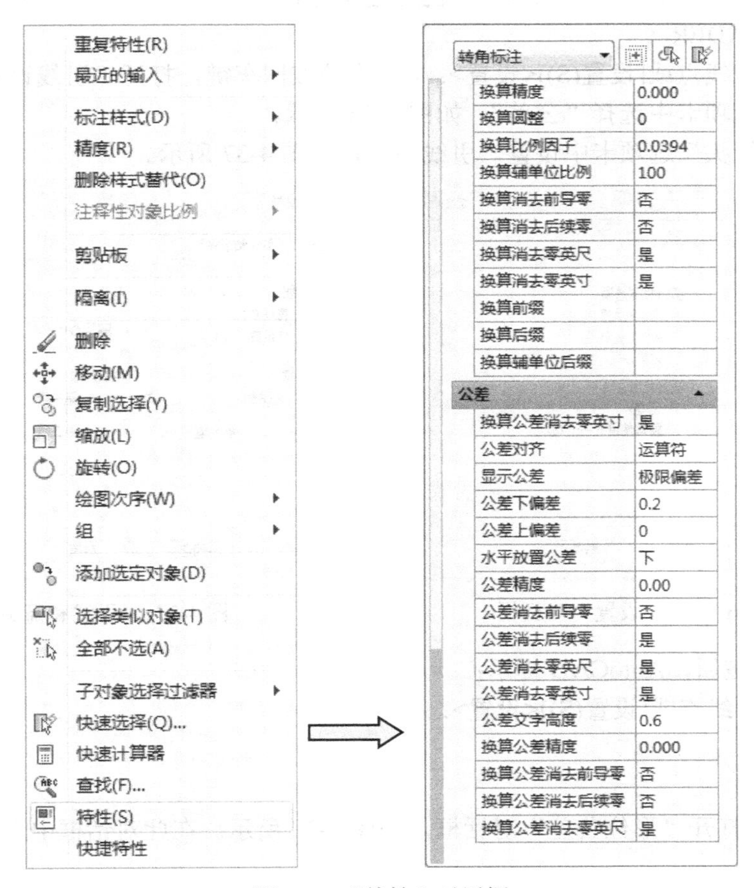

图 4-34　“特性”对话框

注意：AutoCAD 约定上偏差的值为正或零，下偏差的值为负或零。如所标注的下偏差为负时，不需要标注负号，如果下偏差为正，则输入负号；如果上偏差为正，不需要标注数字前的正号，如果上偏差为负，则输入负号。另外，为了使偏差的“0”对齐，在“0”前输入一个空格；如果偏差一正一负，则在正偏差前加一个空格。

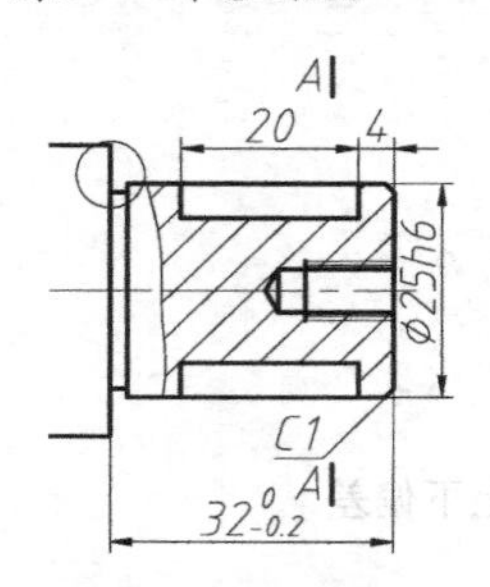

图 4-35 利用“特性”修改标注尺寸公差

（2）形位公差标注

① 形位公差框格标注。

标注形位公差可执行 TOLERANCE 命令（或者单击“标注”工具栏按钮）及 QLEADER 命令，前者只能产生公差框格，而后者既能形成公差框格又能形成标注引线。

用 QLEADER 命令标注形位公差框格 ◎ Ø0.012 A-B。

命令：_QLEADER↵

指定第一个引线点或[设置(S)]<设置>：↵（直接按回车键，打开“引线设置”对话框）

在“注释”选项卡中选择“公差”，如图 4-36 所示。

在“引线和箭头”选项卡中设置“引线”等，如图 4-37 所示。

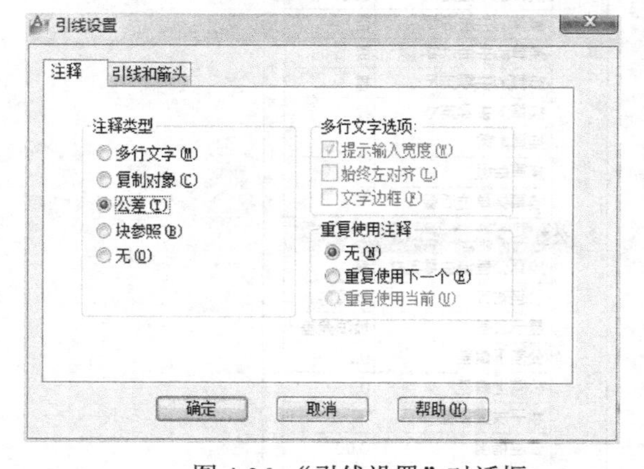

图 4-36 “引线设置”对话框

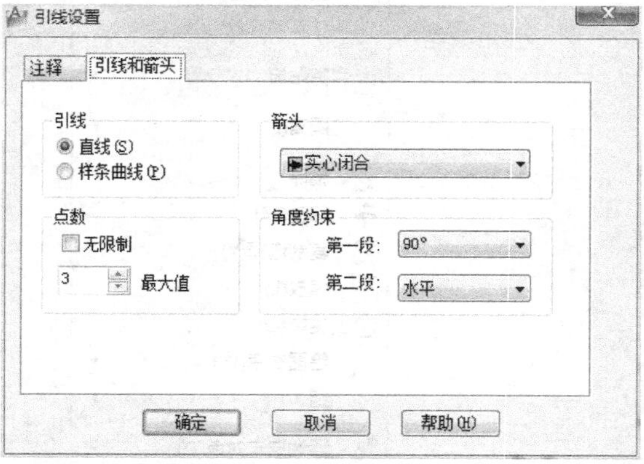

图 4-37 “引线和箭头”选项卡

单击 确定 按钮，AutoCAD 提示：

指定第一个引线点或[设置(S)]<设置>：

指定下一点：

指定下一点：

在 AutoCAD 打开“形位公差”对话框，如图 4-38 所示。在此对话框中选择形位公差符号并输入公差值。

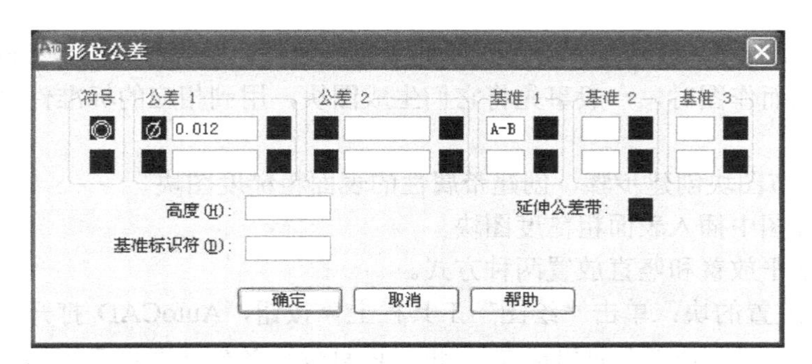

图 4-38 “形位公差”对话框

单击[确定]按钮，结果如图 4-39 所示。

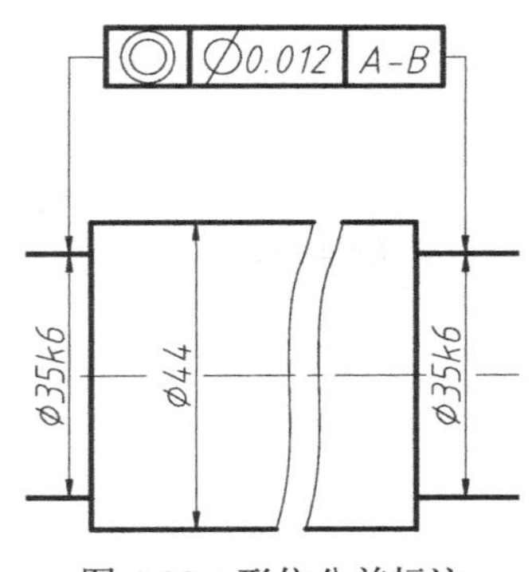

图 4-39 形位公差标注

另一边ϕ35k6 的形位公差与其一致，标注时加一条引线即可。

用同样方法标注轴段ϕ25h6 的形位公差[◎|Ø0.008|A-B]。

② 形位公差基准符号的标注。

形位公差基准符号定义成带属性的块来进行插入标注。

➢ 绘制形位公差基准符号（绘制过程略）。

➢ 定义块属性（绘制过程略）。

➢ 创建带属性的形位公差基准符号图块，如图 4-40 所示。

➢ 插入带属性的形位公差基准符号图块，结果如图 4-41 所示。

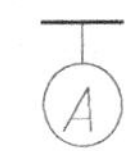

图 4-40 形位公差基准符号图块

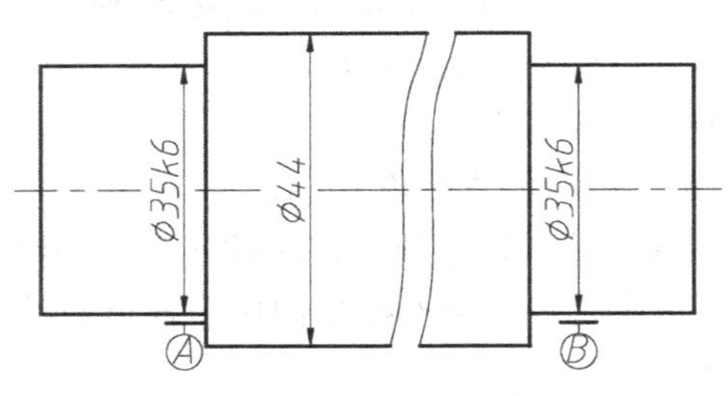

图 4-41 基准符号标注

5. 表面粗糙度的标注

由于零件许多表面都有表面精度要求，所以表面粗糙度符号在零件图上标注时会被反复使用。一般先将表面粗糙度符号生成图块，标注时只需要插入已定义的图块即可。

说明：图块的应用不仅适用于表面粗糙度符号，在制图时，同样适用于一些大量反复使用的标准件，如螺栓、螺母、轴承等。因为同种类型的标准件，其结构形状是相同的，只是尺寸、规格有所不同，因而作图时，一般事先将它们生成图块，用到相应的标准件时，只需要将已定义的图块插入。

（1）参照 4.2 节图块创建步骤，创建带属性的表面粗糙度图块

（2）在轴零件图中插入表面粗糙度图块

图块插入有水平放置和竖直放置两种方式。

① 插入水平放置的块：单击“绘图”工具栏上按钮，AutoCAD 打开“插入”对话框，在“名称”下拉列表中选择“表面粗糙度”，也可以直接在名称文本框内输入块名（块名不区分大小写），如图 4-42 所示。

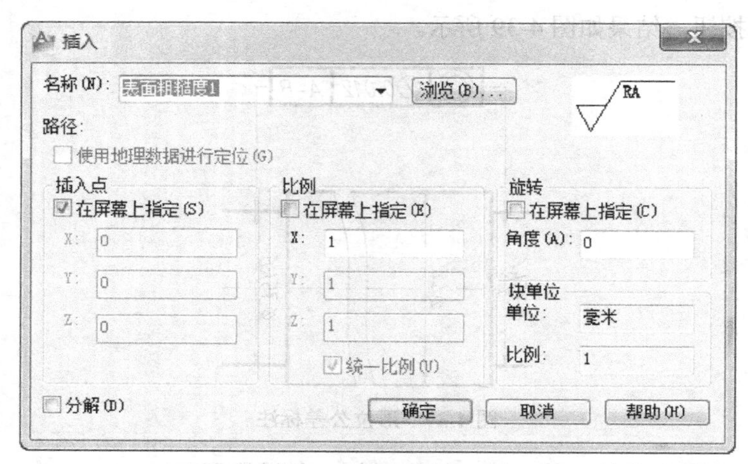

图 4-42　块“插入”对话框

单击确定按钮，AutoCAD 命令行提示：

命令：_INSERT↵

指定插入点或[基点(B)/比例(S)/X/Y/Z/旋转(R)]：_NEA↵（在屏幕适当位置指定插入点）

输入参数值<Ra 3.2>：（输入属性值，如果是默认值 Ra 3.2 的话直接按回车键）

② 插入垂直放置的块：重复上述命令，在“旋转”→“角度”文本框中输入 90°（逆时针旋转输入 90°，顺时针旋转输入−90°）。

由于国家标准规定数字不可被任何图线所通过，当不可避免时，需断开图线。单击“修改”工具栏按钮（打断命令），将主视图中与尺寸相交处轴线一一断开。

结果如图 4-43 所示。

“插入”对话框中的常用选项功能如下。

“在屏幕上指定”：该选项确定块插入参数的给出方法。该选项选中时，块插入参数均在屏幕上确定；不选中时，块插入参数由用户在该对话框的“插入点”区、“比例”区和“旋转”区的文本框输入。

“比例”：X、Y、Z 后的文本框可输入三个方向的比例因子（二维图形只有 X、Y 两个方向），数值大于 1 时是在某方向放大的图形，小于 1 时为缩小的图形；若输入一个负数，则插入的图形作镜像变换。

“角度”：指定块插入时的旋转角度。角度为正时，按逆时针方向旋转；角度为负时，按顺时针方向旋转。

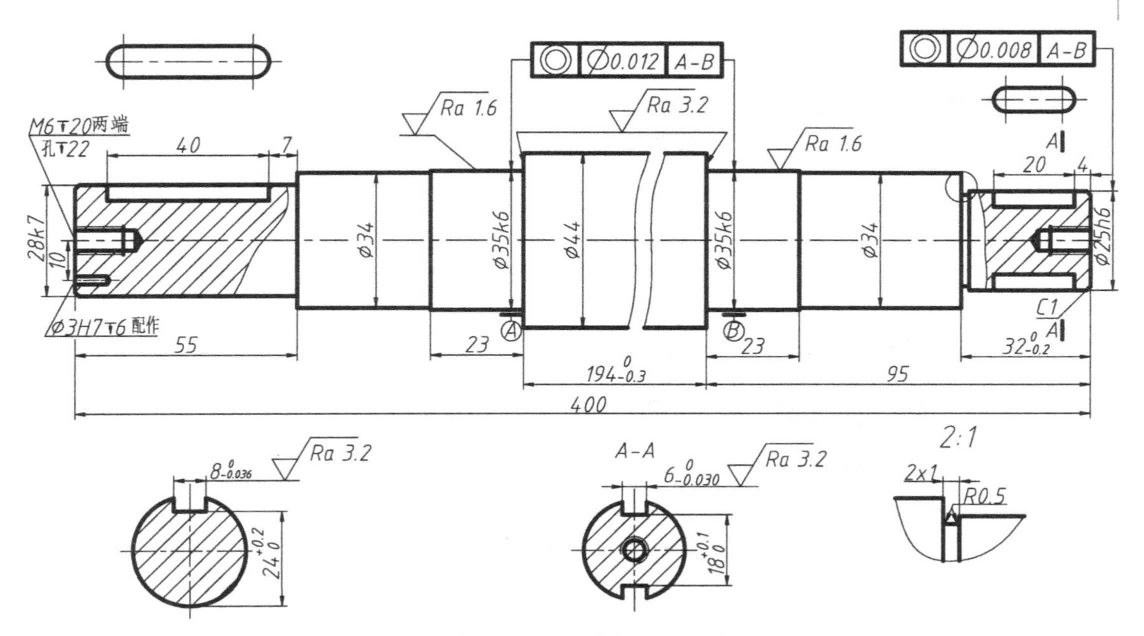

图 4-43　表面粗糙度标注后的图形

6．注释文字的标注

在实际绘图时，常常需要在图形上增加一些注释性的说明，把文字和图形结合在一起来表达完整的设计思想。在 AutoCAD 中有两类文字对象：单行文字（由 DTEXT 命令创建）和多行文字（由 MTEXT 命令创建）。一般比较简短的文字项目常采用单行文字，如标题栏信息、尺寸标注说明等；而对带有段落格式的信息常采用多行文字，如技术要求等。

（1）创建文字样式

每种文字都有不同的字体，如英文中的 Romantic、Italics 等，中文的黑体、宋体、仿宋体等。在图形中添加文字时，除了可选用不同的字体外，还可以指定文字的高度，甚至还可以让文字按一定的角度倾斜等。

由于用途的多样性，用户常以不同的样式在图形中标注文字，以表达完整的设计思想或增加图纸的清晰度。为了方便绘图，AutoCAD 允许用户将自己常用到的文字标注样式命名保存，以便在今后绘图中随时调用。这种可以命名保存的文字标注样式称为文字样式。文字样式实际上是各有关文字标注时的一些使用特性的组合，其中包括文字的字体、高度、宽度、宽度因子和倾斜角度等。AutoCAD 向用户提供了默认的文字样式（Standard），其特点是字体结构简单，显示速度快。

用户可以用 STYLE 命令定义多种文字样式，然后再配合文字标注命令进行文字标注。这样就好像是在不同的绘图区域用不同的模块写字一样方便。

创建文字样式的步骤如下：

① 单击“样式”面板上的按钮或执行菜单命令“格式”→“文字样式”，打开“文字样式”对话框，如图 4-44 所示。

② 单击新建(N)...按钮，打开“新建文字样式”对话框，在“样式名”文本框中输入文字样式的名称“工程文字”，如图 4-45 所示。

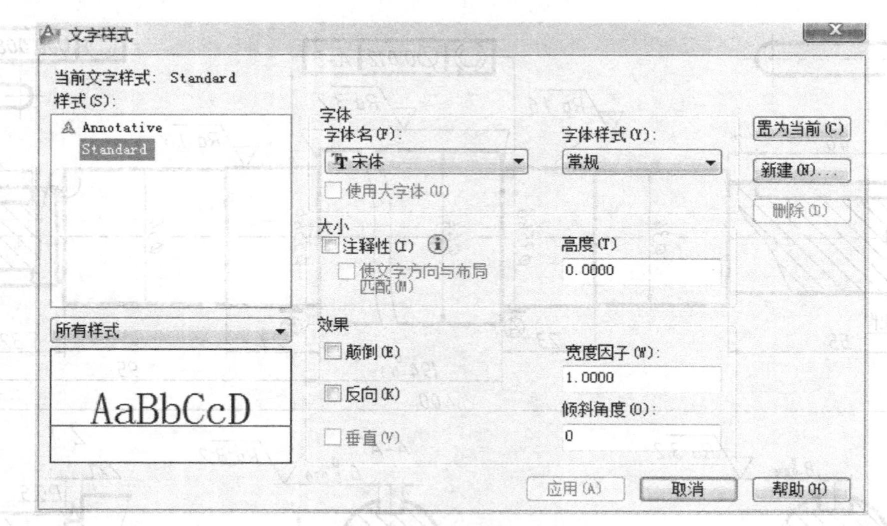

图 4-44 “文字样式”对话框

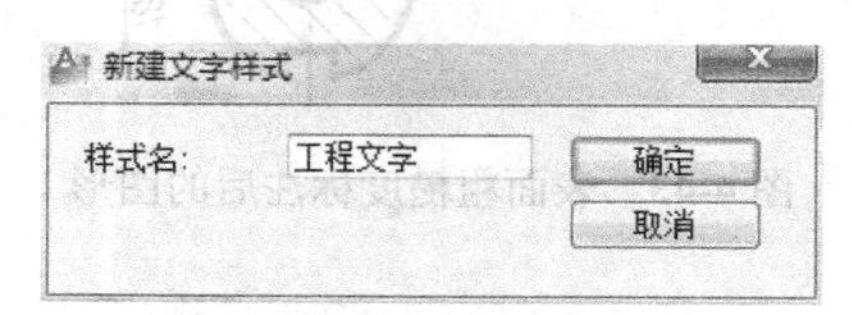

图 4-45 “新建文字样式”对话框

③ 单击[确定]按钮，返回“文字样式”对话框，在“字体名”下拉列表中选择 gbenor.shx，在“字体样式”下拉列表中选择 gbcbig.shx，在“高度”文本框输入 5。

④ 单击[应用(A)]按钮，然后关闭“文字样式”对话框。

“文字样式”对话框中的常用选项介绍如下：

[新建(N)...]按钮：单击此按钮，就可以创建新文字样式。

[删除(D)]按钮：从“样式”列表中选择要删除的文字样式，单击此按钮，即可将不再需要保存的文字样式删除。当前样式和正在使用的文字样式不能被删除。

“字体名”下拉列表：在此下拉列表中罗列了所有字体。带有双 T 标志的字体是 Windows 系统提供的 TrueType 字体，其他字体是 AutoCAD 自己的字体（*.shx），其中 gbenor.shx（直体西文）和 gbeitc.shx（斜体西文）是符合国标的工程字体。

使用大字体“大字体是专为亚洲国家设计的文字字体。其中 gbcbig.shx 字体是符合国标的工程汉字字体，该字体文件还包含一些常用的特殊符号。由于 gbcbig.shx 中不包含西文字体定义，所以使用时可将其与 gbenor.shx 和 gbeitc.shx 字体配合使用。

“高度”：输入字体的高度。如果高度值设为 0，则在 DTEXT 命令和 MTEXT 命令中使用这种文字样式时，系统会提示“指定高度:”，要求用户指定文字的高度，这样可以使文字标注更具灵活性。如果在“高度”文本框中输入了文字的高度，AutoCAD 将按此高度标注文字，不再提示。

“颠倒”：选中此复选框，文字以通过起点的水平线作镜像。该复选框仅影响单行文字，如图 4-46（a）所示。

“反向”：选中此复选框，文字以通过起点的垂直线作镜像。该复选框仅影响单行文字，如图 4-46（b）所示。

“垂直”：选中此复选框，垂直排列文字，对于 TrueType 字体而言，该选项不起作用，如

图 4-62（c）所示。

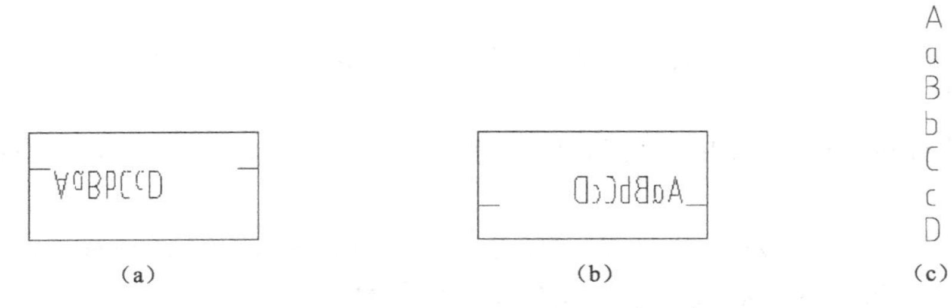

图 4-46　关闭或打开“颠倒”复选框

“宽度因子”：默认的宽度因子为 1，表示按系统定义的高度比标注文字。当宽度因子小于 1 时字会变窄，反之变宽，如图 4-47 所示。

图 4-47　宽度比例因子的调整

“倾斜角度”：该文本框用于指定文字字符倾斜角，即字符与垂线间的夹角。向右倾斜时，角度为正；反之为负。

应用(A)按钮：文字样式的刷新。若文字样式名称不变而某些标注特性（如字体、高度等）发生变化，则通过单击应用(A)按钮，可将当前图形中应用该文字样式标注的文字进行刷新。例如，用户已创建了文字样式“样式 1”，其中字体设置为宋体，且使用该文字样式输入了某些文字。如果用户通过“文字样式”对话框将“样式 1”的字体重新设置为仿宋体，然后单击应用(A)按钮，则原应用“样式 1”输入的文字自动刷新为仿宋体。

（2）标注文字

将“文字”层设为当前层，根据需要调用“单行文字”或“多行文字”命令，完成轴零件图文字的标注。

① 标题栏文字标注：用单行文字标注标题栏文字。轴零件标题栏如图 4-48 所示。

<table>
<tr><td>制图</td><td>（姓名）</td><td>（日期）</td><td rowspan="2">轴</td><td>比例</td><td>1:1</td></tr>
<tr><td>审核</td><td>（姓名）</td><td>（日期）</td><td colspan="2" rowspan="2">（图号）</td></tr>
<tr><td colspan="3">（青岛农业大学 机制1401）</td><td>45</td></tr>
</table>

图 4-48　轴零件标题栏

命令：_DTEXT↵

当前文字样式：“工程文字”　文字高度：10.0000　注释性：否

指定文字的起点或[对正(J)/样式(S)]:（在需要输入文字的地方单击鼠标左键）

指定高度 <2.5000>:（根据需要输入文字高度）5↵

指定文字的旋转角度<0>：↵

切换至中文输入法，输入“制图”，结果如图 4-48 所示。

依次标注明细栏中其他文字，按 Esc 键退出单行文字编辑。

DTEXT 命令的常用选项介绍如下。

指定文字的起点：此选项是默认选项，用于在屏幕上指定文字的起始点，此点为文字的左下角点。

指定文字的高度：如果当前文字样式的文字高度不是 0，则不出现该提示，取文字样式中规定的固定高度。

指定文字的旋转角度：文字的旋转角度是按照文字的基线相对于 X 轴方向的角度来计量的，逆时针为正，反之为负。

注意：这里的“旋转角度”与 STYLE 命令中的“倾斜角度”的区别在于：

➢ 旋转角度是指文本行基线相对于 X 轴方向的倾斜角度。

➢ 倾斜角度是指文字中每个字符相对于 Y 轴方向的倾斜角度。

输入文字：可以继续输入新的一行文字，新的一行文字的默认起始位置在前一行文字的正下方。这时也可以在其他位置拾取一点，则该拾取点将作为新一行文字的起始点。用户可以一直输入所需要的多行文字，直到在“输入文字：”提示下按回车键，退出 DTEXT。如不出现“输入文字：”提示而想退出，则按 Esc 键退出。

对正：设定文字的对齐方式。

当在“指定文字的起点或[对正(J)/样式(S)]：”的提示下输入 J，则 AutoCAD 提示：

输入选项

[对齐(A)/布满(F)/居中(C)/中间(M)/右对齐(R)/左上(TL)/中上(TC)/右上(TR)/左中(ML)/正中(MC)/右中(MR)/左下(BL)/中下(BC)/右下(BR)]：

AutoCAD 允许用户在上述 14 种对正模式中选择一种。

布满(F)：使用此选项时，系统提示指定文本分布的起始点、结束点及文字高度。当用户选定两点并输入文本后，系统把文字压缩或扩展，使其充满指定的宽度范围，如图 4-49 所示。

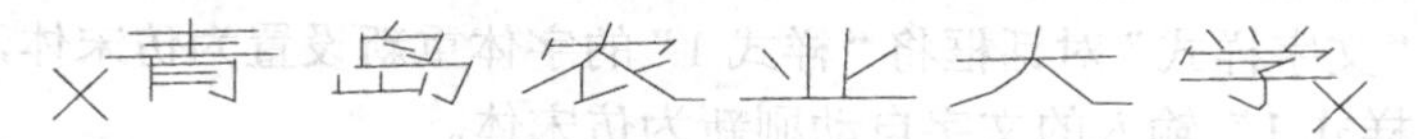

图 4-49　布满对齐方式下输入文字的结果

样式：在“指定文字的起点或[对正(J)/样式(S)]：”的提示下输入 S，则 AutoCAD 提示：

输入样式名或[?]<Standard>：(输入图形中已定义的其他样式)

当前文字样式：“工程字体”　文字高度：10　注释性：否

指定文字的起点或[对正(J)/样式(S)]：

② 技术要求的标注：用“多行文字”标注技术要求。

用 DTEXT 命令可以形成多行文字（多个单行），但它不是真正的多行文字，而是多个独立（单行文字）对象的组合。而用 MTEXT 命令生成的文字段落（多行文字）可以由任意数目的文字组成，所有的文字构成一个单独的实体。MTEXT 命令可以创建复杂的文字说明。使用 MTEXT 命令时，用户可以指定文本分布的宽度，但文字沿竖直方向可以无限延伸。此外，用户还能设置多行文字中单个字符或某一部分文字的属性（包括文本的字体、倾斜角度和高度）。

在命令行输入 MTEXT 命令，或单击“绘图”工具栏的 A 按钮，启动创建多行文字命令。

命令：_MTEXT↵

指定第一角点：(在零件图标题栏左侧空白处合适位置单击一点)

指定对角点或[高度(H)/对正(J)/行距(L)/旋转(R)/样式(S)/宽度(W)/栏(C)]：

(在合适位置取另一点)

系统弹出“文字格式”对话框与“在位文字编辑器”，如图 4-50 和图 4-51 所示。

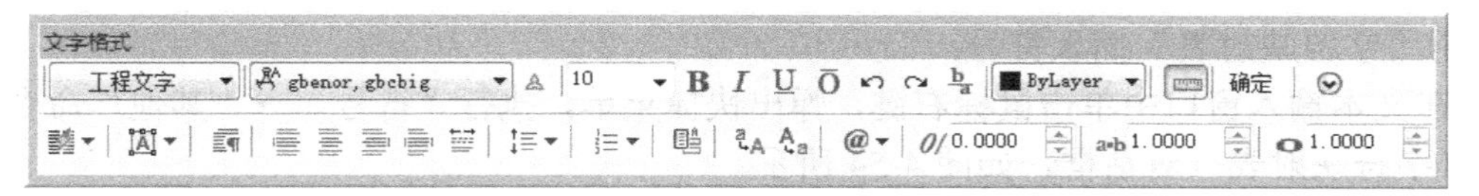

图 4-50　“文字格式”对话框

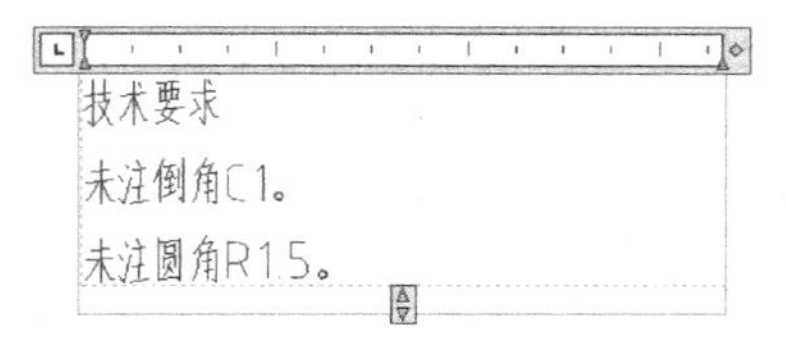

图 4-51　在位文字编辑器

“在位文字编辑器”使用方法：

- “在位文字编辑器”顶部带标尺，用户可利用标尺设置首行文字及段落文字的缩进，还可设置制表位。
- 拖动标尺上第一行缩进滑块可改变所选段落第一行的缩进位置。
- 拖动标尺上第二行缩进滑块可改变所选段落其余行的缩进位置。
- 标尺上显示了默认的制表位，要设置新的制表位，可用鼠标指针单击标尺。要删除创建的制表位，可用鼠标指针按住制表位，将其拖出标尺。
- 在“文字格式”对话框中的 3.5 文本框中输入数值“3.5”，在“在位文字编辑器”中输入文字，如图 4-52 所示。
- 选中文字“技术要求”，然后在“文字格式”对话框中的 3.5 文本框中输入数值“5”，按回车键，结果如图 4-52 所示。
- 选中其他文字，单击“段落”面板上的按钮，选择“以数字标记”选项，再利用标尺上第二行的缩进滑块调整标记数字与文字间的距离，结果如图 4-53 所示。

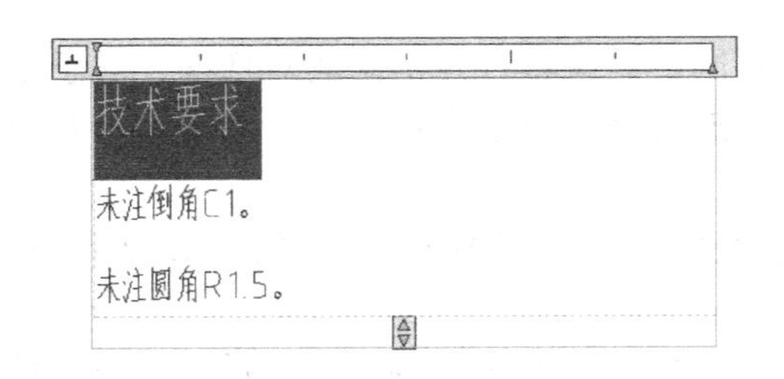

图 4-52　修改文字高度

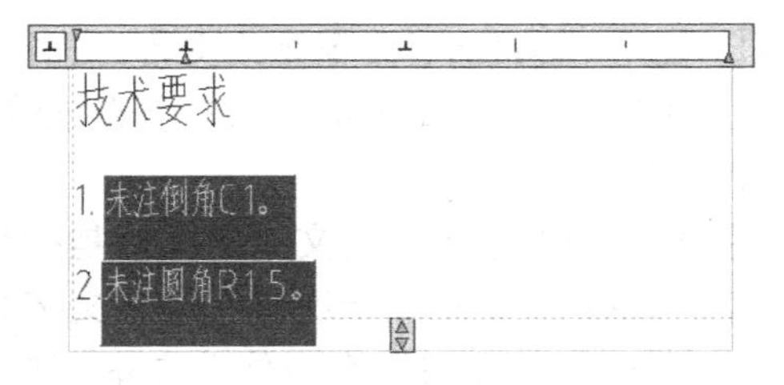

图 4-53　添加数字编号

- 单击 确定 按钮，完成多行文字标注。

③ 添加特殊字符：工程图中用到的许多符号都不能通过标准键盘直接输入，如度“°”、直径“ϕ”等。当用户用 DTEXT 或 MTEXT 命令创建文字注释时，必须输入特殊的代码来产生特定的字符，这些代码及对应的特殊符号如表 4-1 所示。

表 4-1　特殊字符代码

字　符	代　码	字　符	代　码
直径	%%c	文字上画线	%%o
正负号	%%p	文字下画线	%%u
度	%%d	百分比	%%%

利用“字符映射表”插入符号：

➢ 在文本输入窗口中单击鼠标右键，弹出快捷菜单，执行“符号”→“其他”命令，打开“字符映射表”对话框，如图 4-54 所示。

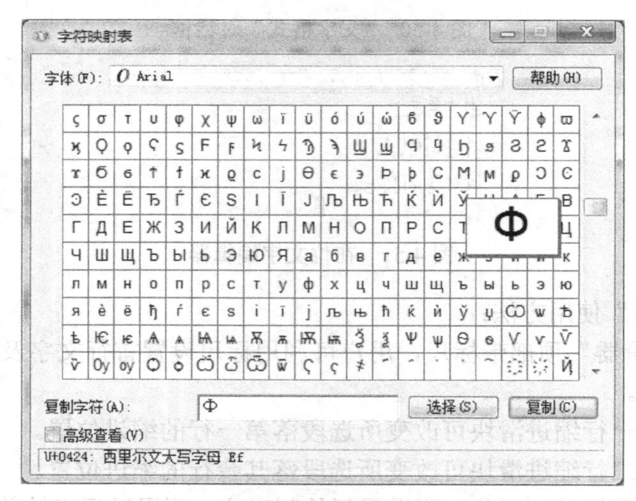

图 4-54 “字符映射表”对话框

➢ 选中所需符号，如“!”，单击选择(S)按钮，再单击复制(C)按钮。

➢ 返回“在位文字编辑器”，在需要插入符号的地方单击鼠标左键，然后单击鼠标右键，弹出快捷菜单，执行“粘贴”命令。

④ 标注分数及公差形式文字：单击A，调用多行文字命令，输入 2:1 直接标注局部放大图名称。

（3）文字编辑

文字的编辑方式有以下两种：

① 使用 DDTEXT 命令修改文本。选择的对象不同，系统将打开不同的对话框。对于单行文字，系统显示文本编辑框，用户可在该编辑框中修改文字；对于多行文字，系统则打开“在位文字编辑器”。

用 DDTEXT 命令编辑文本的优点是：此命令连续地提示用户选择要编辑的对象，因而只要发出 DDTEXT 命令就能一次修改许多文字对象。

② 用 PROPERTIES 命令修改文本。选择要修改的文字后，单击鼠标右键，弹出快捷菜单，执行“特性”命令。启动 PROPERTIES 命令，打开“特性”对话框。在此对话框中用户不仅能修改文本的内容，还能编辑文本的许多其他属性，如文字高度、文字样式和对齐方式等。

4.2.4 项目检查与评价

该项目检查表如表 4-2 所示。

表 4-2 项目检查表

项目名称	轴类零件的绘制			
序号	检查内容	掌握程度（分值）	学生自检	教师检查
1	轴表达方案是否正确	1. 没掌握 2. 掌握 3. 熟练掌握		
2	剖面线填充	1. 没掌握 2. 掌握 3. 熟练掌握		

续表

项目名称	轴类零件的绘制			
序号	检查内容	掌握程度（分值）	学生自检	教师检查
3	断面图绘制与标记	1．没掌握　2．掌握　3．熟练掌握		
4	局部视图画法	1．没掌握　2．掌握　3．熟练掌握		
5	局部放大图画法	1．没掌握　2．掌握　3．熟练掌握		
6	尺寸标注	1．没掌握　2．掌握　3．熟练掌握		
7	尺寸公差的标注	1．没掌握　2．掌握　3．熟练掌握		
8	形位公差的标注	1．没掌握　2．掌握　3．熟练掌握		
9	表面粗糙度的标注	1．没掌握　2．掌握　3．熟练掌握		
10	注写技术要求和标题栏	1．没掌握　2．掌握　3．熟练掌握		
		合计		

检查情况说明：没掌握 1 分，掌握 2 分，熟练掌握 3 分。

15 分以下：没有掌握，不能独立完成项目，需要认真学习。

15 分～20 分：基本掌握，需要针对部分知识点加强学习。

20 分～25 分：掌握，能独立完成项目，不熟练知识点需要加强练习。

25 分～30 分：较好掌握，能够较好地完成该项目及类似项目。

4.2.5　拓展训练

按照如图 4-55 所示完成柱塞套的零件图。要求在读懂图形的基础上完成以下任务：

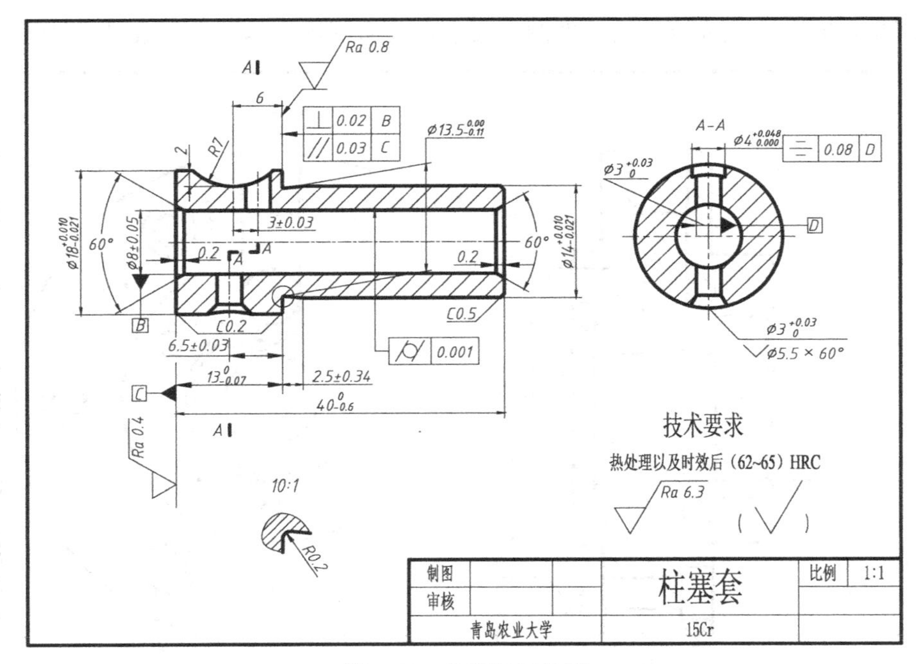

图 4-55　柱塞套零件图

① 配置绘图环境。

② 完成轴零件图的绘制。

③ 标注尺寸。
④ 标注公差及形位公差。
⑤ 标注表面结构要求。
⑥ 标注文字。

4.2.6 项目小结

轴套类零件表达方案比较简单，一般轴线水平放置，采用局部剖主视图表达零件的内外结构形状；轴上通常会有键槽、凹坑等结构，采用局部放大图、断面图等表达。轴套类零件主视图绘制时尽量利用其对称性结合直线的绘制方法直接绘出零件主视图的一半轮廓，然后利用延伸和镜像命令完成主视图。绘制主视图时尽量不要采用偏移命令绘制轮廓，这种方法在绘图过程中线条较多，修剪时会由于整张页面过于凌乱甚至无法辨认需要修剪的对象。断面图的绘制有多种方法，常采用偏移、修剪命令完成或者直线命令直接绘制两种方法，两种方法都很简便，绘图效率也较高。绘制局部放大图时尽量不要采用直接绘制的方法，该方法效率极低；建议将局部放大部分在图上选择并且复制到合适的位置，利用 SCALE 命令按照放大倍数放大，修剪多余线条。轴套类零件表面粗糙度标注时采用创建粗糙度图块然后插入的方式，可大大提高绘图效率。

4.3 项目 7——轮盘类零件的绘制

4.3.1 项目要求

按照如图 4-56 所示完成端盖的零件图。要求在读懂图形的基础上完成以下任务：

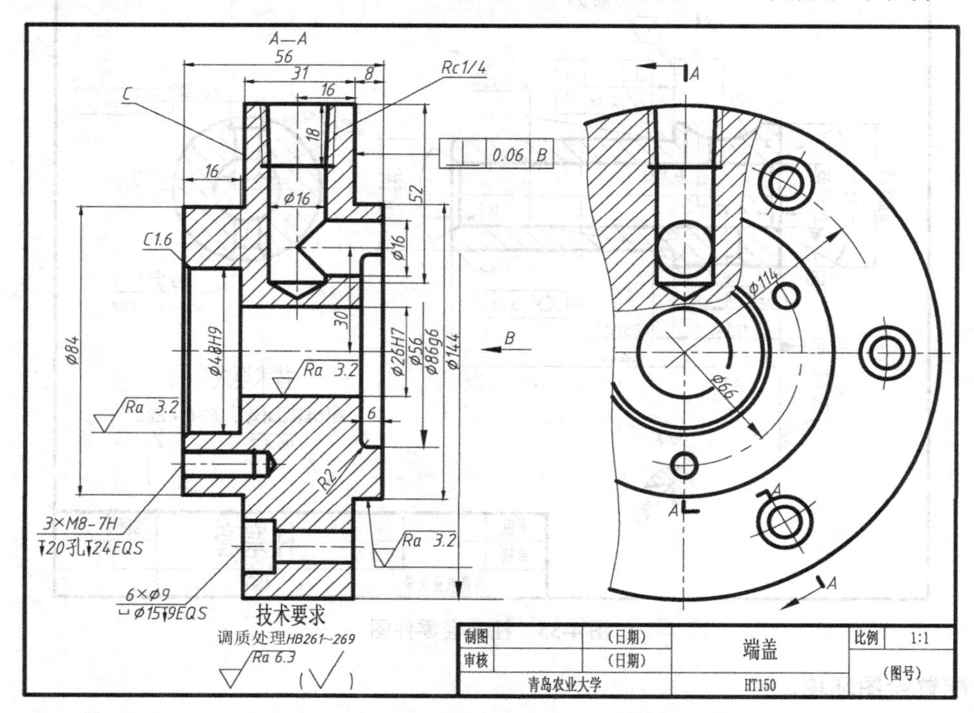

图 4-56 端盖零件图

① 配置绘图环境。
② 完成端盖图形的绘制。
③ 标注尺寸。
④ 标注公差及形位公差。
⑤ 标注表面粗糙度。
⑥ 标注文字。

4.3.2 项目导入

1. 项目分析

端盖为盘类零件。其主视图采用两相交剖切平面剖得的全剖视图表达，左视图采用局部剖视图表达；其他结构形状，如轮辐可用移出断面或重合断面表示；根据轮盘类零件的结构特点（空心的），各个视图具有对称平面时，可作半剖视图；无对称平面时，可作全剖视图。

端盖宽度和高度方向的主要基准是回转轴线，长度方向的主要基准是经过加工的右端面。定形尺寸和定位尺寸都比较明显，尤其是在圆周上分布的小孔的定位圆直径是这类零件的典型定位尺寸，多个小孔一般采用如“6×ϕ7EQS”形式标注，EQS（均布）就意味着等分圆周。内、外结构形状应分开标注。

2. 相关知识背景

轮盘类零件包括手轮、胶带轮、端盖、阀盖、齿轮等。轮一般用来传递动力和扭矩，盘主要起轴向定位和密封等作用。该类零件基本形状是扁平的盘状，由几个回转体组成，其轴径比较小；其常见结构有凸缘、凹坑、螺孔和肋等。轮盘类零件一般需要两个主要视图。由于轮盘类零件主要是在车床上加工，其主视图按形状特征和加工位置选择，轴线水平放置，且将其作全剖或半剖视图，以表达内部结构形状。除主视图外，用左（或右）视图表达零件上沿圆周分布孔、槽、轮辐及肋等结构。对于零件上一些小的结构，可选取局部视图、局部剖视图、断面图及局部放大图来表示。对有些不以车床加工为主的零件可按形状特征和工作位置确定。

4.3.3 项目实施

1. 配置绘图环境

打开新建文件，选择样板文件 GB_A3.dwt，另存为“端盖.dwg”文件。

2. 图形绘制

（1）绘制主、左视图轴线及中心线

将“点画线层”设置为当前图层，调用“直线”、“圆”命令进行绘制，结果如图 4-57 所示。

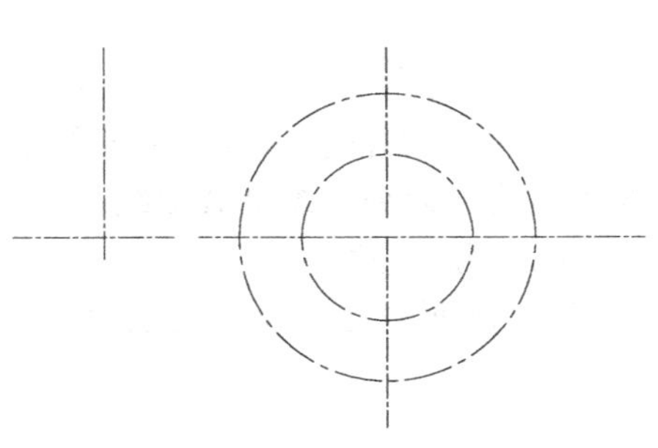

图 4-57 绘制基准线

（2）绘制主视图

Step1. 绘制主视图内、外主要轮廓。将“粗实线层”设置为当前层，调用“直线”命令绘制连续线段，如图 4-58 所示。

Step2. 绘制主视图油孔 Rc1/4、沉孔及螺钉孔，并倒角。将“点画线层”设置为当前层，调用“直线”命令，从左视图ϕ114和ϕ66最下限点向左追踪，绘制沉孔和螺钉孔中心线。将“粗实线层”设置为当前层，调用“直线”命令绘制沉孔和螺钉孔。调用“偏移”命令，将左视图中心线向上偏移30mm，绘制ϕ16孔中心线。调用“直线”命令，绘制油孔 Rc1/4 和ϕ16 孔轮廓，注意两孔相交部分为等径光孔相贯，相贯线为相交直线。调用“倒角”命令，绘制端盖内孔左端倒角。结果如图4-59所示。

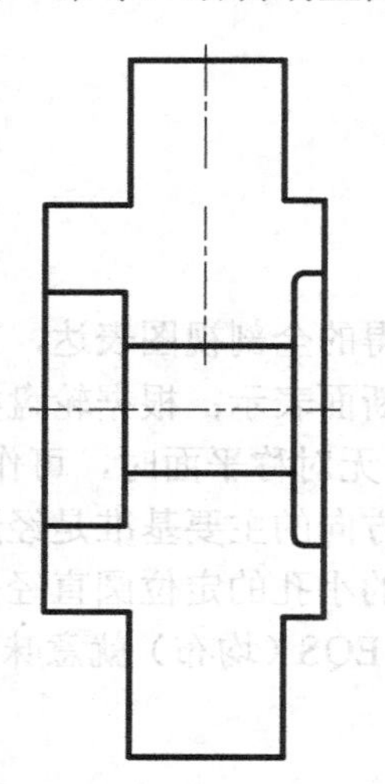

图4-58 绘制主视图内外主要轮廓

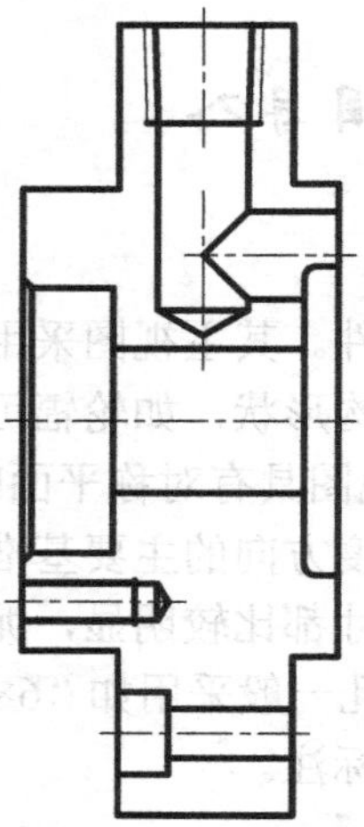

图4-59 绘制内部细部结构

（3）绘制左视图

Step1. 调用“圆”命令，绘制左视图轮廓，如图4-60所示。

Step2. 调用“环形阵列”命令（或单击“修改”工具栏的按钮），完成6个沉孔和3个螺纹孔在圆周上的均布。

命令：_ARRAYPOLAR↵

选择对象：指定对角点：找到3个

选择对象：↵

类型=极轴 关联=是

指定阵列的中心点或[基点(B)/旋转轴(A)]：（鼠标左键单击外轮廓圆心）

输入项目数或[项目间角度(A)/表达式(E)]<4>：6↵

指定填充角度(+=逆时针、-=顺时针)或[表达式(EX)]<360>：↵（默认360°）

按Enter键接受或[关联(AS)/基点(B)/项目(I)/项目间角度(A)/填充角度(F)/行(ROW)/层(L)/旋转项目(ROT)/退出(X)]

<退出>：X

执行相同命令阵列螺钉孔，结果如图4-61所示。

Step3. 绘制油孔 Rc1/4 局部剖视。调用“直线”和“圆”命令绘制油孔局部剖视图；调用“样条曲线”命令，绘制波浪线；调用“修剪”命令，将多余图线修剪。结果如图4-62所示。

（4）绘制剖面线

将“剖面线层”设置为当前层。调用“图案填充”命令，完成剖面线的绘制，如图4-63所示。

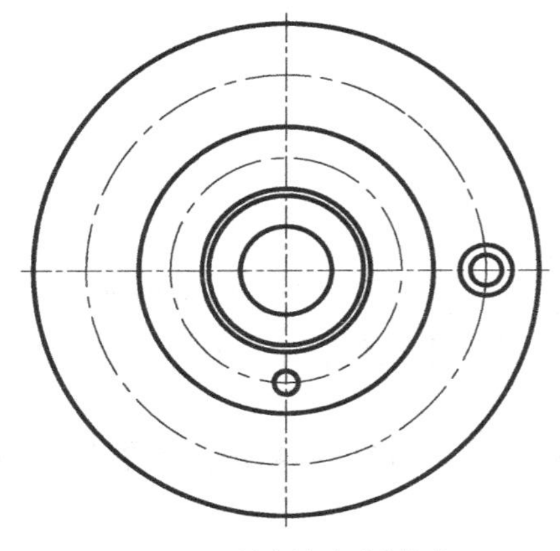
图 4-60　绘制左视图轮廓

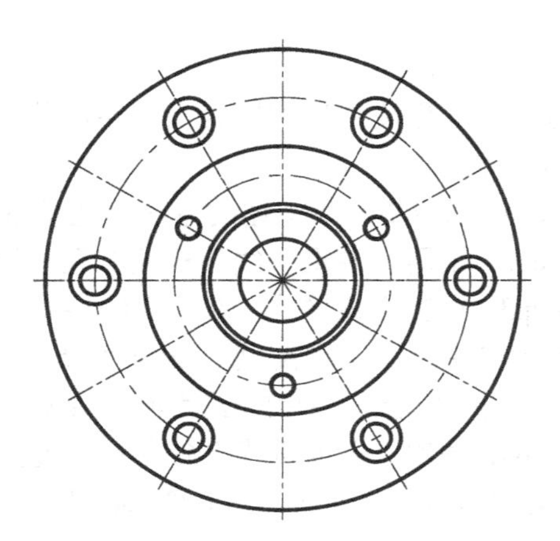
图 4-61　阵列沉孔和螺纹孔

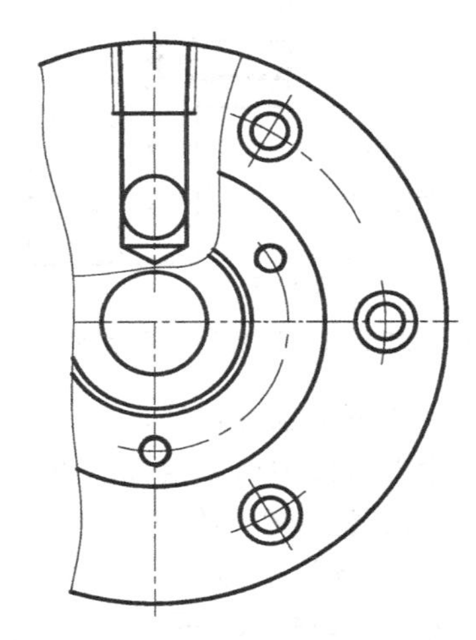
图 4-62　端盖左视图

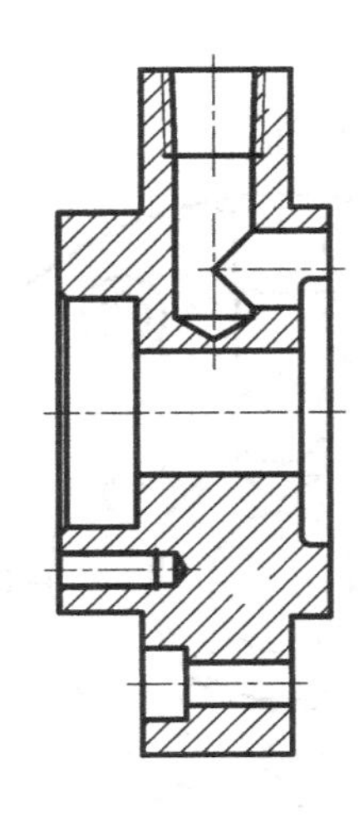
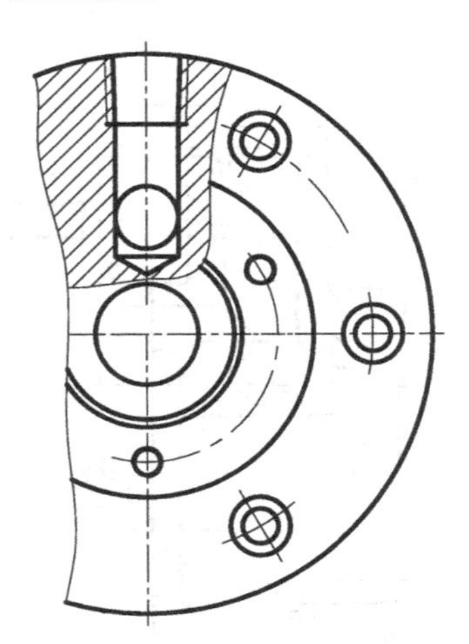
图 4-63　剖面线的绘制

3. 尺寸标注

(1) 设置尺寸标注样式

按附录 D 新建尺寸标注样式“尺寸标注”，并将其置为当前尺寸标注样式。

（2）切换图层

将“尺寸标注层”切换到当前层，关闭“剖面线”层。

（3）标注尺寸

Step1. 按 4.2 节所讲述的方法标注基本尺寸和带公差的尺寸。

Step2. 采用“多重引线”标注沉孔和螺纹孔尺寸。

Step3. 设置引线样式，在“引线格式”选项卡中将“箭头”→“大小”设为“0”，在“内容”选项卡中将“文字高度”设为“3.5”，在“文字样式”下拉列表中选择“工程文字”。单击[确定]按钮确认，并单击[置为当前(U)]按钮。

Step4. 调用“多重引线”命令标注沉孔和螺钉孔尺寸，在如图 4-64 所示位置拉出引线，在“在位文字编辑器”中输入“6×%%c9”。

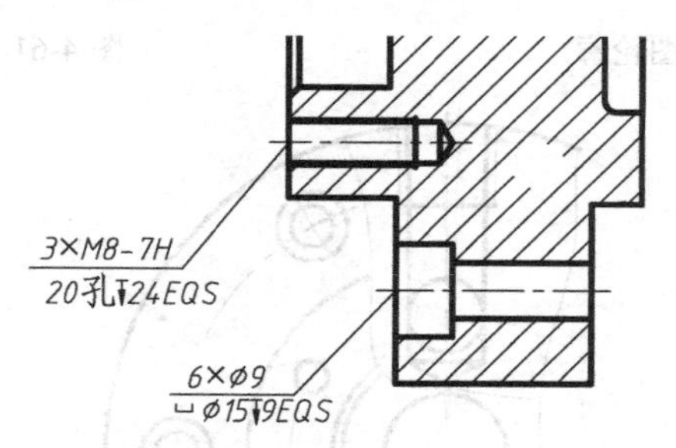

图 4-64 “多重引线”标注沉孔和螺钉孔尺寸

Step5. 调用“多行文字”命令完成下半部分标注。

其中符号的输入方法：在文本输入窗口中单击鼠标右键，弹出快捷菜单，执行“符号”→“其他”命令，打开“字符映射表”对话框，在字体下拉列表中选择“AIGDT”，选中“⌴”符号，单击[选择(S)]按钮，再单击[复制(C)]按钮，返回“在位文字编辑器”，单击鼠标左键，然后单击鼠标右键，粘贴符号。用同样方法可以输入符号“↧”。结果如图 4-64 所示。

完成尺寸标注及公差标注的图形如图 4-65 所示。

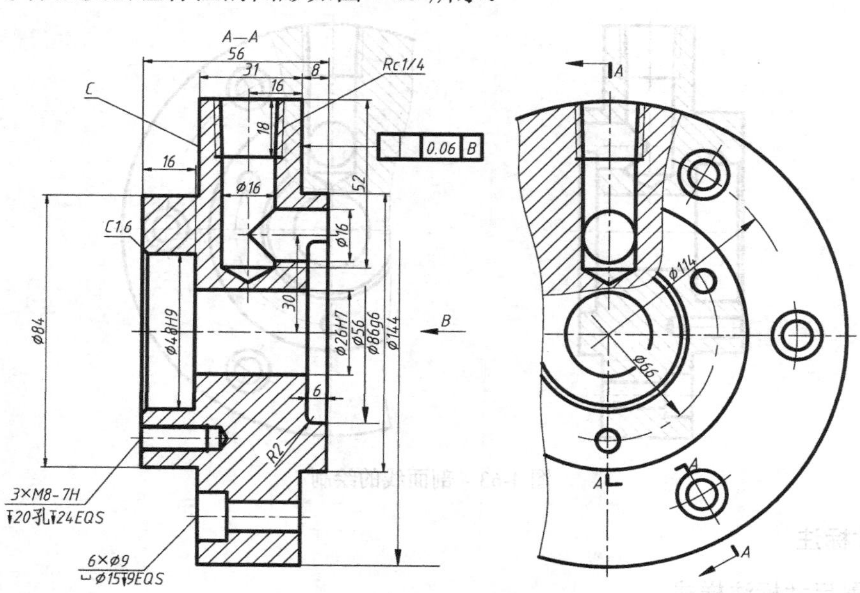

图 4-65 完成尺寸和公差标注的端盖零件图

4．表面粗糙度的标注

按 4.2 节讲述的方法创建粗糙度图块，结合“多重引线”命令，将图块插入到指定位置，如图 4-66 所示。

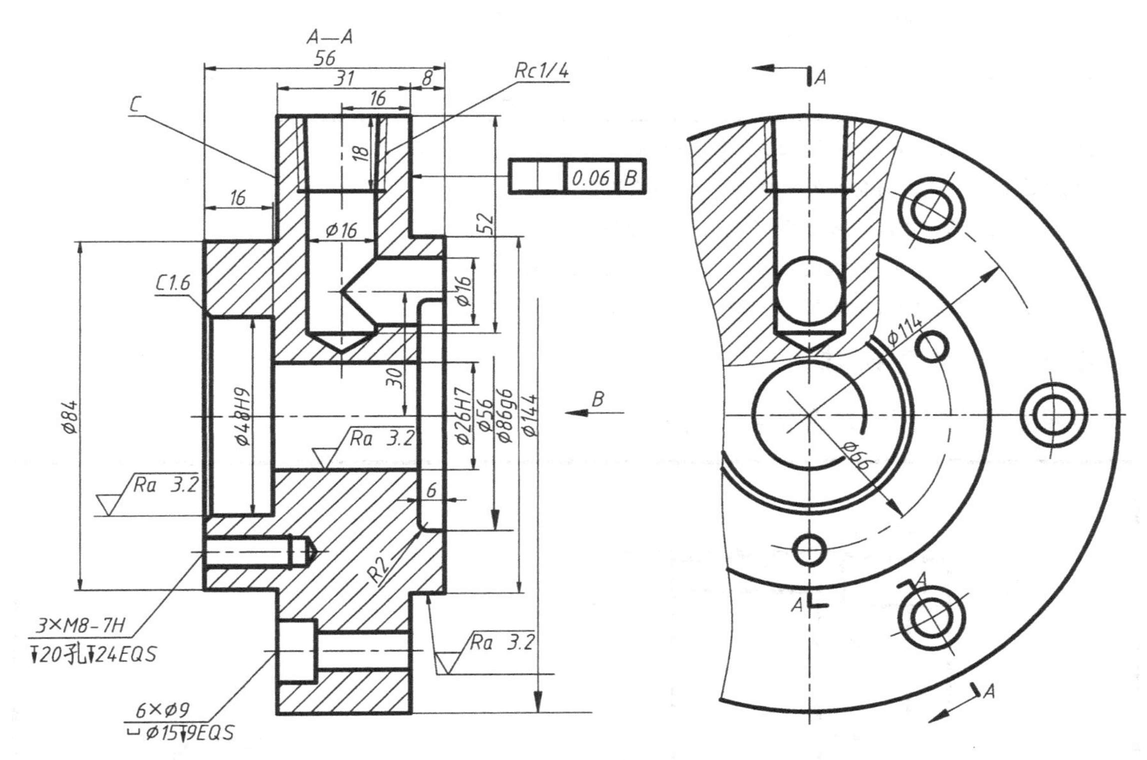

图 4-66　插入表面粗糙度后的端盖零件图

5．注释文字的标注

将“粗实线层”设置为当前层。调用“直线”命令，绘制剖切符号，采用“多行文字”命令书写字母和剖视图名称。双击样板标题栏中需要修改的文字，系统打开“在位文字编辑器”，完成文字修改，并依照 4.2 节填写技术要求，从而完成整个图形的绘制。

4.3.4　项目检查与评价

该项目检查表如表 4-3 所示。

表 4-3　项目检查表

项目名称	轮盘类零件的绘制			
序号	检查内容	掌握程度（分值）	学生自检	教师检查
1	端盖主要基准的确定	1．没掌握　2．掌握　3．熟练掌握		
2	剖面线填充	1．没掌握　2．掌握　3．熟练掌握		
3	尺寸分析与标注	1．没掌握　2．掌握　3．熟练掌握		
4	尺寸公差的标注	1．没掌握　2．掌握　3．熟练掌握		
5	形位公差的标注	1．没掌握　2．掌握　3．熟练掌握		

续表

项目名称	轮盘类零件的绘制			
序号	检查内容	掌握程度（分值）	学生自检	教师检查
6	表面粗糙度的标注	1．没掌握　2．掌握　3．熟练掌握		
7	注写技术要求和标题栏	1．没掌握　2．掌握　3．熟练掌握		
		合计		

检查情况说明：没掌握1分，掌握2分，熟练掌握3分。

10分以下：没有掌握，不能独立完成项目，需要认真学习。

10分～15分：基本掌握，需要针对部分知识点加强学习。

15分～18分：掌握，能独立完成项目，不熟练知识点需要加强练习。

18分～21分：较好掌握，能够较好地完成该项目及类似项目。

4.3.5 拓展训练

按照如图4-67所示完成带轮零件图。

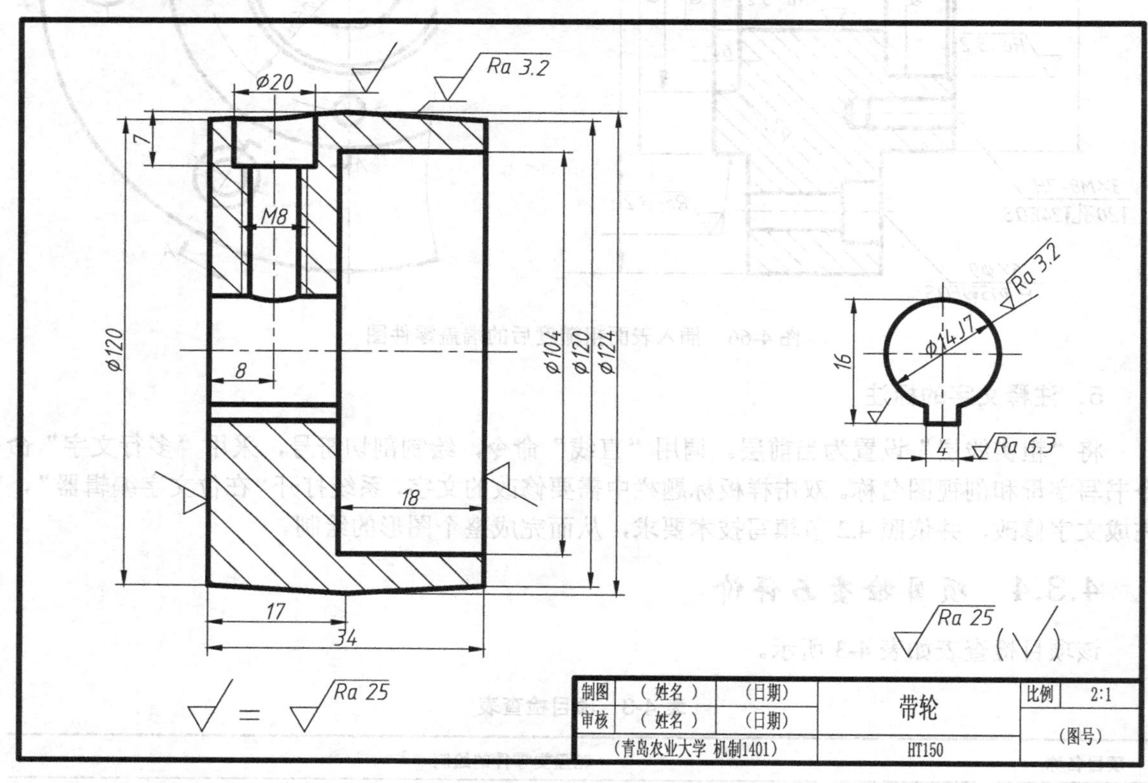

图4-67　带轮零件图

4.3.6 项目小结

轮盘类零件多数为同轴回转体，一般采用两个视图表达。主视图轴线水平放置，常采用剖视图、局部剖视图或者半剖视图表达其内外结构形状，再采用左（或右）视图表达其径向分布孔的情况。其径向主要基准为轴线，轴向主要基准为大的端面。绘图时首先绘制零件的主要基准，然后按照轴套类零件的绘图方法结合所给定形定位尺寸绘制主视图，再根据主视图绘制左（右）视图。其尺寸、形位公差和表面粗糙度等的标注与轴套类相同。

4.4　项目 8——叉架类零件的绘制

4.4.1　项目要求

按照如图 4-68 所示完成脚架零件图。要求在读懂图形的基础上完成以下任务：

① 配置绘图环境。

② 完成脚架图形的绘制。

③ 标注尺寸。

④ 标注公差及形位公差。

⑤ 标注表面粗糙度。

⑥ 标注文字。

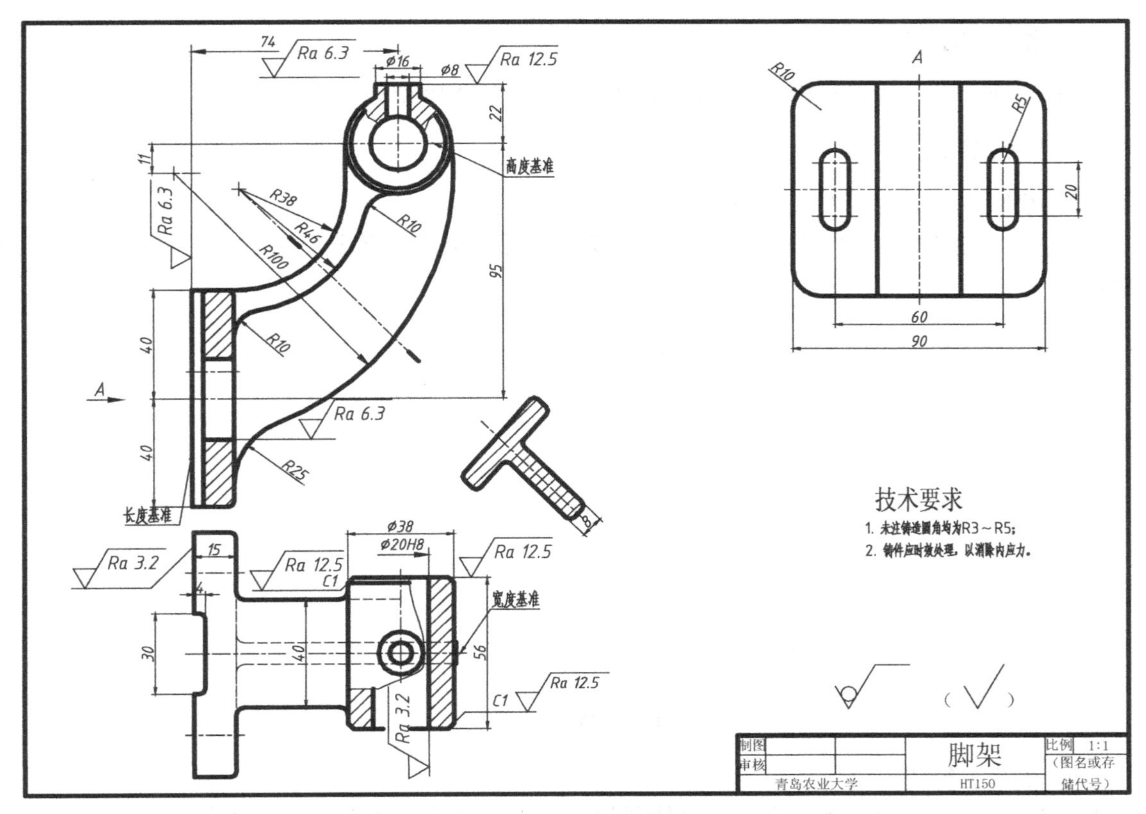

图 4-68　脚架零件图

4.4.2　项目导入

叉架类零件包括各种用途的拨叉、连杆和支架等。拨叉主要用在机床等各种机器上的操纵机构上，操纵机器、调节速度；支架主要起支撑和连接的作用。这类零件一般由支撑、工作和连接三部分组成。连接部分多为肋板结构且形状弯曲、扭斜较多。支撑部分和工作部分细部的结构也较多，如凸台、凹坑、圆孔、油孔等。由于叉架类零件的加工工序较多，加工位置经常变化，选主视图时，主要按形状特征和工作位置（或自然位置）确定。叉架类零件一般都是铸件，形状结构较为复杂，一般需要用两个或两个以上的基本视图。由于它的某些结构形状不平行于基本投影面，为了表达零件上的弯曲或扭斜结构，还常采用斜视图、局部视图、斜剖视图和断面图等表示。对零件上的一些内部结构形状可采用局部剖视图；对某些较小的结构形状，也可采用局部放大图。

如图4-68所示脚架零件图属于叉架类零件。该类零件长度、宽度、高度方向的主要基准一般为孔的中心线（轴线）、对称平面和较大的加工平面。脚架的主要基准如图4-68所示。叉架类零件的定位尺寸较多，要注意能否保证定位的精度。一般要求标注出孔中心线（或轴线）间的距离，或者孔中心线（轴线）到平面的距离、平面到平面的距离。定形尺寸一般都采用形体分析法标注尺寸，便于制作模样。一般情况下，内外结构形状要注意保持一致，起模斜度、圆角也要标注出来。

4.4.3 项目实施

1. 配置绘图环境

打开新建文件，选择样板文件GB_A3.dwt，另存为“脚架.dwg”文件。

2. 图形绘制

（1）绘制主、俯视图的主要基准线

分别将“粗实线层”和“点画线层”设置为当前层。调用“直线”命令绘制，结果如图4-69所示。

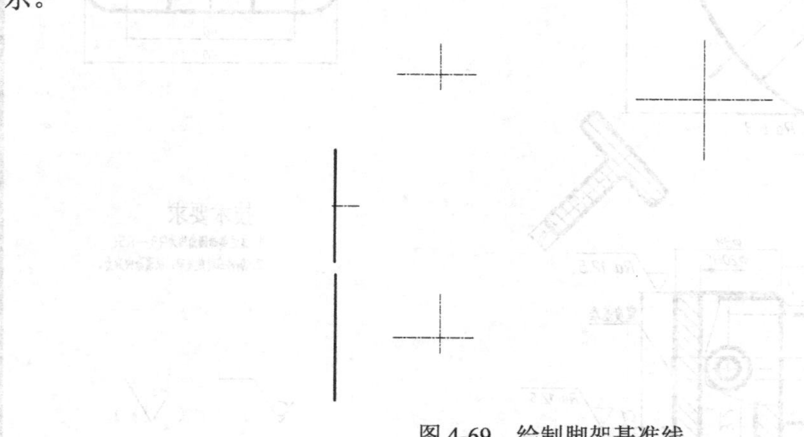

图4-69 绘制脚架基准线

（2）绘制主视图

Step1. 绘制支撑板轮廓：将“粗实线层”设置为当前层。调用“圆”命令，绘制ϕ20、ϕ38圆；调用“偏移”命令，将ϕ38向内偏移1，绘制倒角圆；调用“直线”命令，绘制支撑板轮廓。

Step2. 绘制连接板轮廓：调用“直线”、“圆角”和“偏移”命令，绘制连接板轮廓，步骤如图4-70所示。

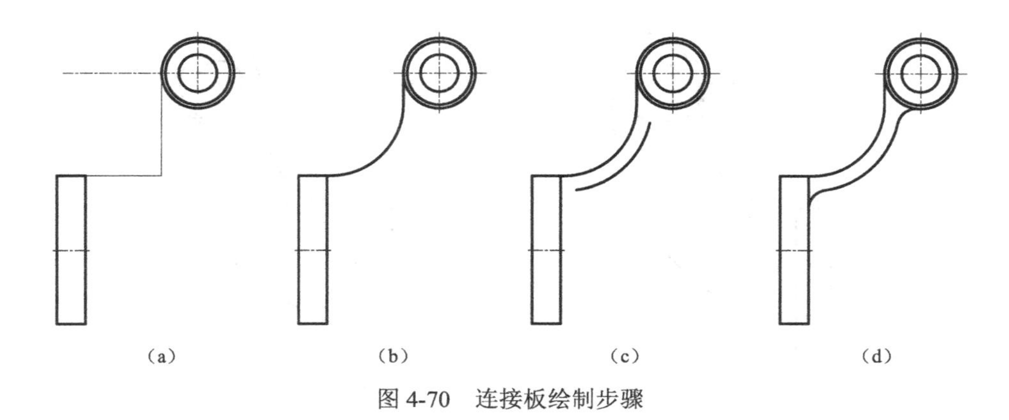

图 4-70　连接板绘制步骤

Step3. 绘制肋板轮廓。

➢ 调用“偏移”、“圆”和“修剪”命令，绘制肋板轮廓。
➢ 将圆水平中心线向下偏移 11。
➢ 根据 R100 圆弧与ϕ38 圆的内连接关系，以圆ϕ38 的圆心为圆心，以（R100-R19）为半径画圆，与偏移线交于 *A* 点，该点即为 R100 圆心。以 *A* 为圆心，100 为半径画圆。
➢ 根据 R25 圆弧与 R100 和支撑板右端面的相切关系，调用“圆”命令，选择“相切、相切、半径”，作出 R25 圆。调用“修剪”、“删除”命令，修剪、删除多余图线，步骤如图 4-71 所示。

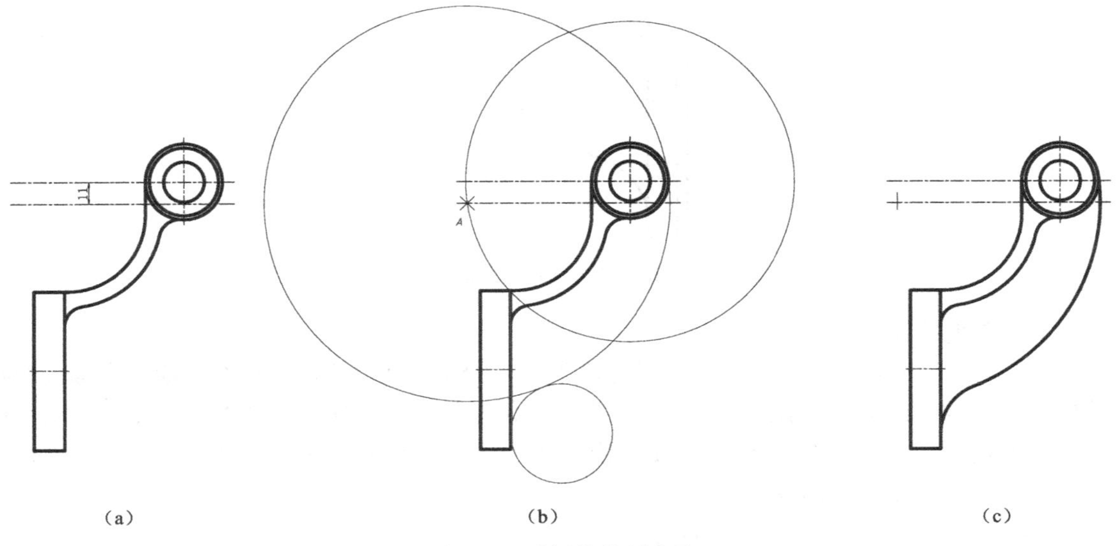

图 4-71　肋板的绘制步骤

Step4. 绘制顶部空心圆柱轮廓。

➢ 调用“直线”、“样条曲线”、“镜像”和“修剪”命令，进行顶部空心圆柱轮廓的绘制。
➢ 将极轴追踪增量角设为 90°，调用“直线”命令，从ϕ38 圆向上追踪 22 处开始，向右水平画线，长度为 8，再向下画线找到与ϕ38 圆交点，继续从ϕ38 圆心正上方 22 点处向右追踪 4 开始向下画线，找到与ϕ20 圆交点。调用“样条曲线”命令，绘制一侧波浪线，并将此波浪线切换至“细实线层”。
➢ 调用“镜像”和“修剪”命令，完成图形，其步骤如图 4-72 所示。

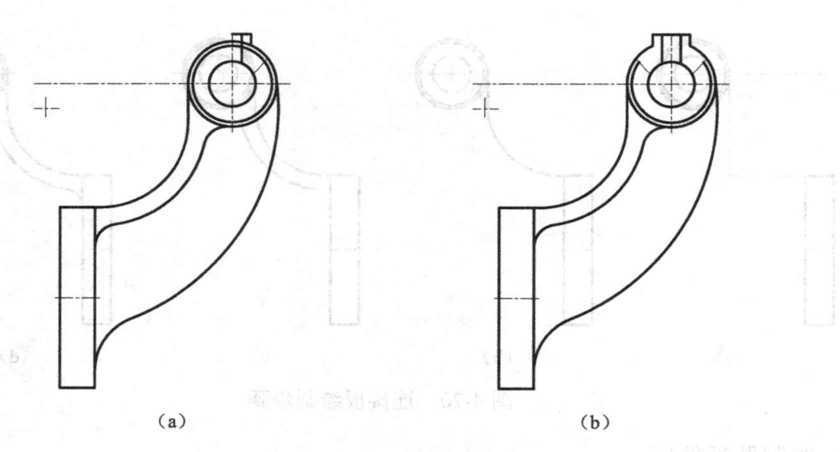

图 4-72　顶部空心圆柱的绘制步骤

Step5. 绘制圆角及支撑板剖开后轮廓：调用“圆角”命令结合夹点操作绘制 4 处铸造圆角，支撑板圆角半径 R5，两圆柱相交处圆角半径 R3，结果如图 4-73 所示。

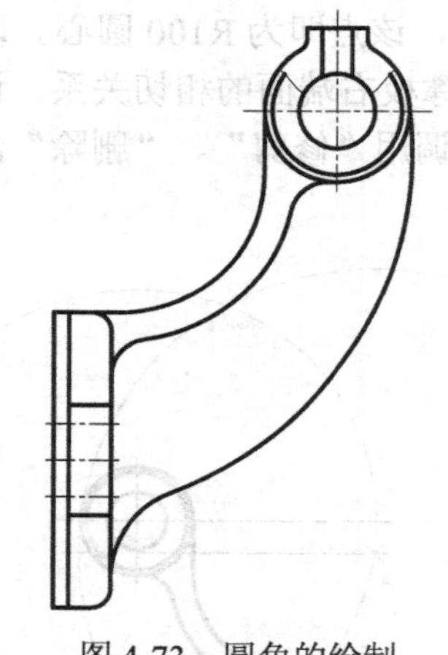

图 4-73　圆角的绘制

（3）绘制俯视图

Step1. 调用“直线”命令结合“极轴追踪”、“圆角”和“修剪”命令，绘制支撑板俯视图轮廓，如图 4-74（a）所示；调用“直线”、“倒角”、“镜像”和“圆”命令，绘制空心圆柱俯视图轮廓，如图 4-74（b）所示；调用“直线”、“圆角”和“修剪”命令绘制连接板俯视图轮廓，如图 4-74（c）所示。

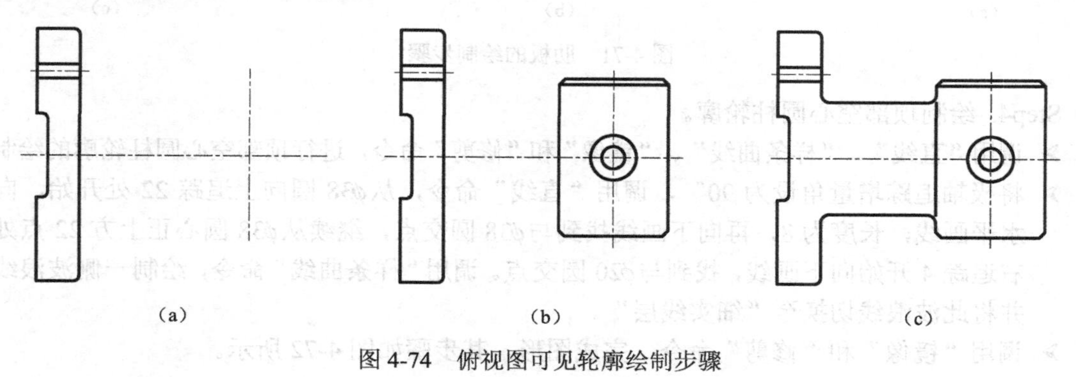

图 4-74　俯视图可见轮廓绘制步骤

Step2. 将“细实线层”设置为当前层，调用“样条曲线”命令，绘制波浪线，如图 4-75 所示。

Step3. 将“虚线层”设置为当前层，调用“直线”、“修剪”和“圆角”命令，绘制不可见轮廓线，如图 4-76 所示。

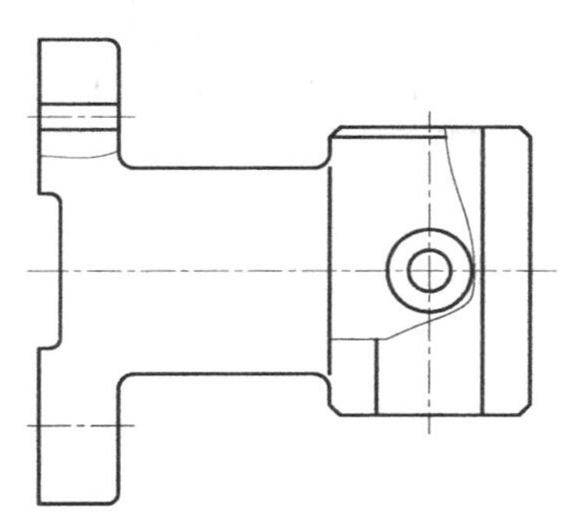

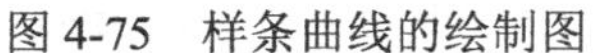

图 4-75　样条曲线的绘制图

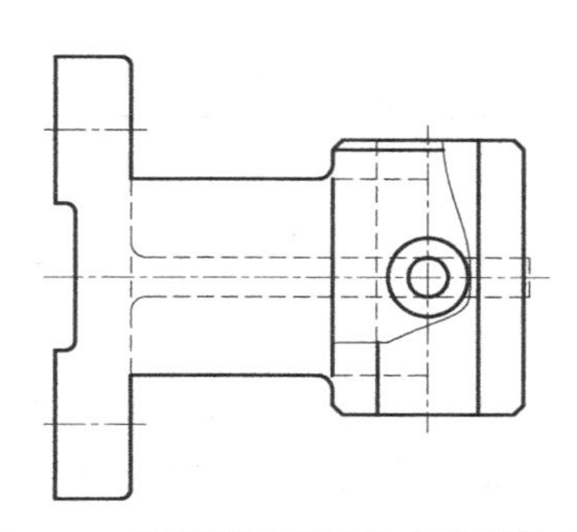

图 4-76　俯视图不可见轮廓线的绘制

Step4. 肋板与空心圆柱相交处俯视图轮廓画法如图 4-77 所示，俯视图肋板可见部分长度与主视图 R100 圆弧左象限点 *A* 在长度方向对正。

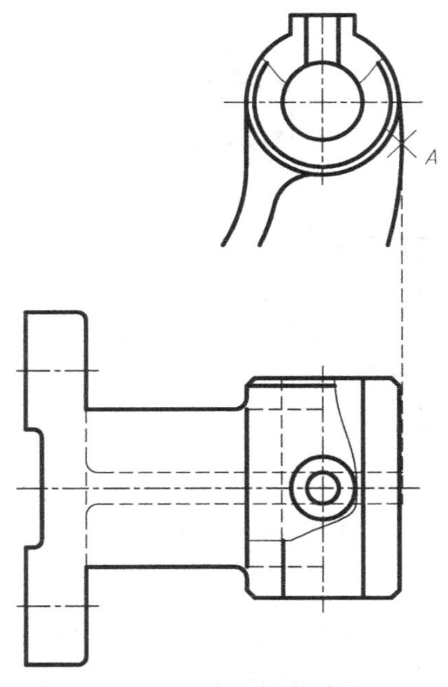

图 4-77　肋板俯视图的绘制

（4）绘制局部视图

Step1. 调用“矩形”命令（或单击“绘图”工具栏□按钮）绘制带圆角的矩形，并将其移动到指定位置，结果如图 4-78（a）所示。

Step2. 调用“偏移”命令，将水平中心线向上、向下各偏移 10，垂直中心线向右偏移 30，如图 4-78（b）所示。

Step3. 调用“直线”、“圆”和“修剪”命令，绘制环形槽及通槽，并利用夹点操作，修改点画线长度，如图 4-78（c）所示。

Step4. 调用“镜像”命令，完成局部视图绘制，如图 4-78（d）所示。

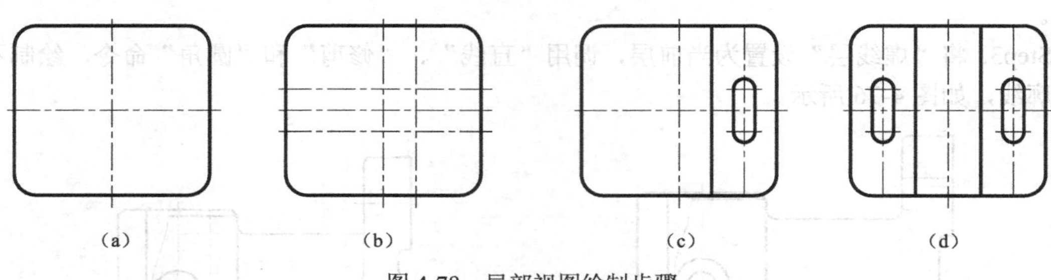

图 4-78 局部视图绘制步骤

（5）绘制断面图

Step1. 将“点画线层”设置为当前层，设“极轴追踪”增量为“45° ”。调用“直线”命令，自主视图 R30 圆心处向右下 315° 画剖面线。

Step2. 将“粗实线层”设置为当前层，调用“直线”命令结合 45° 极轴追踪及“圆角”和“镜像”命令绘制断面图轮廓。

Step3. 调用“样条曲线”命令绘制波浪线，且将其切换到“细实线层”。

绘制步骤如图 4-79 所示。

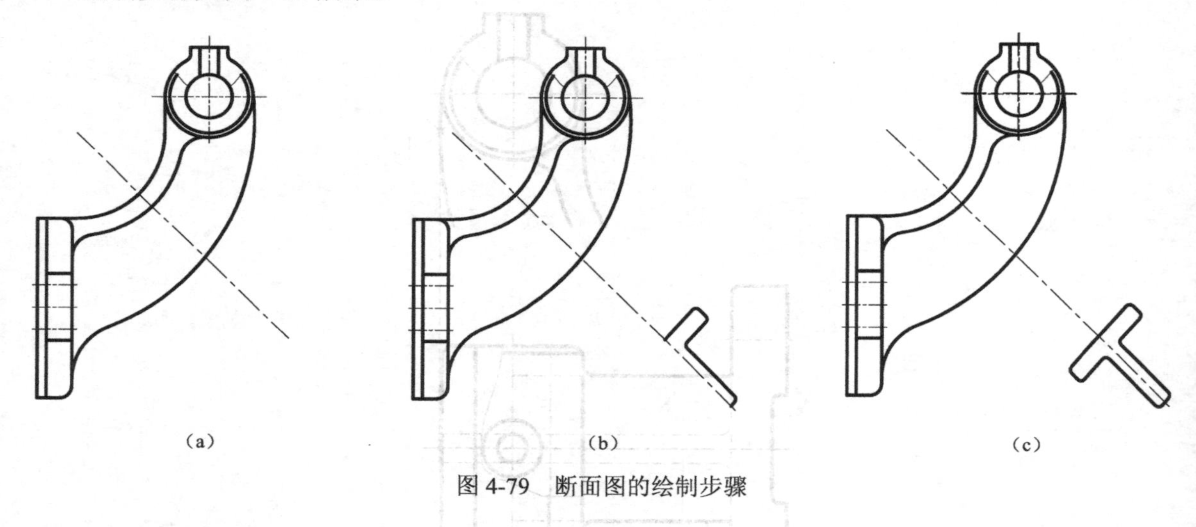

图 4-79 断面图的绘制步骤

（6）绘制剖面线

Step1. 将“剖面线层”设置为当前层，单击▩按钮，绘制主、俯视图局部剖视图剖面线。

Step2. 在“图案填充与渐变色”对话框中，将“角度和比例”中的“角度”设为“30° ”，绘制断面图剖面线，结果如图 4-80 所示。

3. 标注尺寸及尺寸公差

（1）创建“尺寸样式”

新建“尺寸样式”，并将其置为当前尺寸标注样式。

（2）切换图层

将“尺寸标注层”切换到当前层，关闭“剖面线”层。

（3）标注尺寸

按照 4.2 节所讲述的方法标注各尺寸。其中尺寸 74 的尺寸界线通过了尺寸数字 $\phi8$、$\phi16$，所以将尺寸 74 分解，将该尺寸界线用“打断”命令打断。肋板的厚度 8 用“对齐”标注（或单击“标注”工具栏 按钮）的方式标注。标注连接板厚度 8 前，先作一条辅助线（起点捕捉 *A* 点，另一点 *B* 捕捉“垂足”），再用“对齐”标注的方式标注尺寸。标注结果如图 4-81 所示。

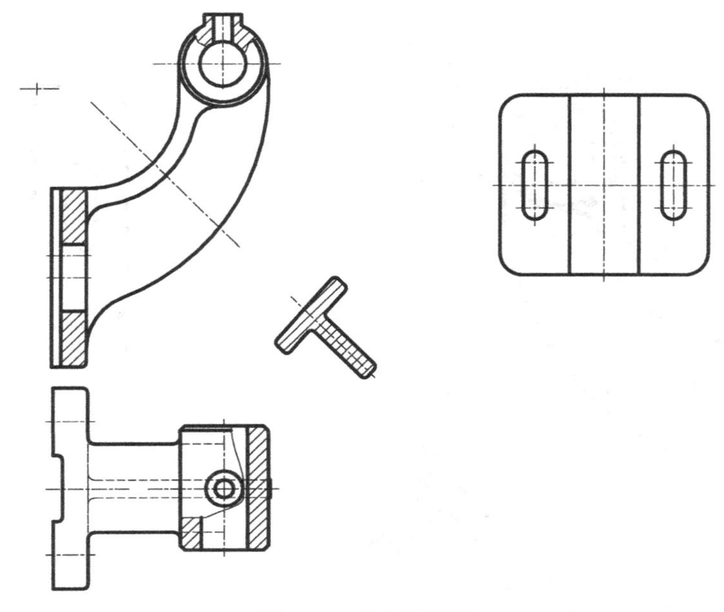

图 4-80　绘制剖面线

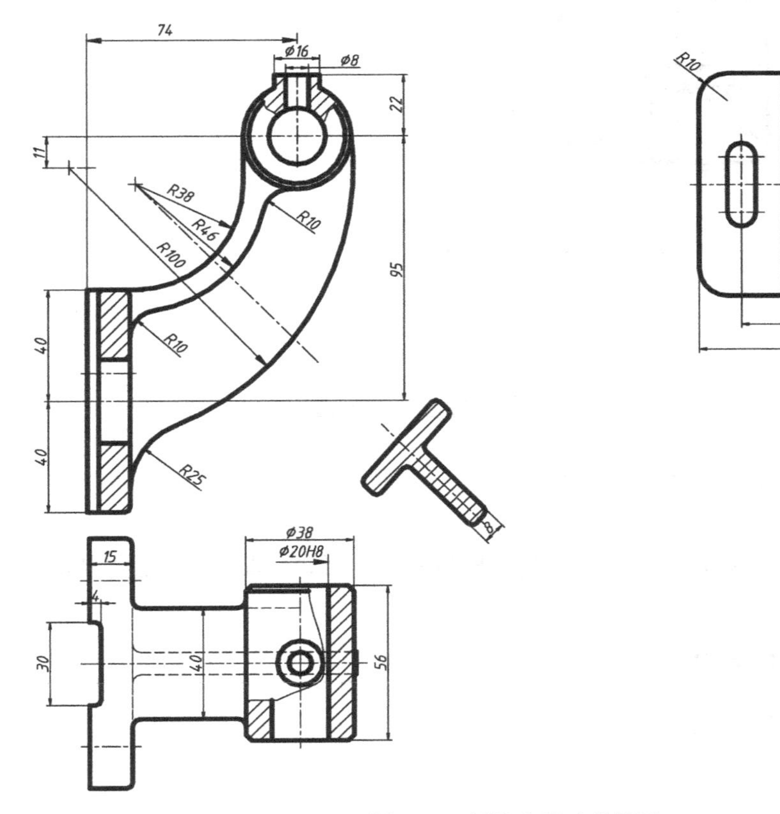

图 4-81　标注完尺寸的图形

4．表面粗糙度的标注

按照 4.2 节所讲述的方法创建粗糙度图块，结合“多重引线”命令，将图块插入到指定位置，如图 4-82 所示。

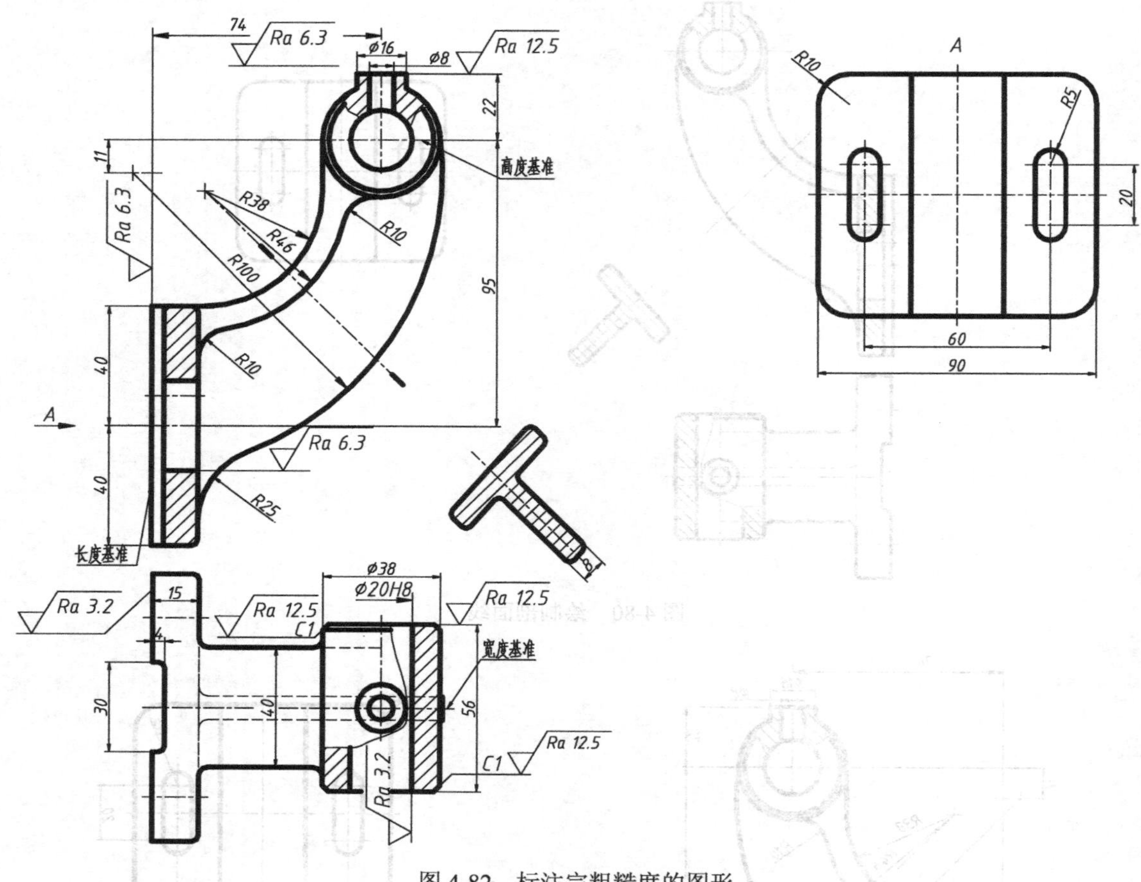

图 4-82　标注完粗糙度的图形

5．注释文字的标注

（1）标注局部视图

调用“多重引线”命令及“多行文字”命令，标注局部视图。

（2）注写技术要求

调用“多行文字”命令，注写技术要求。

（3）填写标题栏

双击样板标题栏中需要修改的文字，系统打开“在位文字编辑器”，完成文字修改，从而完成整个图形的绘制。

4.4.4　项目检查与评价

该项目检查表如表 4-4 所示。

表 4-4　项目检查表

项目名称	叉架类零件的绘制			
序号	检查内容	掌握程度（分值）	学生自检	教师检查
1	脚架零件表达方案	1. 没掌握　2. 掌握　3. 熟练掌握		
2	局部视图画法	1. 没掌握　2. 掌握　3. 熟练掌握		
3	剖面线填充	1. 没掌握　2. 掌握　3. 熟练掌握		
4	尺寸分析及标注	1. 没掌握　2. 掌握　3. 熟练掌握		
5	尺寸公差的标注	1. 没掌握　2. 掌握　3. 熟练掌握		
6	表面粗糙度的标注	1. 没掌握　2. 掌握　3. 熟练掌握		
7	注写技术要求和标题栏	1. 没掌握　2. 掌握　3. 熟练掌握		
		合计		

检查情况说明：没掌握 1 分，掌握 2 分，熟练掌握 3 分。

10 分以下：没有掌握，不能独立完成项目，需要认真学习。

10 分～15 分：基本掌握，需要针对部分知识点加强学习。

15 分～18 分：掌握，能独立完成项目，不熟练知识点需要加强练习。

18 分～21 分：较好掌握，能够较好地完成该项目及类似项目。

4.4.5 项目拓展

按照如图 4-83 所示完成支架零件图。

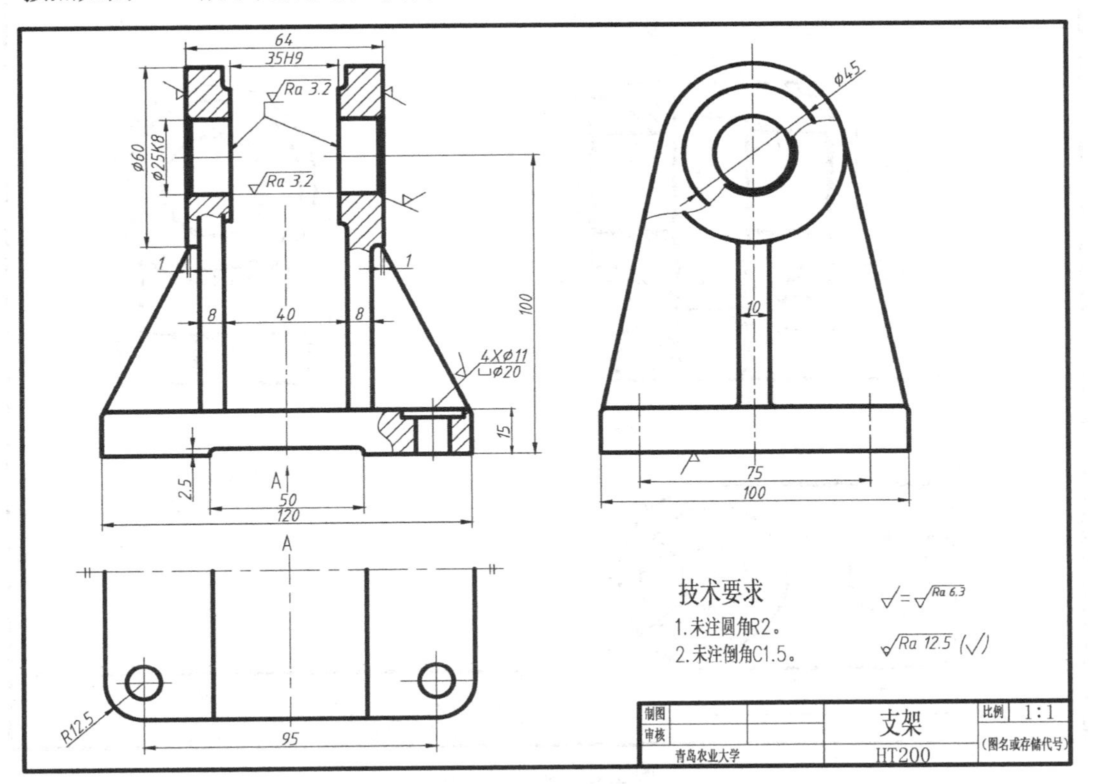

图 4-83　支架零件图

4.4.6 项目小结

叉架类零件图一般采用多个视图表达，视图之间及每个结构在不同视图上的投影要保证对应关系，所以，在绘图过程中要根据“长对正、高平齐、宽相等”的制图原则，综合运用软件的绘图、编辑命令及对象捕捉、极轴追踪、正交、图层管理、显示控制等各类作图工具，快速、准确地绘图。叉架类零件主要由工作、连接和支撑三部分组成，画图关键是按部分绘制，化整为零，化繁为简，再将它们旋转到要求位置。一般先绘制工作部分，然后绘制支撑部分，最后绘制连接部分。当用多个视图表示零件形状时，不一定要从主视图画起，应当从反映主体端面实形的视图画起。根据作图适时关闭/打开相应的图层和表面粗糙度图块的应用同样是提高叉架类零件图样绘制效率的技巧。例如，绘制剖面线以前要先关闭中心线层，以免中心线干扰选择填充边界；对螺纹孔的剖视图填充剖面线时关闭细实线层，选择填充边界后再打开，可快速实现剖面线按照要求穿越内螺纹的大径线。

4.5 项目9——箱体类零件的绘制

4.5.1 项目要求

按照如图4-84所示完成阀体零件图。要求在读懂图形的基础上完成以下任务：

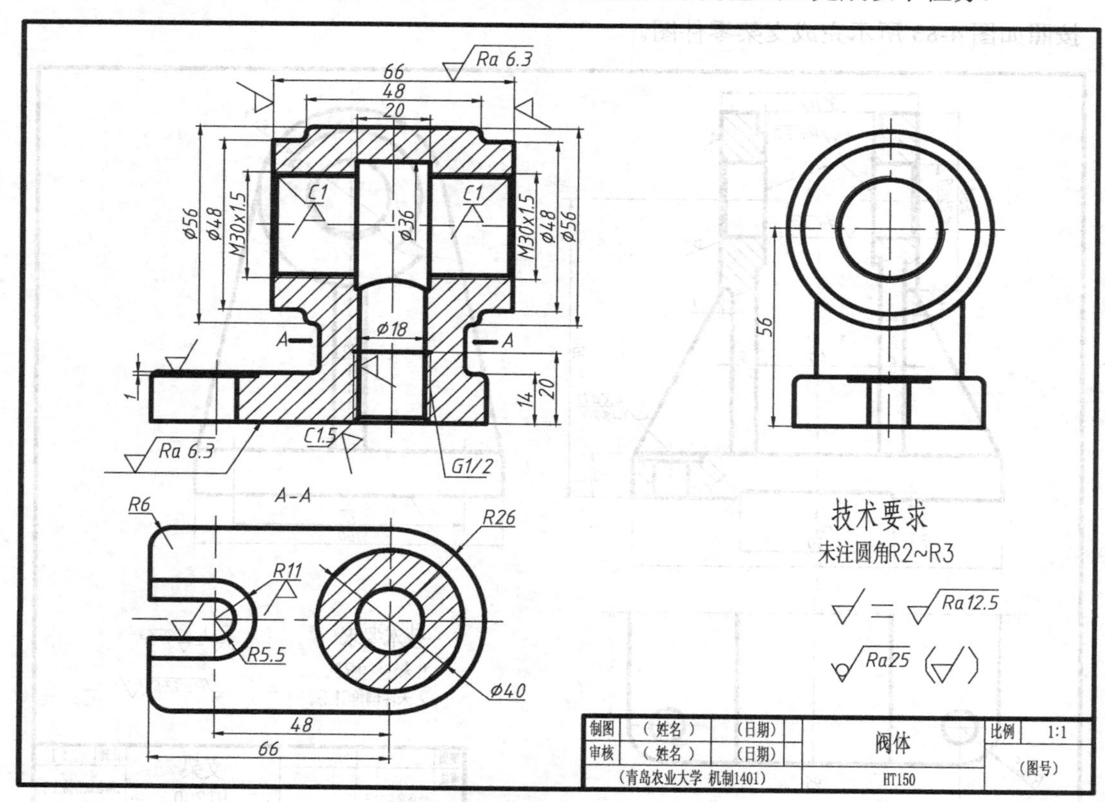

图4-84 阀体零件图

① 配置绘图环境。
② 完成阀体图形的绘制。
③ 标注尺寸。
④ 标注公差及形位公差。
⑤ 标注表面粗糙度。
⑥ 标注文字。

4.5.2 项目导入

1. 项目分析

如图 4-84 所示是阀体零件图，其主视图采用了全剖视图，以表达阀体的内部结构，并反映中间支撑板和底板的上下、左右位置关系；左视图主要表达了该零件前后外部形状、中间肋板和底板的结构关系，以及底板上安装孔的结构；俯视图采用剖视图表达了阀体底座与上部的连接关系。箱体类零件的长度、宽度和高度方向的主要基准线采用孔的中心线（轴线）、对称平面和较大的加工平面。在图 4-84 中，用阀体轴孔的轴线作为高度方向的主要基准线，直接标注出轴孔的中心线至底面的高 56，以此确定底板下表面的位置；以孔ϕ18 轴线作为长度方向的主要基准线，以此确定底座左端面的位置尺寸 66，还可以确定 U 形孔 R5.5 中心位置 48；以该阀体的前后对称平面作为宽度方向的尺寸基准线，以尺寸 R26 确定阀体的宽度和底板安装孔的中心位置。箱体类零件的定位尺寸更多，各孔中心线（或轴线）间的距离一定要直接标注出来，定形尺寸仍用形体分析法标注。

2. 相关知识背景

箱体类零件包括各种箱体、壳体、泵体等，多为铸造件。在机器中主要起支撑、容纳和保护其他零件及定位和密封等作用。箱体类零件多数经过较多工序制造而成，各工序的加工位置不尽相同，因而主视图主要按形状特征和工作位置确定。

箱体类零件结构形状一般都较复杂，常需要用三个以上的基本视图进行表达。对内部结构形状采用剖视图表示。如果外部结构形状都较复杂，且投影并不重叠时，也可采用局部剖视图；重叠时，外部结构形状和内部结构形状应分别表达；对局部的外、内部结构形状可采用局部剖视图、局部剖视和断面来表示。

4.5.3 项目实施

1. 配置绘图环境

打开新建文件，选择样板文件 GB_A3.dwt，另存为“阀体.dwg”文件。

2. 图形绘制

（1）绘制三视图的主要基准线

分别将“粗实线层”和“点画线层”设置为当前层，调用“直线”命令绘制，结果如图 4-85 所示。

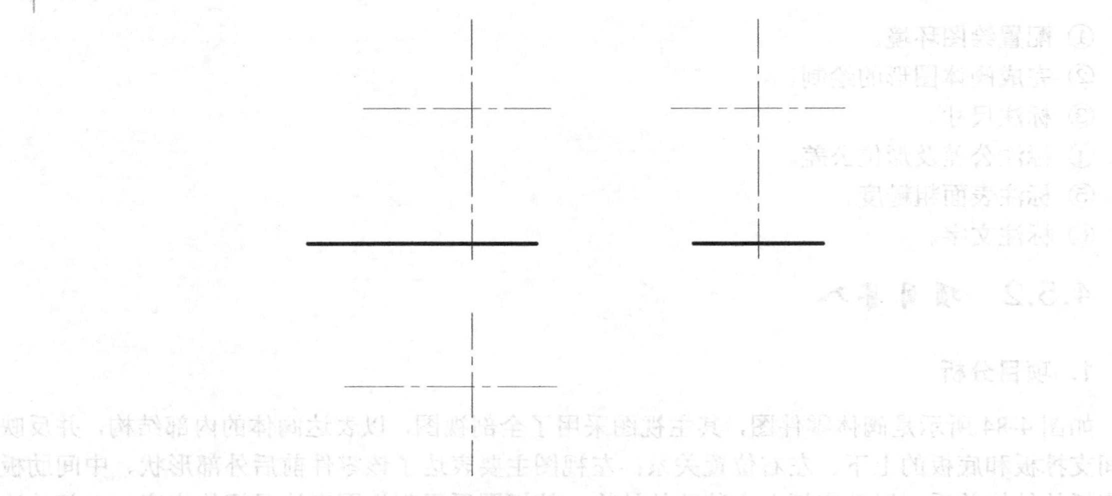

图 4-85　绘制阀体基准线

（2）绘制俯视图

Step1. 将“粗实线层”设置为当前层。将孔ϕ18 竖直对称中心线向左偏移 48、66，将孔ϕ18 竖直对称中心线向前、后偏移 26、11、5.5；调用“圆”命令，绘制ϕ40、ϕ18、R26 和 R5.5 的圆，结果如图 4-86（a）所示。

Step2. 调用“修剪”命令，修剪多余的图线；调用“特性匹配”命令，将图线特性匹配，结果如图 4-86（b）所示。

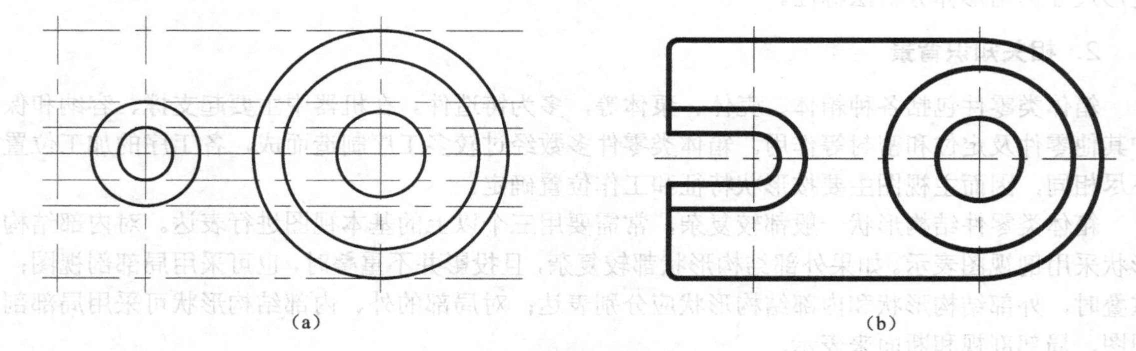

（a）　（b）

图 4-86　俯视图的绘制步骤

（3）绘制左视图

Step1. 调用“圆”命令，绘制ϕ30、ϕ48、ϕ56；将前后对称线向前、后偏移 5.5、11、20、26，结果如图 4-87（a）所示。

Step2. 修剪多余的图形，将图线特性匹配，结果如图 4-87（b）所示。

（4）绘制主视图

打开“极轴追踪”，调用“直线”、“偏移”、“圆”、“修剪”等命令，绘制阀体主视图外、内轮廓及相贯线，完成主视图，如图 4-88 所示。

注意：ϕ36 和ϕ18 两光孔的相贯线用简化画法绘制，参考《工程制图》教材。

（5）倒圆角、绘制剖面线

调用“圆角”命令，绘制三视图圆角；将“剖面线层”设置为当前层，单击“图案填充”按钮，打开“图案填充和渐变色”对话框，将“比例”设为“1”，绘制主俯视图剖面线，结果如图 4-89 所示。

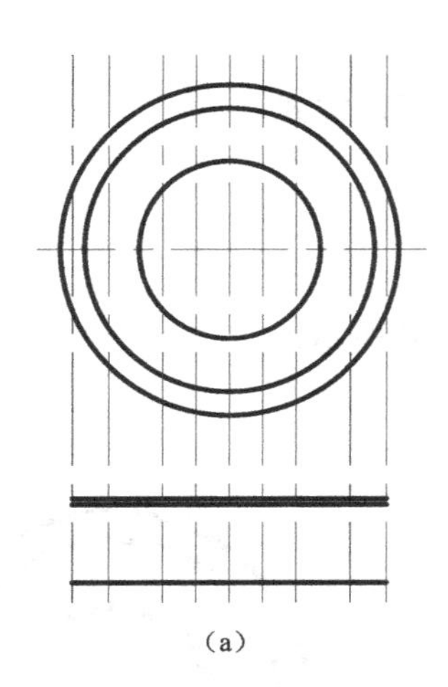

（a）

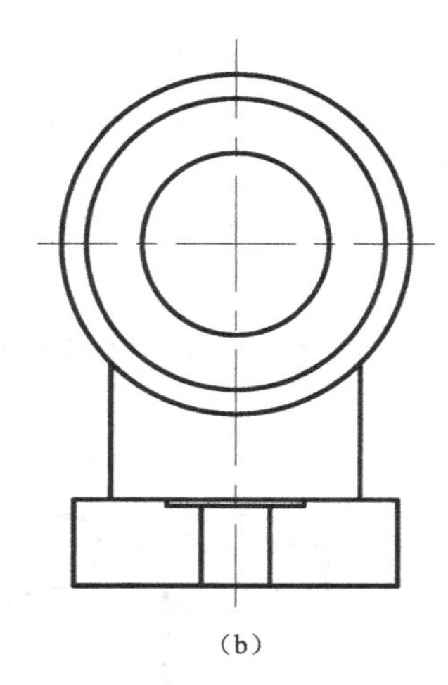

（b）

图 4-87　绘制左视图步骤

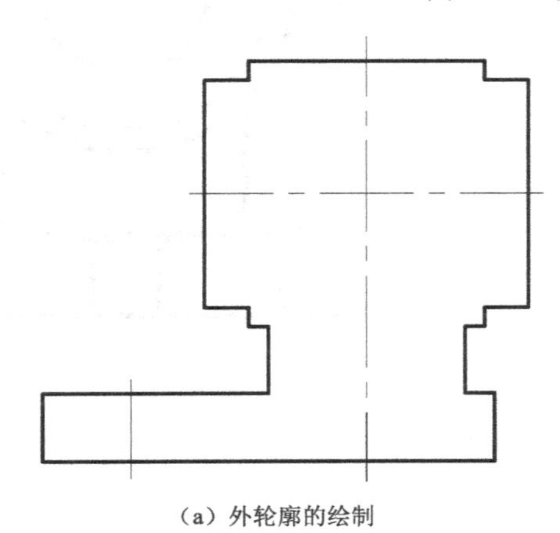

（a）外轮廓的绘制

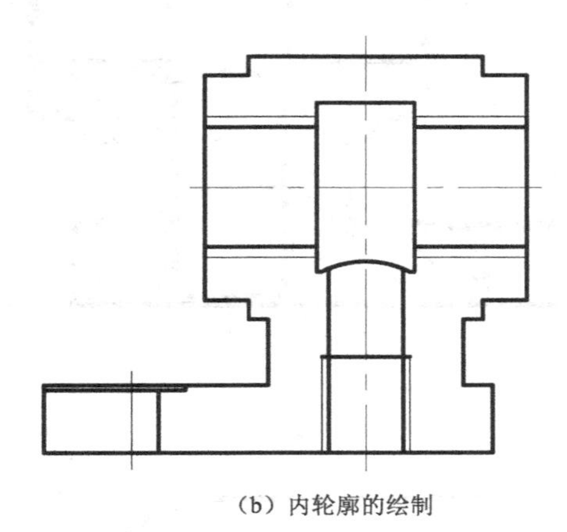

（b）内轮廓的绘制

图 4-88　主视图绘制步骤

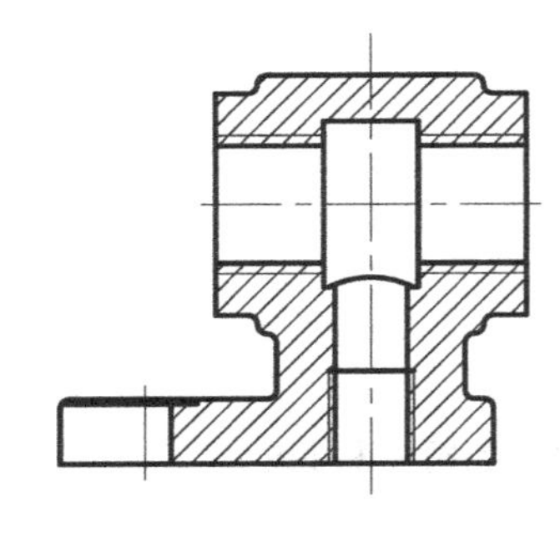

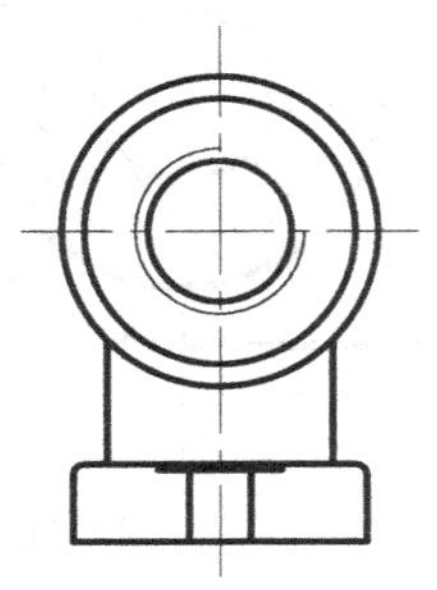

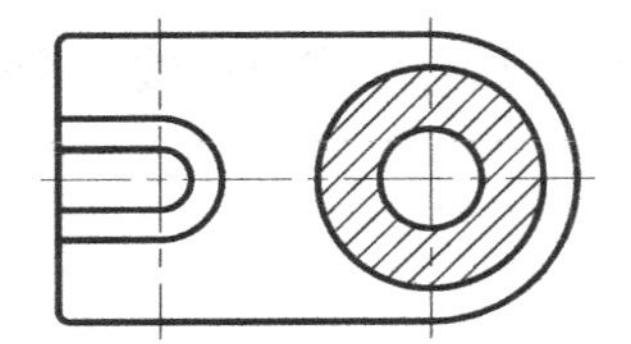

图 4-89　阀体三视图

3．标注尺寸

（1）新建尺寸标注样式

新建尺寸标注样式“尺寸标注”，将其设置为当前尺寸标注样式。

（2）切换图层

将“尺寸标注层”切换到当前图层。

（3）标注尺寸

参照4.2节所讲述的方法标注各尺寸，标注结果如图4-90所示。

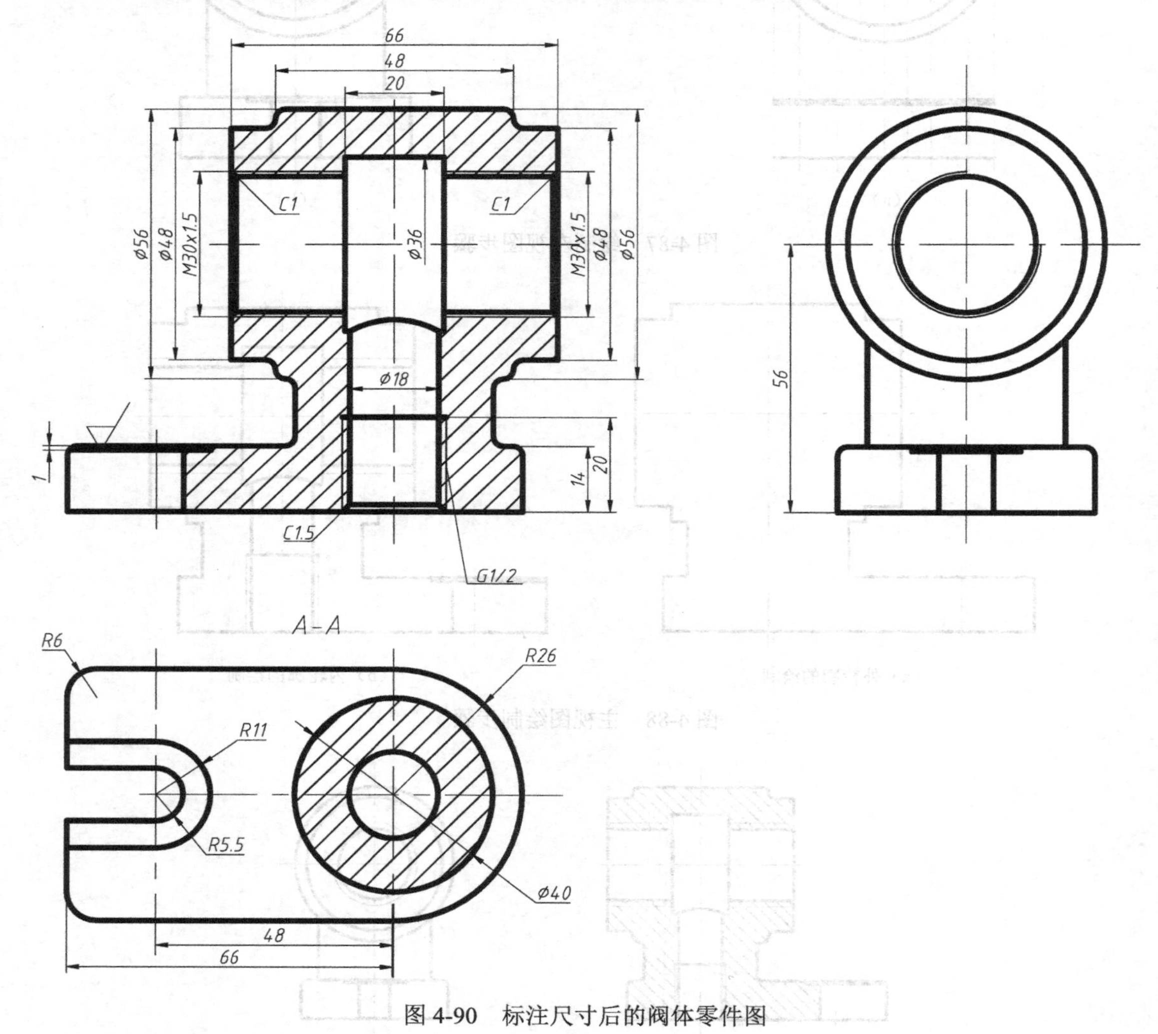

图4-90 标注尺寸后的阀体零件图

4．表面粗糙度的标注

按照4.2节所讲述的方法创建表面粗糙度图块，结合“多重引线”命令，将图块插入到指定位置，如图4-91所示。

5．注释文字的标注

（1）注写技术要求及其他文字

调用“多行文字”命令，注写技术要求及其他文字。

（2）填写标题栏

双击样板标题栏中需要修改的文字，系统打开“在位文字编辑器”，完成文字修改，从而完成整个图形的绘制，结果如图 4-84 所示。

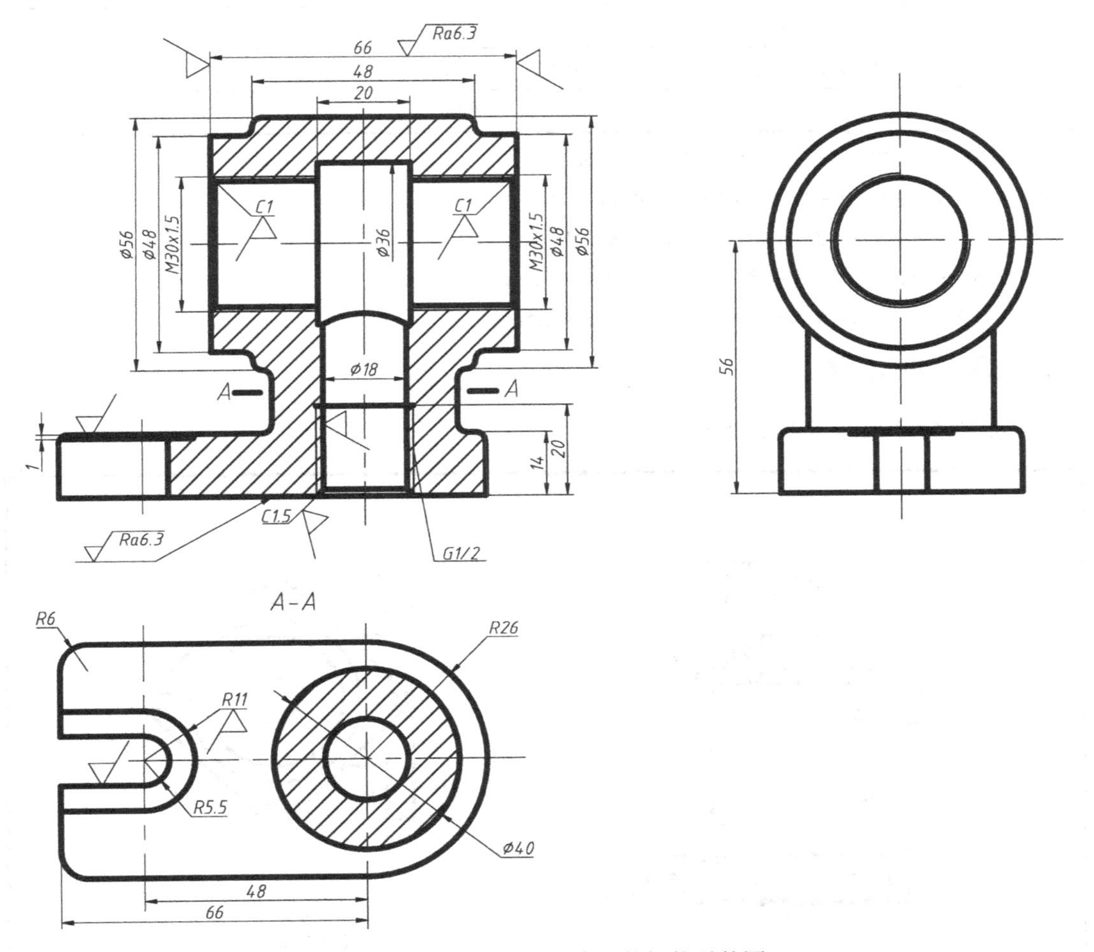

图 4-91　标注表面粗糙度后的阀体零件图

4.5.4　项目检查与评价

该项目检查表如表 4-5 所示。

表 4-5　项目检查表

项目名称	箱体类零件的绘制			
序号	检查内容	掌握程度（分值）	学生自检	教师检查
1	阀体表达方案是否正确	1．没掌握　2．掌握　3．熟练掌握		
2	螺纹孔画法	1．没掌握　2．掌握　3．熟练掌握		
3	剖面线填充	1．没掌握　2．掌握　3．熟练掌握		
4	尺寸分析与标注	1．没掌握　2．掌握　3．熟练掌握		
5	尺寸公差的标注	1．没掌握　2．掌握　3．熟练掌握		

续表

项目名称	箱体类零件的绘制			
序号	检查内容	掌握程度（分值）	学生自检	教师检查
6	表面粗糙度的标注	1．没掌握　2．掌握　3．熟练掌握		
7	注写技术要求和标题栏	1．没掌握　2．掌握　3．熟练掌握		
		合计		

检查情况说明：没掌握1分，掌握2分，熟练掌握3分。

10分以下：没有掌握，不能独立完成项目，需要认真学习。

10分～15分：基本掌握，需要针对部分知识点加强学习。

15分～18分：掌握，能独立完成项目，不熟练知识点需要加强练习。

18分～21分：较好掌握，能够较好地完成该项目及类似项目。

4.5.5 项目拓展

按照如图4-92所示绘制阀体零件图。

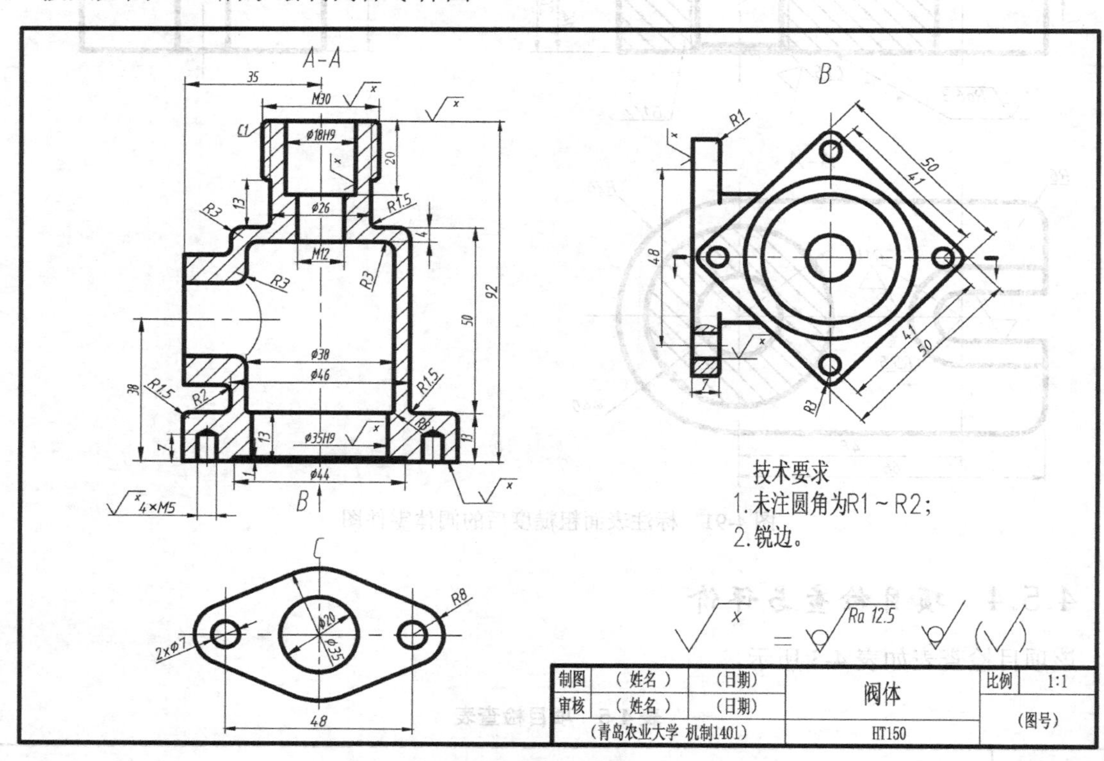

图4-92　阀体零件图

4.5.6 项目小结

箱体类零件图是各类零件中最复杂的一种，一般采用多个视图表达，视图之间及每个结构在不同视图上的投影要保证对应关系，如果一条线一条线地画，很难提高效率，也容易出错。所以，在绘图过程中，根据“长对正、高平齐、宽相等”的制图规则，综合运用软件正交、极轴追踪、对象追踪、图层管理、显示控制等各类作图工具，做好形体分析，将整个零件划分为几个部分，然后以每一部分为基本单元，使用绘图、编辑命令进行快速、准确地绘图。为减少尺寸输入，避免重复分析和计算尺寸，最好利用投影规律，以基本体为单元，将有该基本体投影的视图一起画，画完基本体以后，再用“修剪”、“延伸”等命令修改结合部位的图线。

4.6　本章小结

零件图是机械工程图样的重要组成部分，掌握如何快速、正确地绘制零件图可大大提高机械测绘、工程设计等的工作效率，减少绘图时间；同时，尺寸样式和图块的建立，以及形位公差、技术要求文字填写、阵列、偏移、修剪等命令也是绘制机械工程图样的主要命令，熟练应用这些命令可大大提高零件图的绘制速度。

4.7　本章练习题

完成下列各零件图：

1．主轴零件图（如图 4-93 所示）。

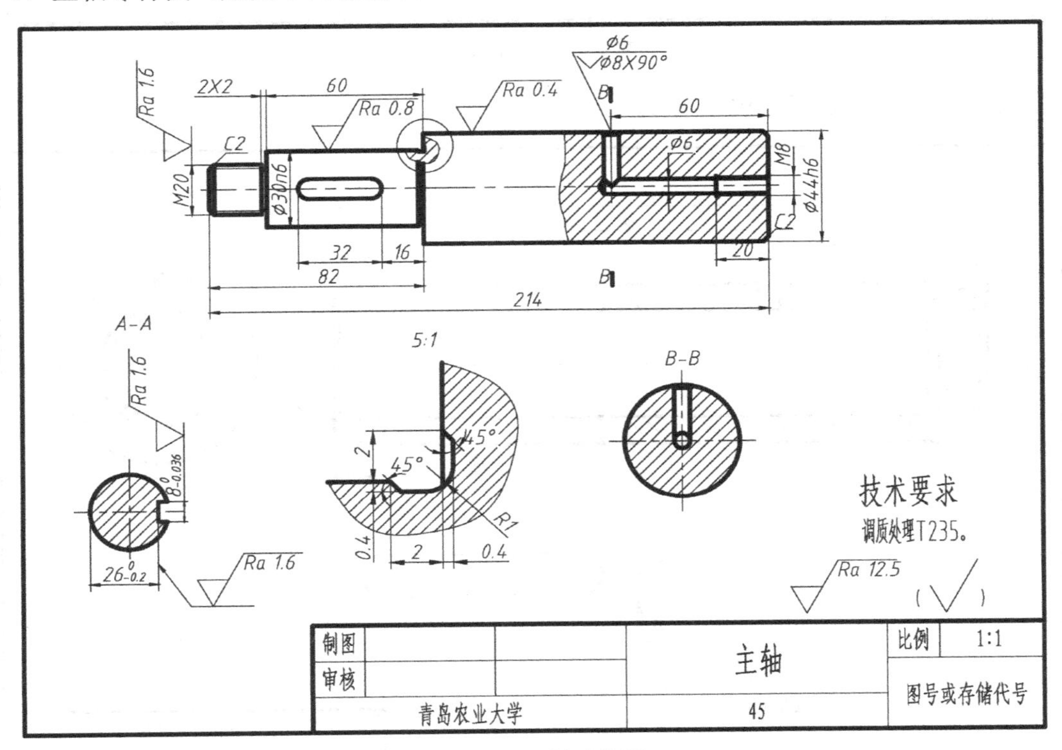

图 4-93　主轴零件图

2．导杆零件图（如图4-94所示）。

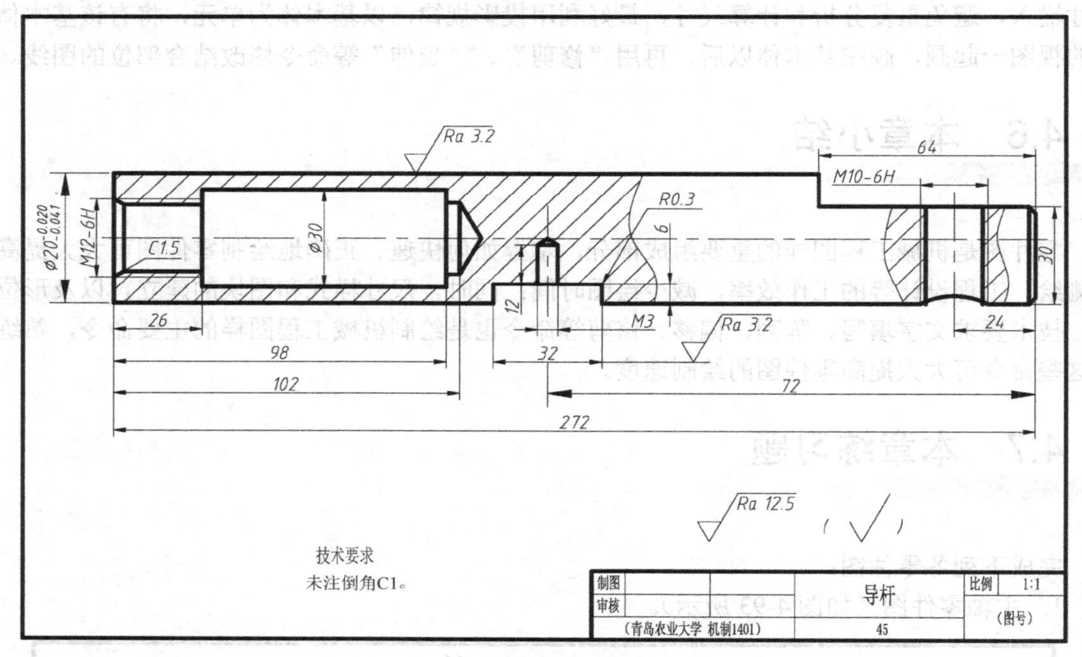

图4-94　导杆零件图

3．导套零件图（如图4-95所示）。

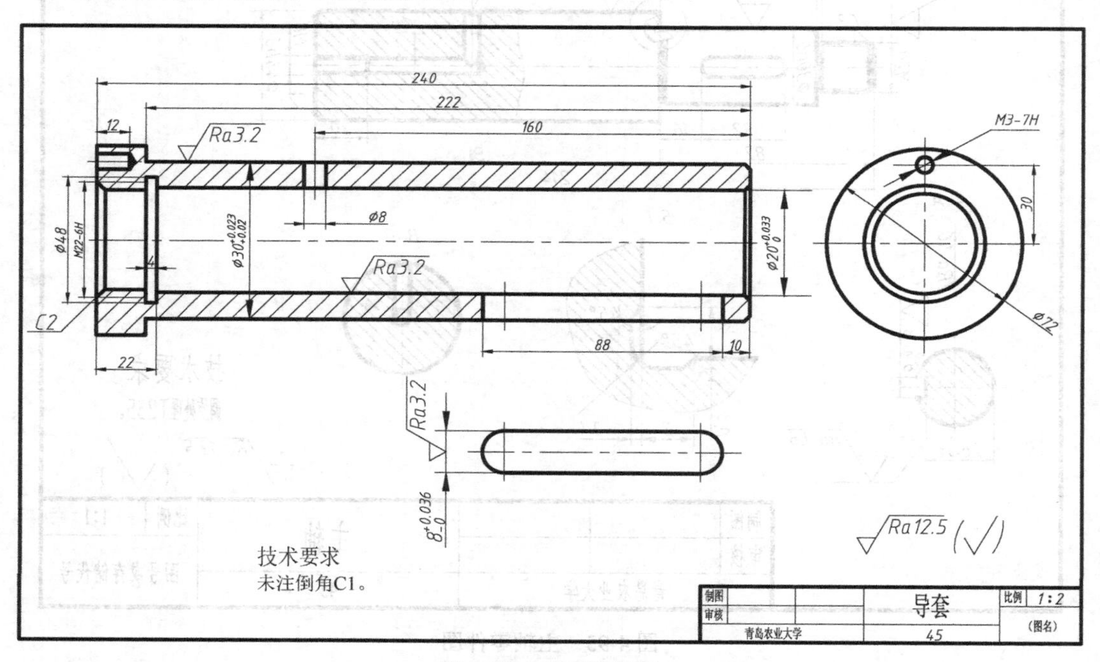

图4-95　导套零件图

4．滑轮零件图（如图 4-96 所示）。

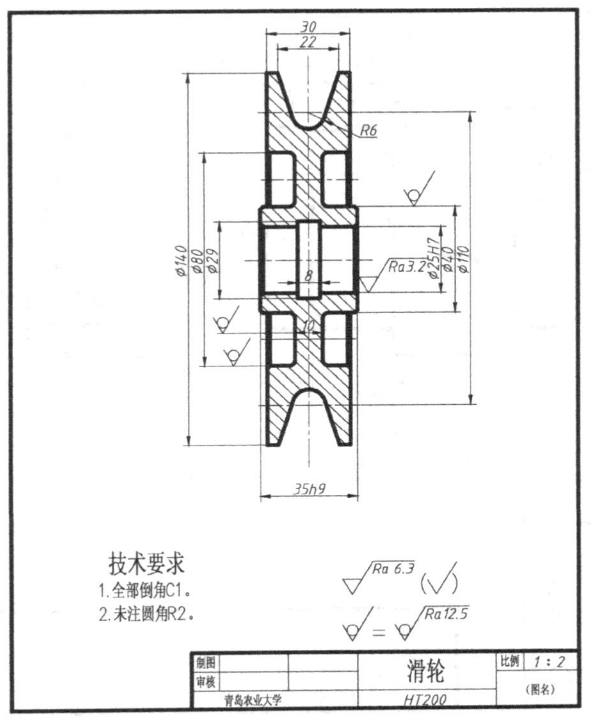

图 4-96　滑轮零件图

5．轴承座零件图（如图 4-97 所示）。

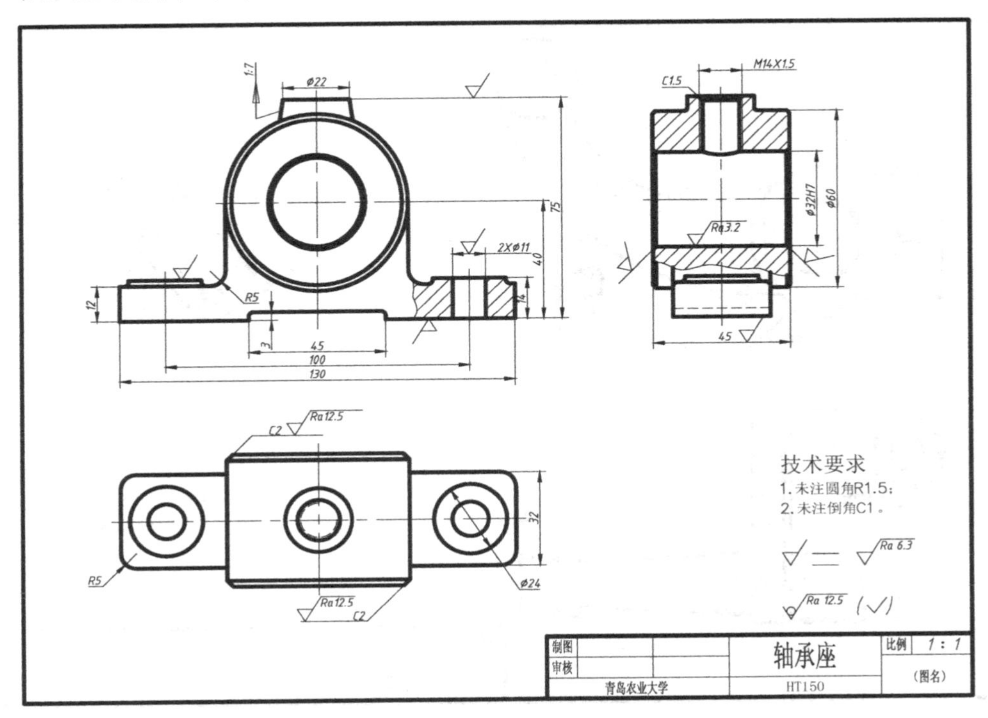

图 4-97　轴承座零件图

6. 壳体零件图（如图 4-98 所示）。

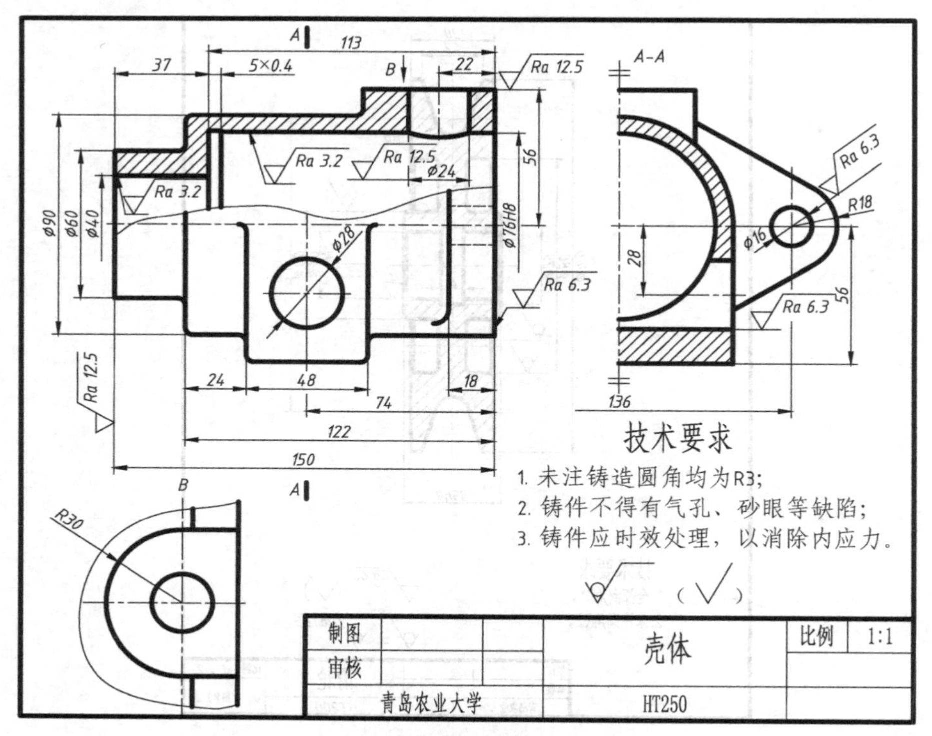

图 4-98　壳体零件图

7. 拨叉零件图（如图 4-99 所示）。

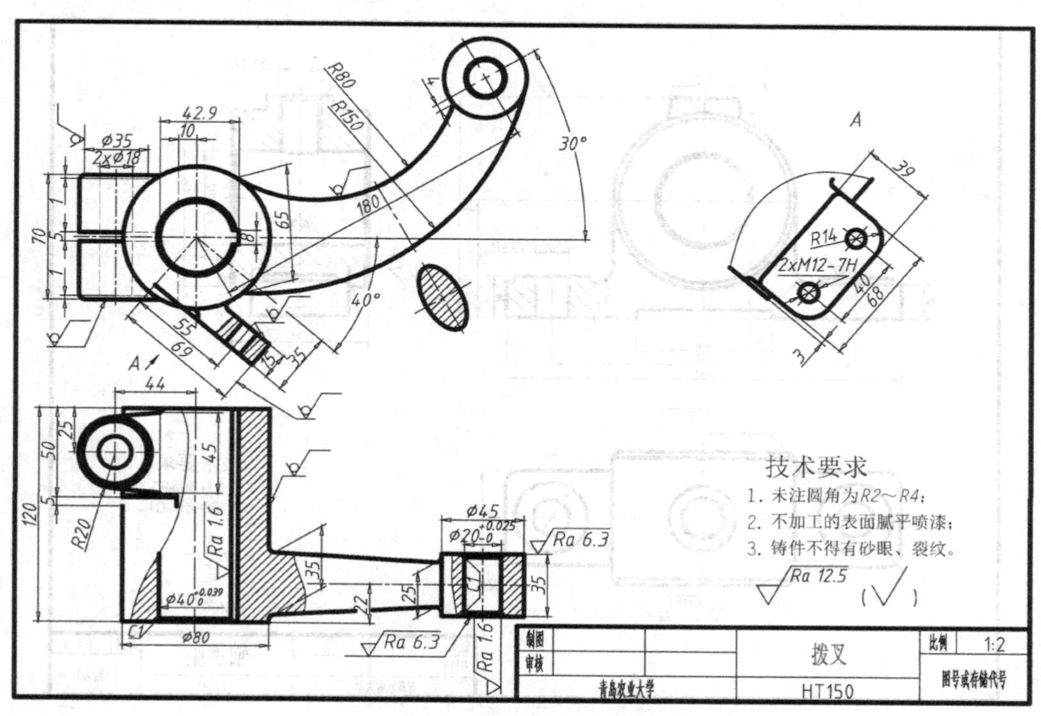

图 4-99　拨叉零件图

8．座体零件图（如图 4-100 所示）。

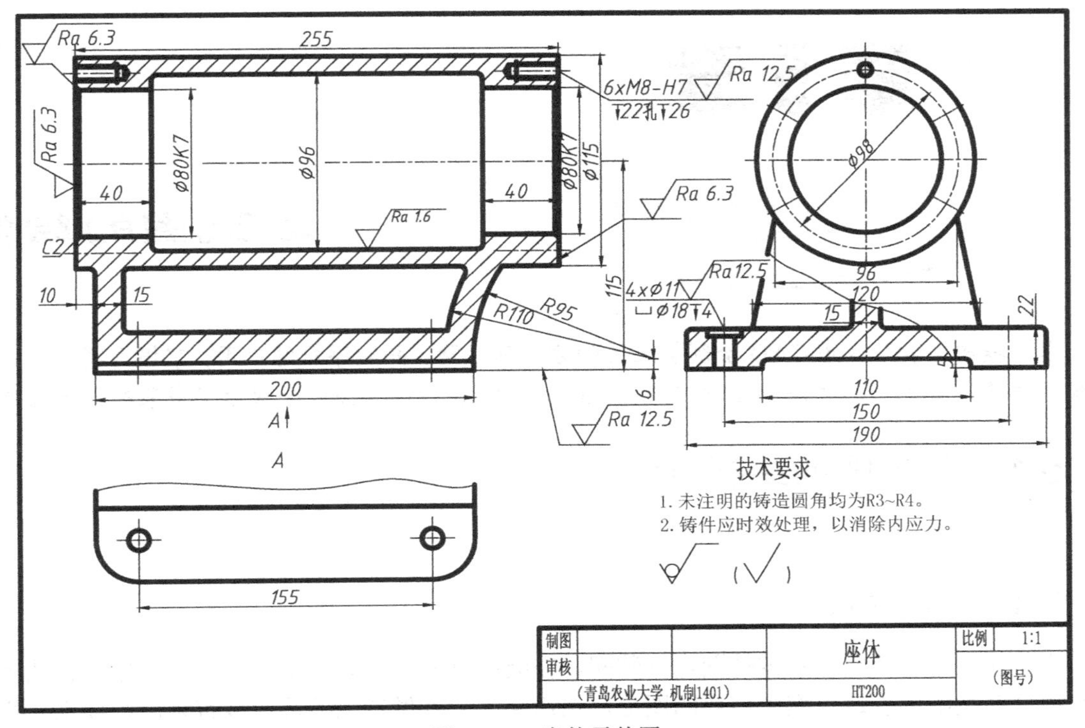

图 4-100 座体零件图

第5章

装配图的绘制

本章提要：学习AutoCAD绘制装配图的方法和步骤，并能够熟练应用；掌握用拼装法和直接绘制法绘制装配图的方法和绘图技巧，并能结合AutoCAD有关命令快速完成装配图的绘制。

5.1 装配图的绘制方法

5.1.1 拼装法

拼装法利用已经绘制的零件图进行装配，在装配过程中需要对多余图形进行修改；或者先绘制部分在装配图表达方案中需要的图形，然后装配，并做适当的修改以符合国标要求。拼装法要求先有零件图或者先绘制零件图，再根据装配关系拼装成装配图，因此，学生在测绘时经常用拼装法。

5.1.2 直接绘制法

直接绘制法用在没有已绘制零件图的基础上，根据装配关系，先绘制主要零件，再添加次要零件，逐步完成装配图的绘制。机械产品的设计开发一般先绘制装配图，再绘制零件图，因此，在无零件图的前提下绘制装配图都采用直接绘制法。

5.2 项目10——推杆阀装配图的绘制

5.2.1 项目要求

根据组成推杆阀的零件图采用拼装法绘制装配图，推杆阀的工作原理、零件图，以及装配图绘制的具体要求如下。

1．推杆阀的工作原理简介

推杆阀安装在低压管路系统中，用以控制管路的“通”与“不通”。当推杆受外力作用向左移动时，钢球压缩弹簧，阀门被打开；当去掉外力时，钢球在弹簧的作用下，将阀门关闭。

2．推杆阀的装配示意图

推杆阀的装配示意图如图5-1所示。

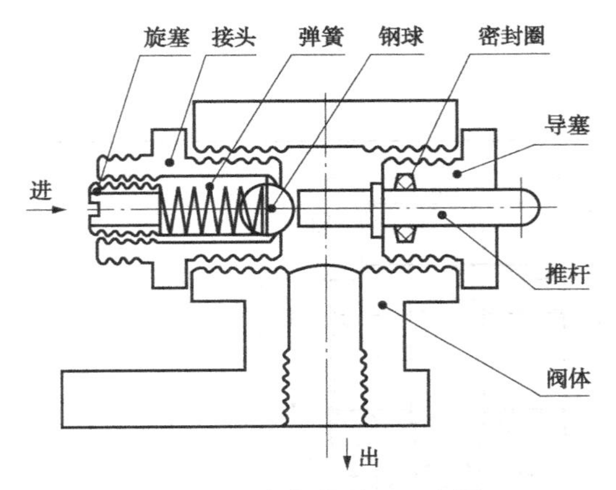

图 5-1 推杆阀的装配示意图

3. 图幅、标题栏和明细栏格式要求

图幅采用 A3，按照如图 5-2 所示的格式和尺寸绘制标题栏和明细栏。

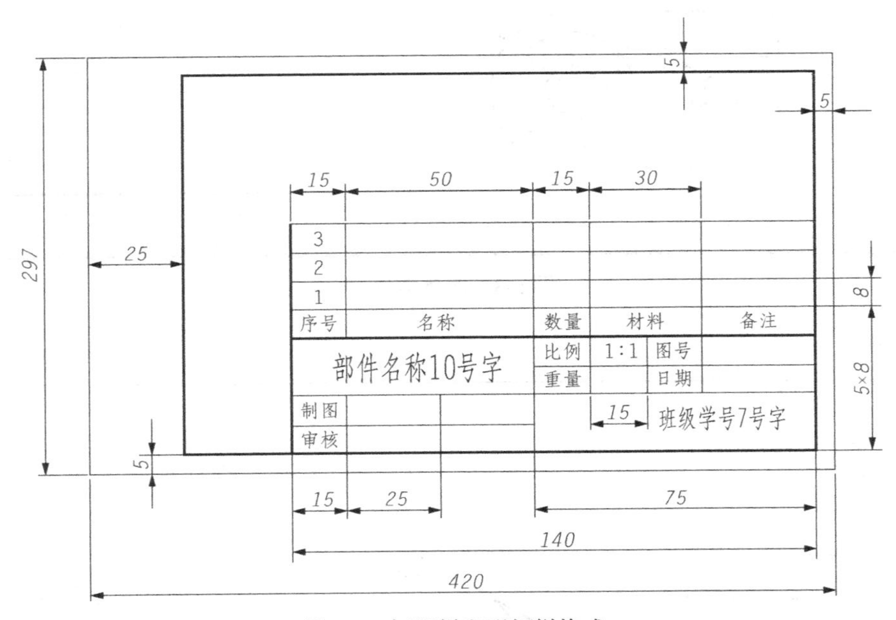

图 5-2 标题栏和明细栏格式

4. 具体要求

① 采用恰当的表达方法，按照 1 : 1 比例完整清晰地表达推杆阀的工作原理和装配关系。

② 标注必要的尺寸。

③ 编注零件序号、绘制图框、标题栏、明细栏并填写其中的内容。

④ 技术要求：旋塞安装时，适当压缩弹簧，以保证推杆阀关闭；密封圈密封良好，防止管路液体渗出。

5. 有关推杆阀的零件说明

密封圈的材料为毛毡、无零件图；钢球直径为 14、材料为 45 号钢，无零件图；阀体零件图可采用零件图章节所绘制的图形进行该装配练习，也可重新绘制；具体的零件尺寸如图 5-3

至图 5-8 所示。

（1）阀体

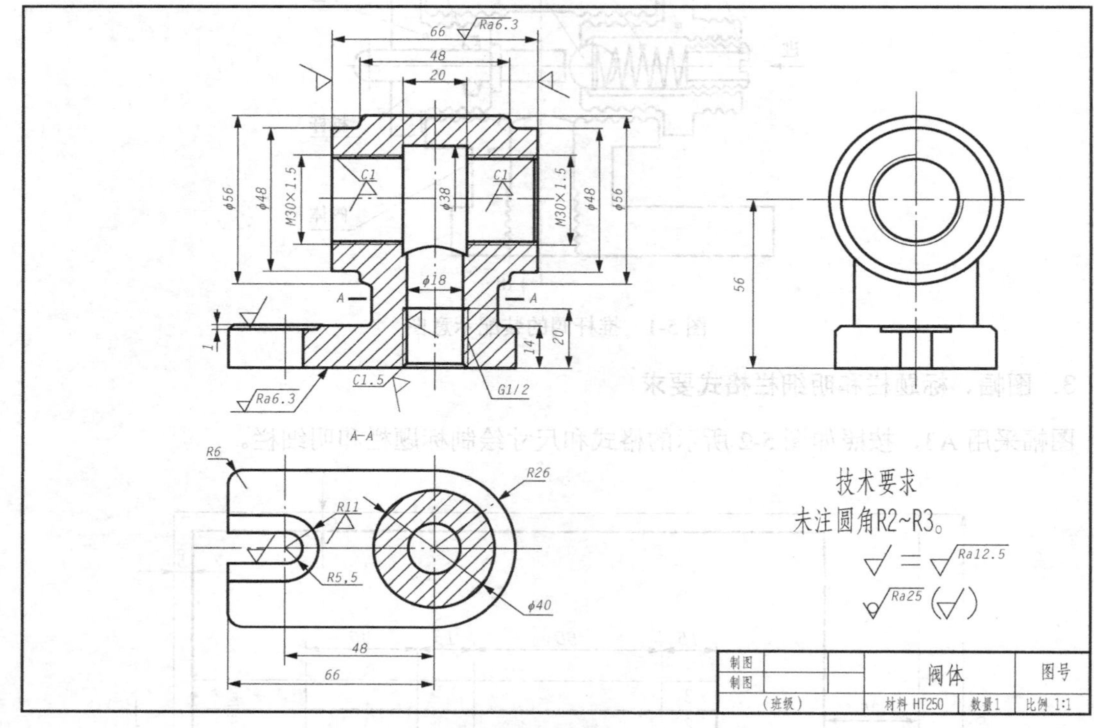

图 5-3　阀体零件图

（2）导塞

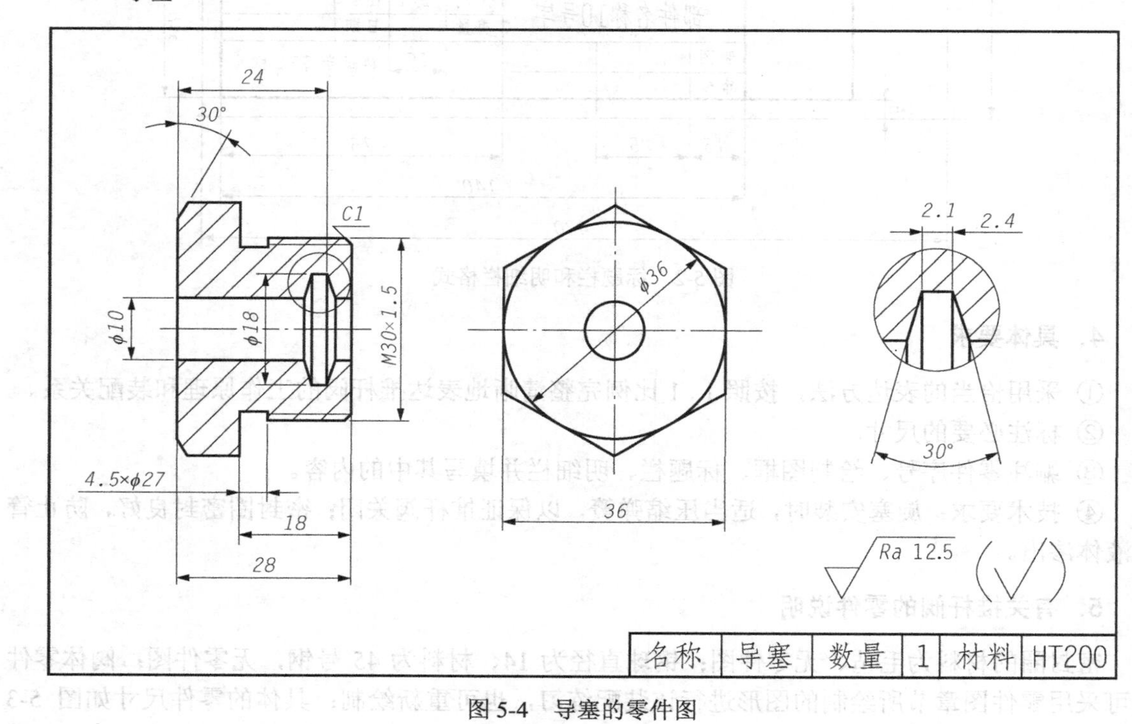

图 5-4　导塞的零件图

（3）接头

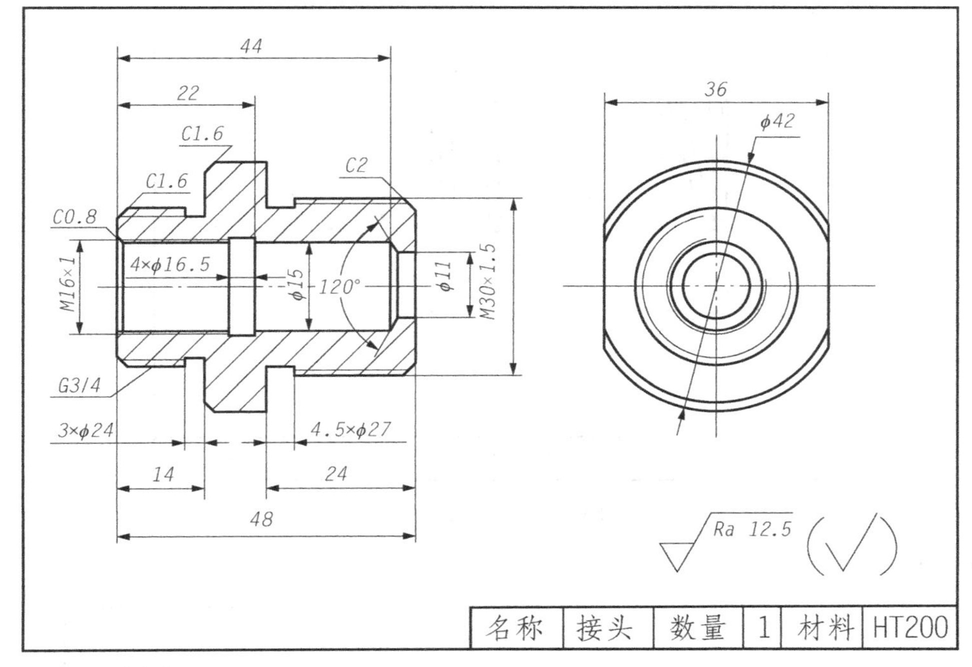

名称	接头	数量	1	材料	HT200

注：G3/4 螺纹的大径是 26.441。

图 5-5　接头的零件图

（4）旋塞

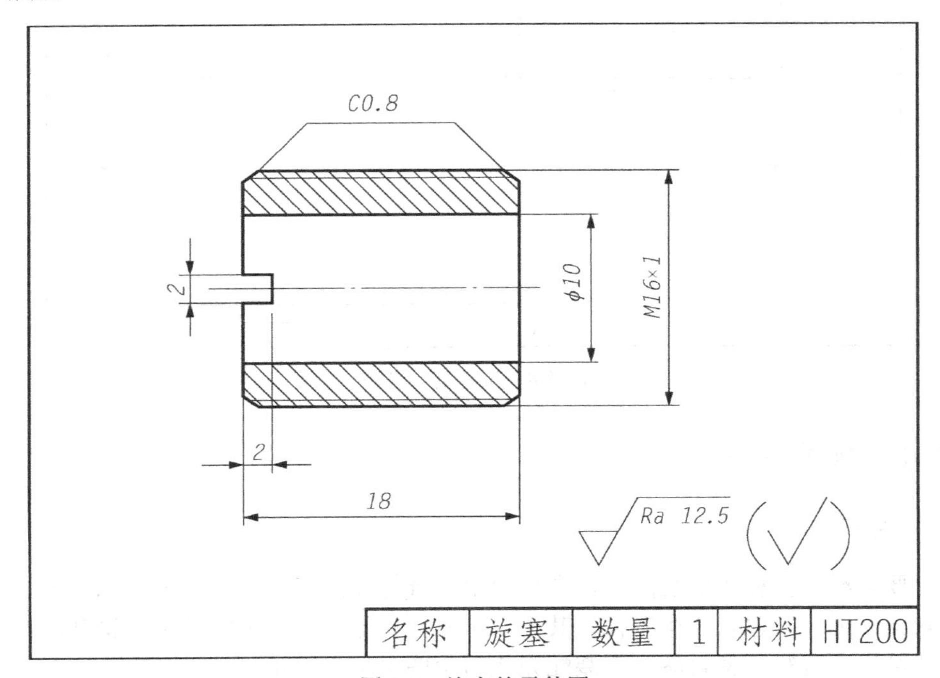

名称	旋塞	数量	1	材料	HT200

图 5-6　旋塞的零件图

（5）弹簧

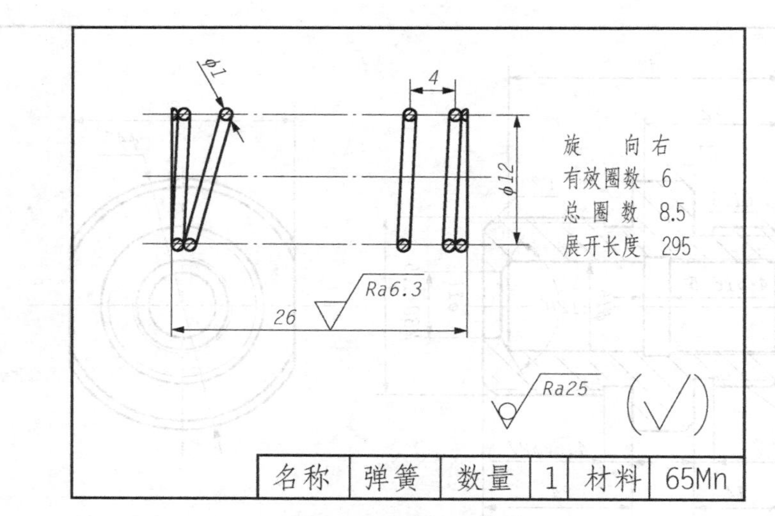

图 5-7 弹簧的零件图

（6）推杆

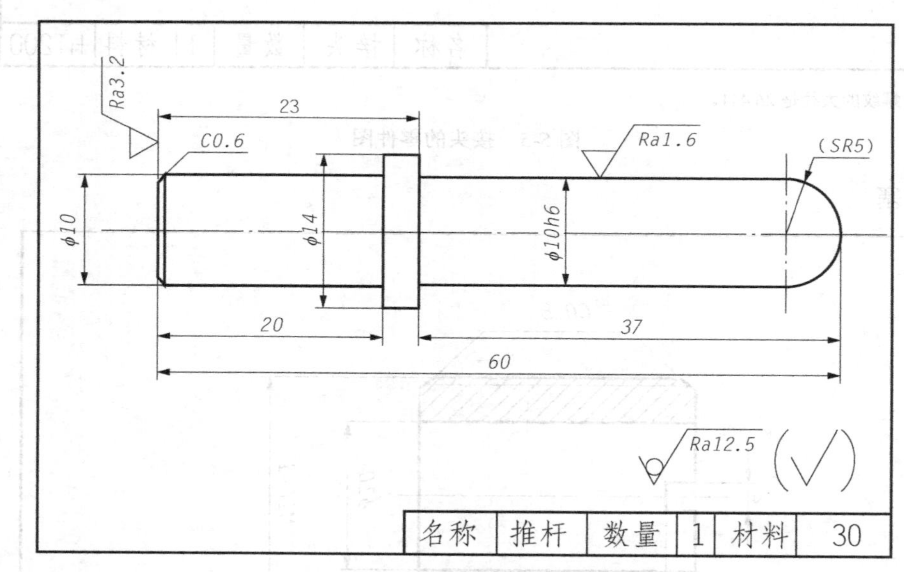

图 5-8 推杆的零件图

5.2.2 项目导入

1．项目分析

该项目要求绘制推杆阀的装配图，项目给出了推杆阀的工作原理和装配示意图，根据装配示意图得知该装配一共包含 8 个零件，其中 6 个零件有零件图，无零件图的钢球和密封圈结构简单，钢球给出了直径，密封圈可在装配完成后用图案填充表示。

推杆阀的工作原理简单，通过推杆控制管路的通与不通，其装配干线只有一条，即推杆轴线位置，所有的零件连接关系、安装都围绕这一装配干线。因此，主视图投影方向垂直于该装配干线，推杆阀底座水平放置，即和阀体零件图主视图位置一致；为了表达内部装配关系，装配图选择经过装配干线作全剖，即作全剖主视图；为了表达推杆阀的安装位置，可采用阀体零件图 *A-A* 的剖视图来表达。在此处推杆阀装配图和阀体零件图主俯位置表达方案一致，因此，阀体零件图主俯位置图形可直接用于装配图。

表达方案确定了以后，先绘制阀体的主俯位置两个图形，左视图不需要可不用绘制，然后根据装配关系和其他零件的零件图，根据需要绘制所需部分图形，依次进行装配，并修改多余线条，完成装配图图形的绘制。再根据需要依次完成尺寸标注、注写技术要求、零件编号、绘制标题栏和明细栏等工作。

该项目要求采用 A3 图纸，根据对阀体零件尺寸分析，装配图的比例按照 1 : 1 绘制可以满足装配图的要求，因此所有的零件按照 1 : 1 绘制即可。

2．相关知识背景

装配图是生产中的重要技术文件之一，它表示机器或者部件的结构形状、装配关系、工作原理和技术要求等，通过装配图表达各零件的作用、主要结构形状及它们之间的相对位置和连接方式。

装配图的内容由一组视图、必要的尺寸、技术要求、零件序号、标题栏和明细栏组成。绘制装配图除了机件表达方法所讲内容外，还要了解装配图的规定画法和特殊画法，具体要求可以参考机械制图教材装配图章节。

3．项目涉及的 AutoCAD 命令

项目所用到的命令较多，主要是绘图、修改和标注三个工具栏上的命令，前面都已进行了介绍，这里不再赘述，如有疑问参考前面章节或参考附录内容。

5.2.3　项目实施

1．设置绘图环境

新建文件，选择样板文件 GB_A3.dwt，如果标题栏格式和前面建立的不一致，需要重新绘制；在没有 A3 样板的前提下，从头设置绘图界限、单位、图层、文字样式和标注样式，绘制标题栏。

2．绘制阀体零件图

在该项目中阀体的表达方案和装配图表达方案基本一致，在已经绘制好阀体零件图的基础上，可以将尺寸图层关闭，如图 5-9 所示。然后将需要的阀体的主视和俯视位置的两个图形复制到装配图文件里，直接使用，如图 5-10 所示。如果没有提前绘制好的阀体零件图，根据需要只绘制其主俯位置两个图形即可，不需要标注尺寸。

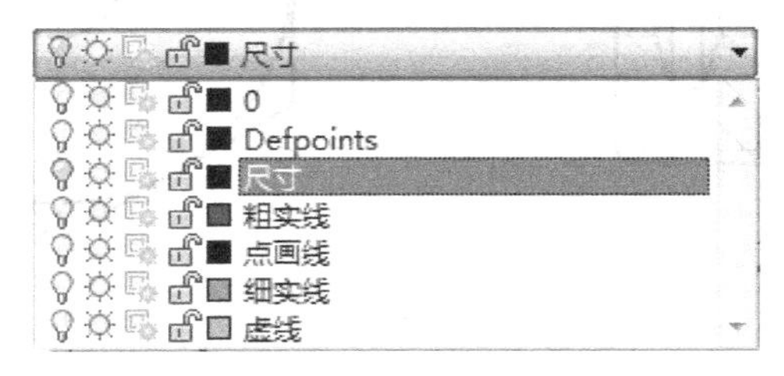

图 5-9　关闭尺寸图层

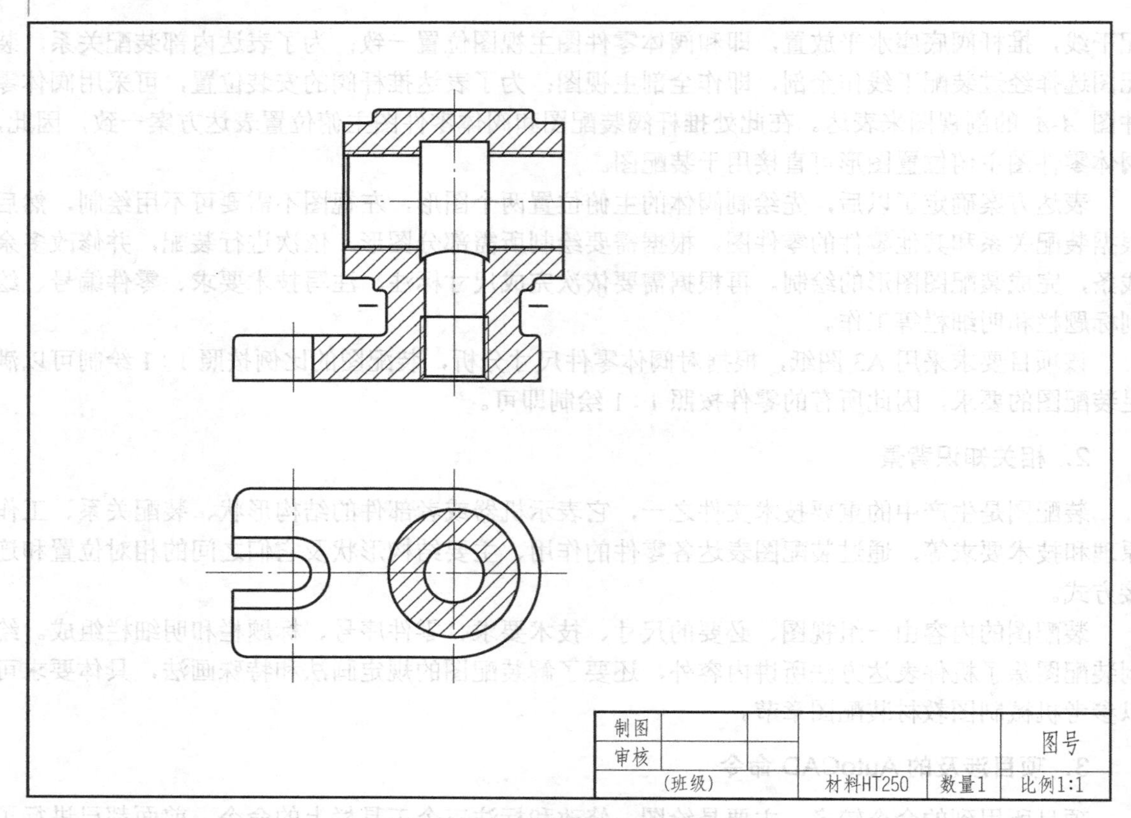

图 5-10 复制阀体两图形到装配图

3．绘制导塞和推杆零件图并装配

为了减少装配过程中出现多余的图线，以及避免图形复杂给装配造成不必要的麻烦，可以先将装配关系和连接关系密切的零件进行装配，再统一拼装到阀体上。

根据推杆和导塞的零件图，以及装配图需要，导塞在装配过程中只需要主视位置的全剖视图即可，但是为了绘制该图形需要左视图辅助，因此，需要绘制导塞两个图形，但只需要主视位置的全剖视图进行装配，如图 5-11 所示。推杆的零件图就一个视图，按尺寸绘制出，如图 5-12 所示。

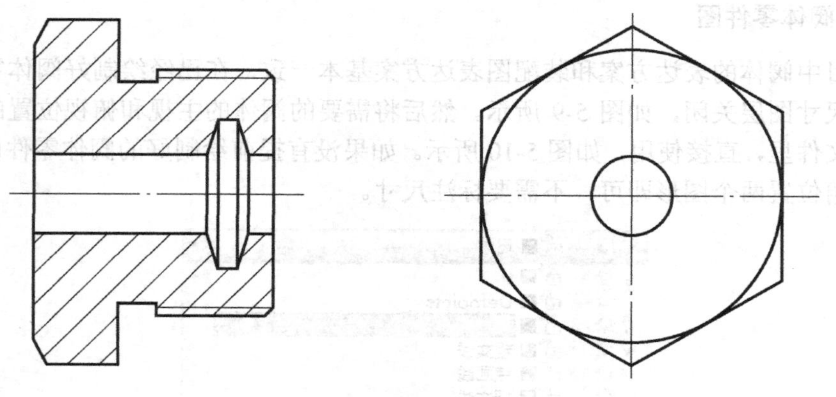

图 5-11 导塞

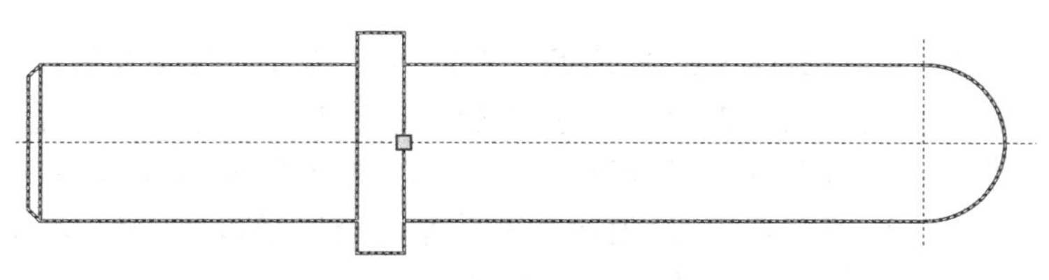

图 5-12　推杆

推杆属于杆类回转体零件，因此在装配图中，推杆按照不剖来绘制，推杆和导塞装配好后需要将推杆挡住的线修剪掉，为了避免拼装时出现定位错误，可先将推杆定义为块，块的基点选择如图 5-12 所示位置以方便定位。导塞全剖主视图需要选装 180° 和推杆装配，拼装后的结果如图 5-13（a）所示，所选中的线被推杆遮挡，需要删除或者修剪，修改后的结果如图 5-13（b）所示。

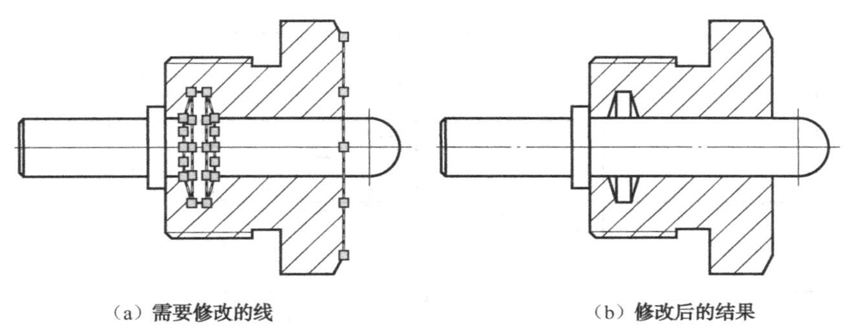

（a）需要修改的线　（b）修改后的结果

图 5-13　导塞和推杆装配

4．密封圈的装配

密封圈无零件图，可直接对推杆和导塞之间的空隙进行图案填充。首先，先把多余的线条删除，如图 5-14（a）所示；然后执行图案填充命令，单击“样例”，选择“ANSI”选项卡选择“ANSI37”后确定，通过“添加：拾取点”方式在如图 5-14（b）所示修改好的区域里面单击，图线变虚说明区域封闭，该区域已被选中；单击“预览”按钮，查看填充效果，如果网格分布较少，不密集，返回修改比例为“0.25”后确定，填充结果如图 5-14（c）所示。

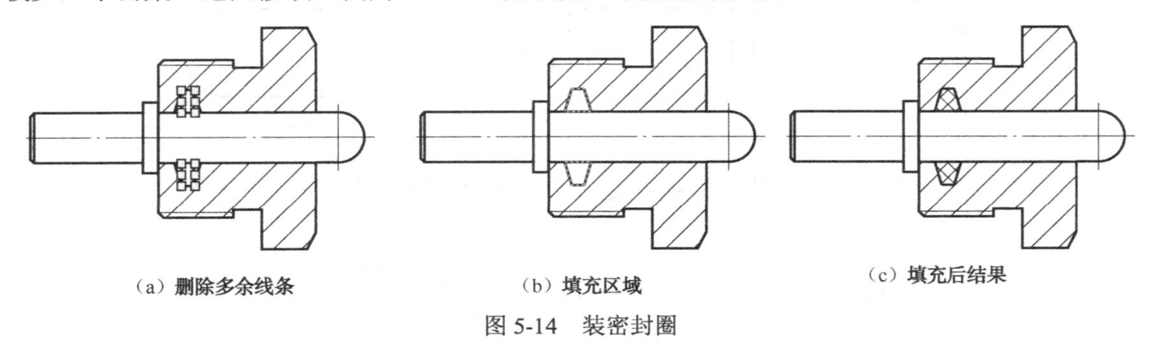

（a）删除多余线条　（b）填充区域　（c）填充后结果

图 5-14　装密封圈

5．将装配好的推杆、导塞和密封圈装配到阀体

推杆、导塞和密封圈的装配体可以看作一个子装配体，将其先创建为一个块，然后安装到阀体上，位置确定好后再将其分解，该子装配会遮挡阀体的部分线条，首先，需要将遮挡部分进行修改，如图 5-15（a）所示选中的线条；其次，螺纹旋合部分是要重点修改的地方，在绘制零件图时要注意内外螺纹的大径、小径尺寸保持一致，装配在一起要使内外螺纹的大径与大径

对齐、小径与小径对齐，如图 5-15（a）所示两个圆圈内的螺纹部分需要修改；最后，由于采用剖视图，螺纹旋合部分按照外螺纹来绘制，导致螺纹旋合部分的剖面线重合，因此需要对修改好的封闭区域重新进行图案填充，在此处可将阀体的剖面线暂时不填充，其右侧也有螺纹连接，等将右侧装配好后一起进行图案填充；此处导塞的图案填充区域没有变化，将多余线条修改好，将导塞的剖面线方向反向，防止和阀体剖面线方向相同，修改好的图形如图 5-15（b）所示。

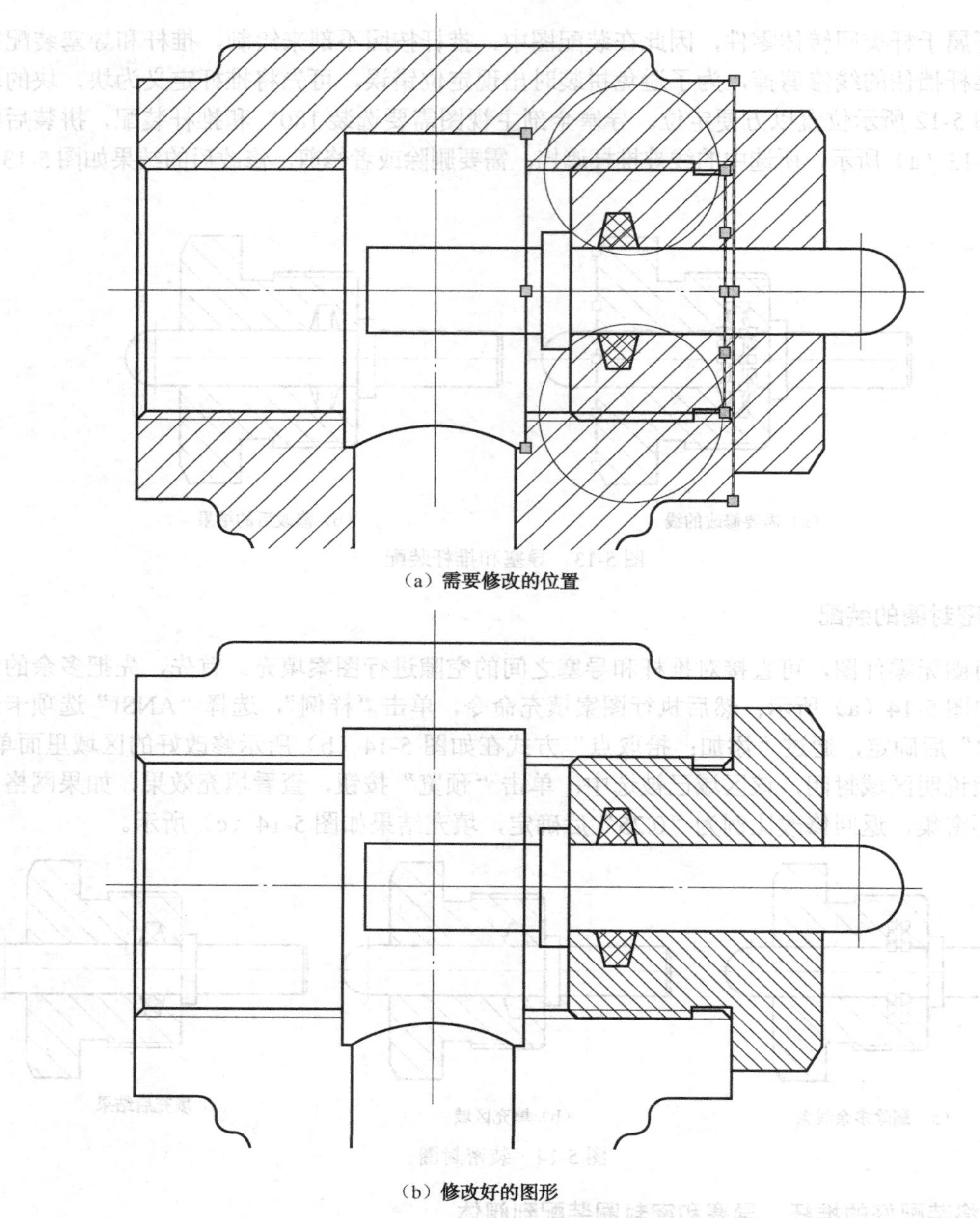

（a）需要修改的位置

（b）修改好的图形

图 5-15 将右侧子装配拼装到阀体

6．绘制接头的全剖视图

接头只需要全剖视图，不需要左视图，如没有必要，可只绘制主视位置图形，绘制好的接头全剖视图如图 5-16 所示。

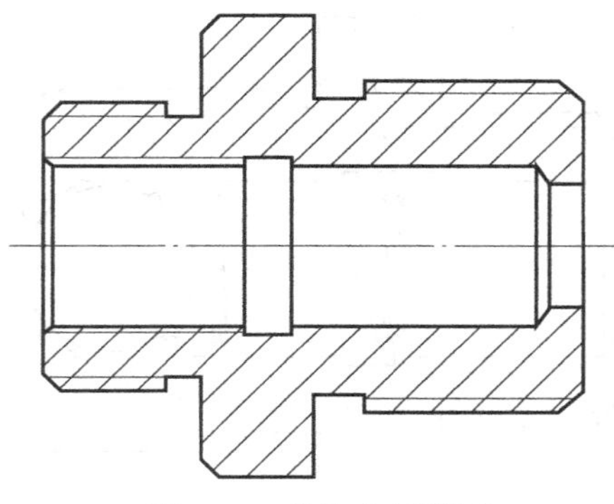

图 5-16　接头全剖视图

7．绘制钢球

钢球直径 14，安装在如图 5-16 所示旋塞的内部右端，要让钢球和右端孔充分接触，如图 5-17（a）所示，钢球按不剖绘制，并将钢球遮挡的线修剪掉，修剪后的结果如图 5-17（b）所示。

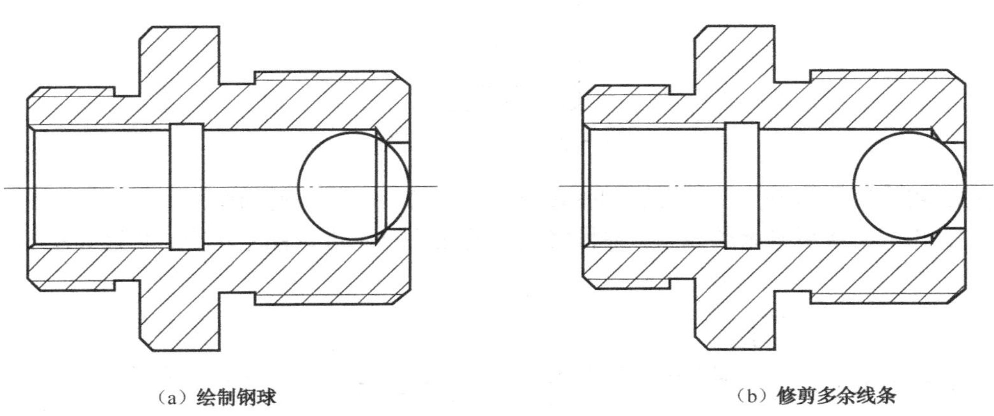

（a）绘制钢球　　（b）修剪多余线条

图 5-17　绘制钢球并装配

8．绘制弹簧并装配

Step1. 绘制弹簧剖视图。按要求绘制弹簧的零件图，如图 5-18（a）所示。

Step2. 压缩弹簧。弹簧在安装时应该适当压缩，因此，在此使用“拉伸”命令将弹簧压缩到 20，并重新填充剖面线，如图 5-18（b）所示。

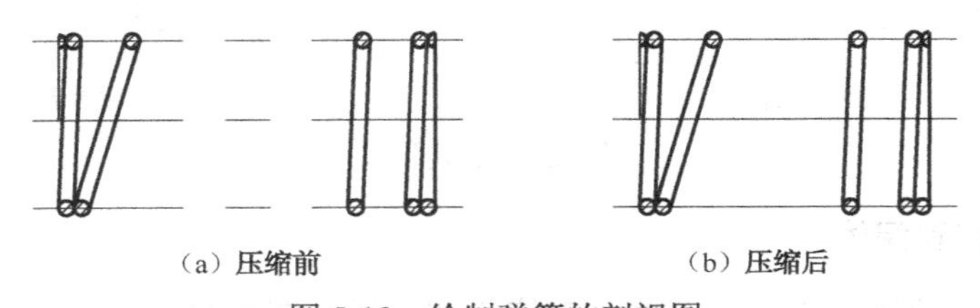

（a）压缩前　　（b）压缩后

图 5-18　绘制弹簧的剖视图

Step3. 安装弹簧。将压缩后的弹簧按照轴线对齐方式安装到接头内部，右侧顶住钢球，并将遮挡接头的多余线条修剪掉，结果如图 5-19 所示。

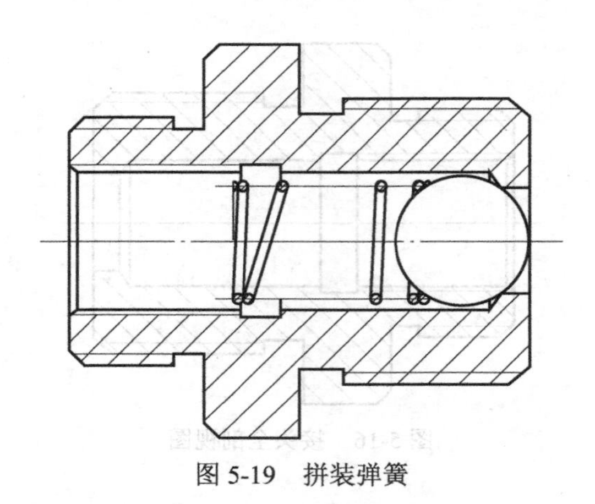

图 5-19　拼装弹簧

9．绘制旋塞并装配

Step1．绘制旋塞的全剖视图，如图 5-20 所示。

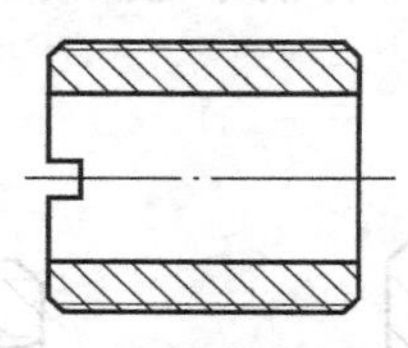

图 5-20　旋塞全剖视图

Step2．将旋塞拼装到接头，右侧和弹簧靠紧，修剪多余线条前的图形如图 5-21（a）所示。

Step3．修剪拼接后多余的线条，并将修改后的接头重新进行图案填充，结果如图 5-21（b）所示。

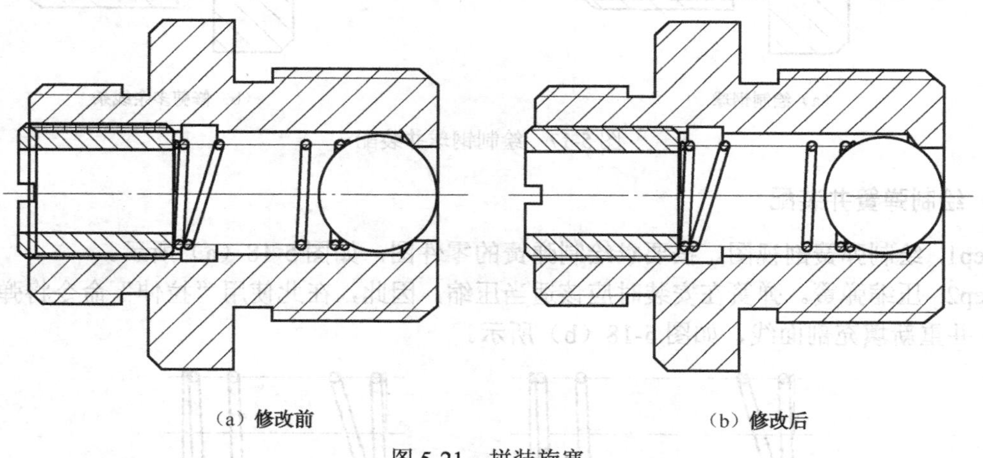

（a）修改前　　（b）修改后

图 5-21　拼装旋塞

10．将接头拼装到阀体

Step1．将拼装好的接头安装到阀体，直接拼装结果如图 5-22（a）所示。

Step2．修改相应线条，并将阀体重新进行图案填充，修改后的结果如图 5-22（b）所示。

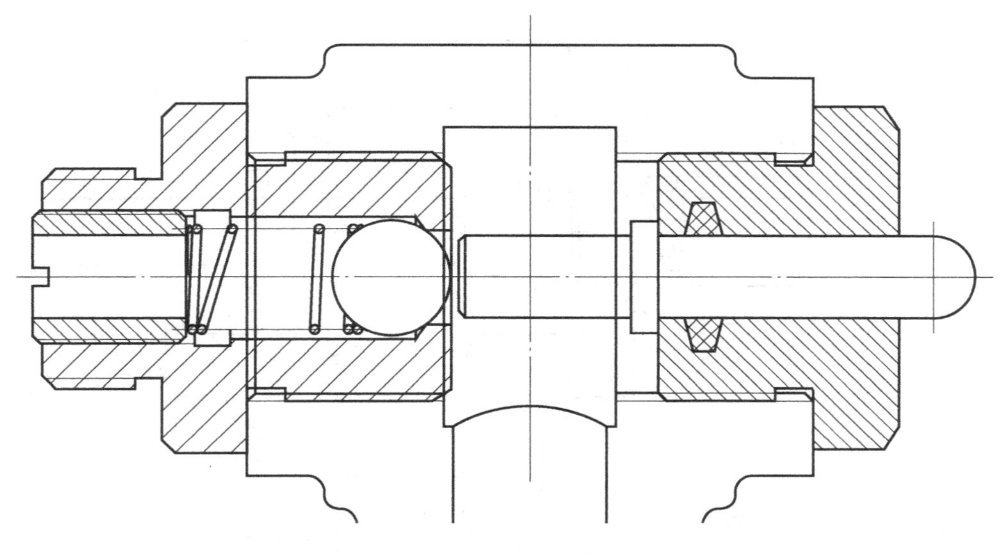

（a）直接拼装接头结果

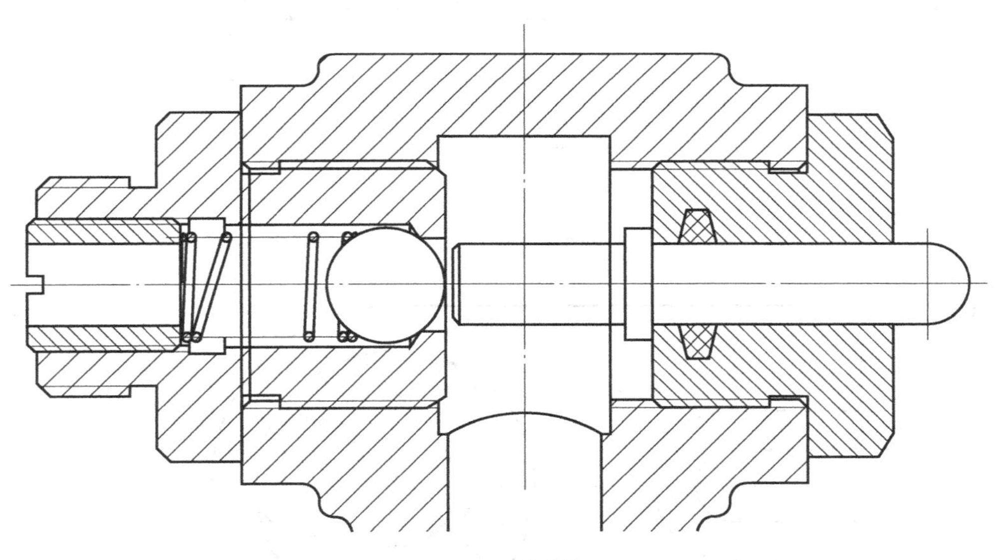

（b）修改后

图 5-22　接头拼装到阀体

11．标注必要的尺寸

标注必要的尺寸，注释有关内容，如图 5-23 所示。

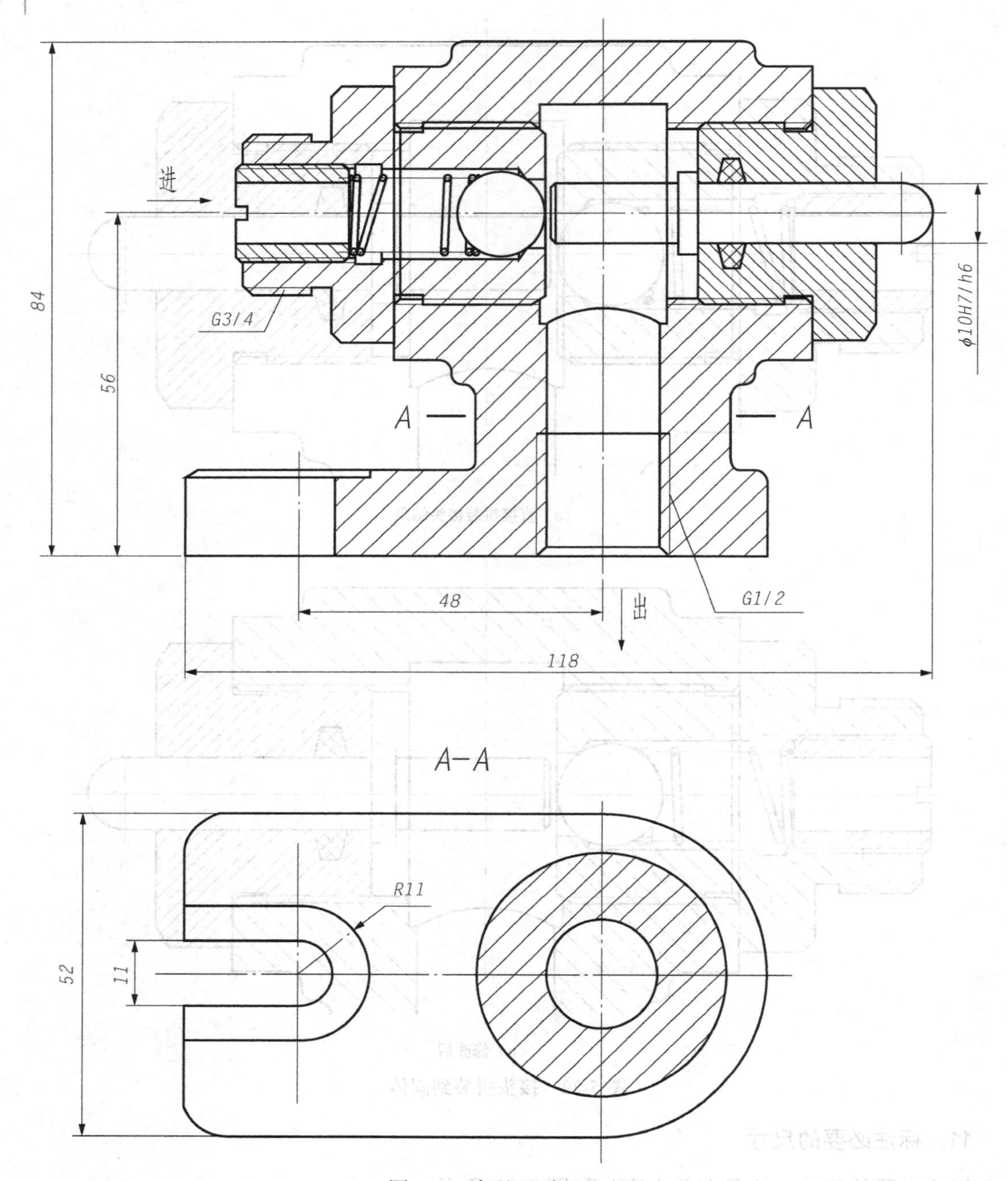

图 5-23 标注尺寸及注释

12. 零件编号，绘制标题栏、明细栏，注写技术要求

对零件按照顺时针或者逆时针进行编号，要求序号排列整齐，样式统一，字体大小一致。按照项目要求绘制标题栏和明细栏并按要求填写相关内容；有关技术要求根据实际情况注写。完成后的结果如图 5-24 所示。

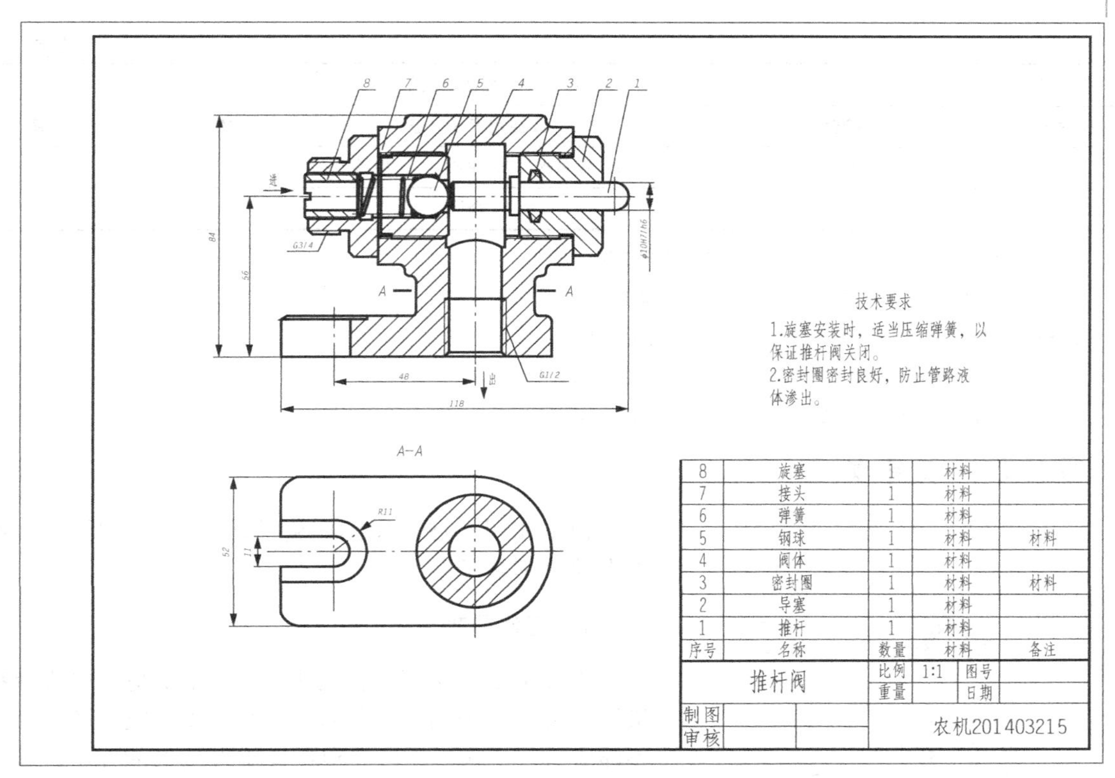

图 5-24　零件编号、标题栏、明细栏和技术要求

13．检查、调整和保存

最后检查一遍所绘制装配图，对图线不规范或者漏掉的内容进行补充，检查无误后单击“保存”按钮，输入文件名，单击“确定”按钮存盘。

5.2.4　项目检查与评价

该项目检查表如表 5-1 所示。

表 5-1　项目检查表

项目名称	推杆阀装配图的绘制			
序号	检查内容	掌握程度（分值）	学生自检	教师检查
1	装配图内容齐全	1．没掌握　2．掌握　3．熟练掌握		
2	装配图表达方案剖视图表达正确	1．没掌握　2．掌握　3．熟练掌握		
3	相邻零件和同一零件剖面线	1．没掌握　2．掌握　3．熟练掌握		
4	螺纹连接画法	1．没掌握　2．掌握　3．熟练掌握		
5	零件装配产生多余线条是否修改	1．没掌握　2．掌握　3．熟练掌握		
6	必要尺寸的标注	1．没掌握　2．掌握　3．熟练掌握		
7	零件编号按照顺序排列整齐	1．没掌握　2．掌握　3．熟练掌握		
8	工作原理表达清楚	1．没掌握　2．掌握　3．熟练掌握		
9	标题栏和明细栏绘制规范	1．没掌握　2．掌握　3．熟练掌握		

续表

项目名称	推杆阀装配图的绘制			
序号	检查内容	掌握程度（分值）	学生自检	教师检查
10	注写技术要求标题栏和明细栏	1．没掌握 2．掌握 3．熟练掌握		
		合计		

检查情况说明：没掌握 1 分，掌握 2 分，熟练掌握 3 分。

15 分以下：没有掌握，不能独立完成项目，需要认真学习。

15 分～20 分：基本掌握，需要针对部分知识点加强学习。

20 分～25 分：掌握，能独立完成项目，不熟练知识点需要加强练习。

25 分～30 分：较好掌握，能够较好地完成该项目及类似项目。

5.2.5 项目拓展

根据如图 5-25 所示的螺旋千斤顶的零件图在 A3 图纸上绘制其装配图。

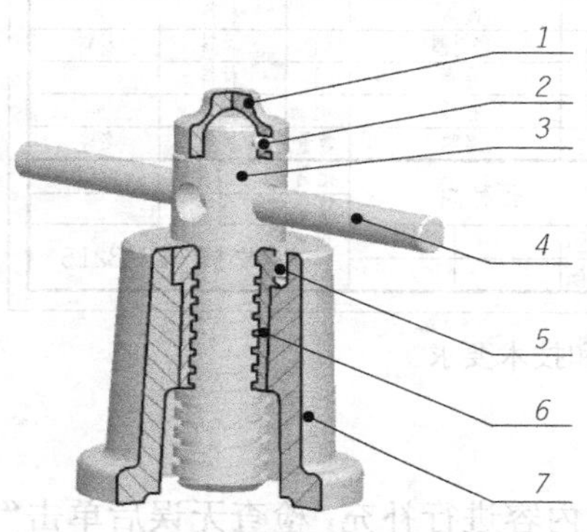

图 5-25　螺旋千斤顶的装配示意图

1．工作原理

千斤顶是利用螺旋传动来顶举重物，是汽车修理和机械安装等常用的一种起重或顶压工具，但顶举的高度不能太大。工作时，绞杠穿在螺旋杆顶部的孔中，旋动绞杠，螺旋杆在螺套中靠螺纹做上、下移动，顶垫上的重物靠螺旋杆的上升而顶起。螺套镶在底座里，用螺钉定位，磨损后便于更换修配。在螺旋杆的球面顶部套一个顶垫，靠螺钉与螺旋杆连接而不固定，使顶垫相对螺旋杆旋转而不脱落。

2．螺旋千斤顶的装配示意图

螺旋千斤顶的装配示意图如图 5-25 所示，所对应零件的明细表如表 5-2 所示。

表 5-2　零件明细表

序　号	名　称	数　量	材　料	备　注
1	顶垫	1	Q275-A	
2	螺钉 M8×12	1	14H 级	GB/T
3	螺旋杆	1	Q255-A	75-1985
4	绞杠	1	Q215-A	
5	螺钉 M10×12	1	14H 级	GB/T
6	螺套	1	ZCuAl10Fe3	73-1985
7	底座	1	HT200	

3．螺旋千斤顶所需零件图

标准件可参考机械制图后面的附录进行绘制，其余所用到的零件图如下。

（1）顶垫（如图 5-26 所示）

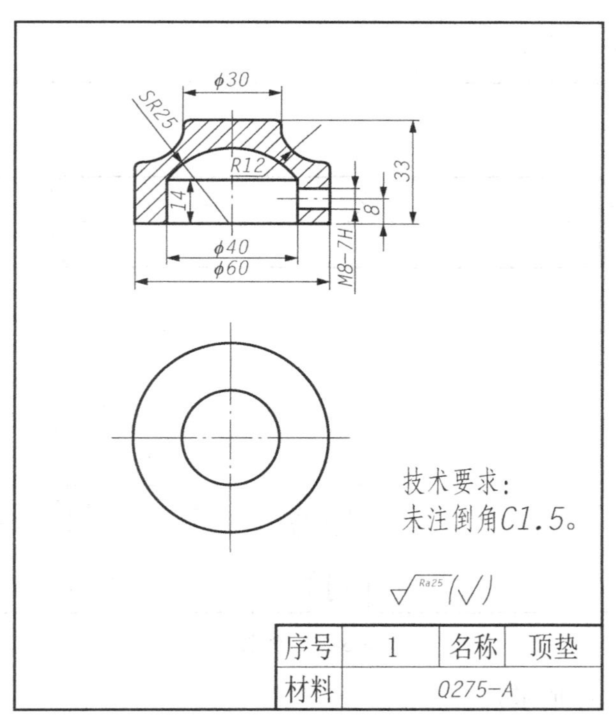

图 5-26　顶垫

（2）螺旋杆（如图 5-27 所示）

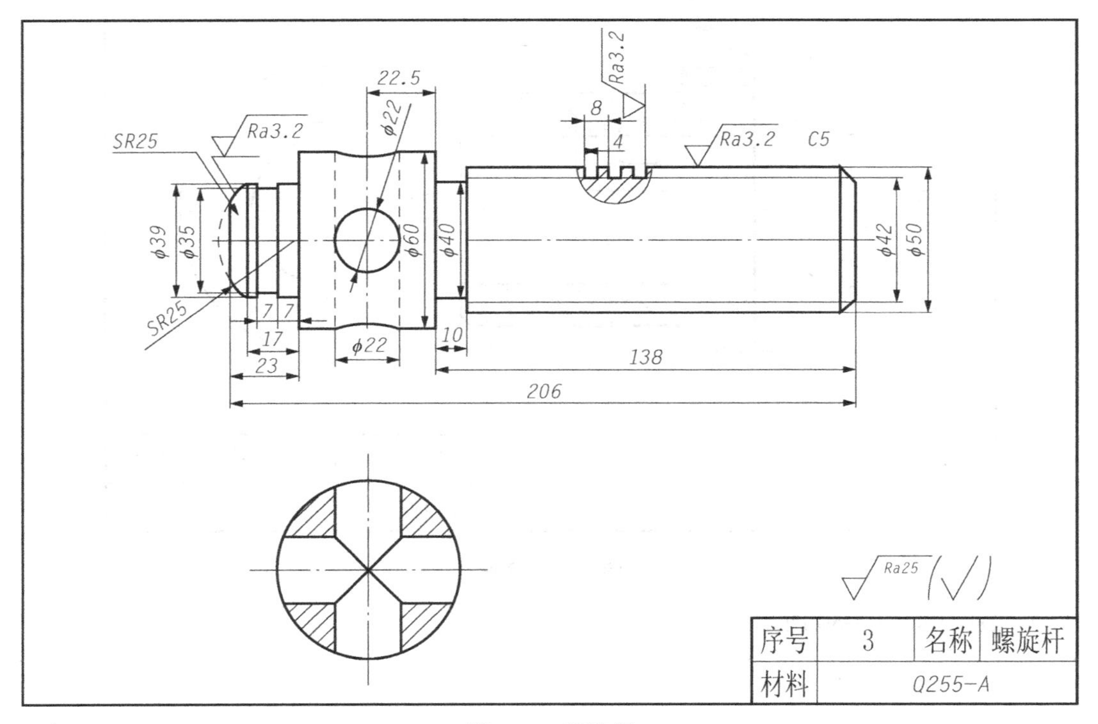

图 5-27　螺旋杆

（3）绞杠（如图 5-28 所示）

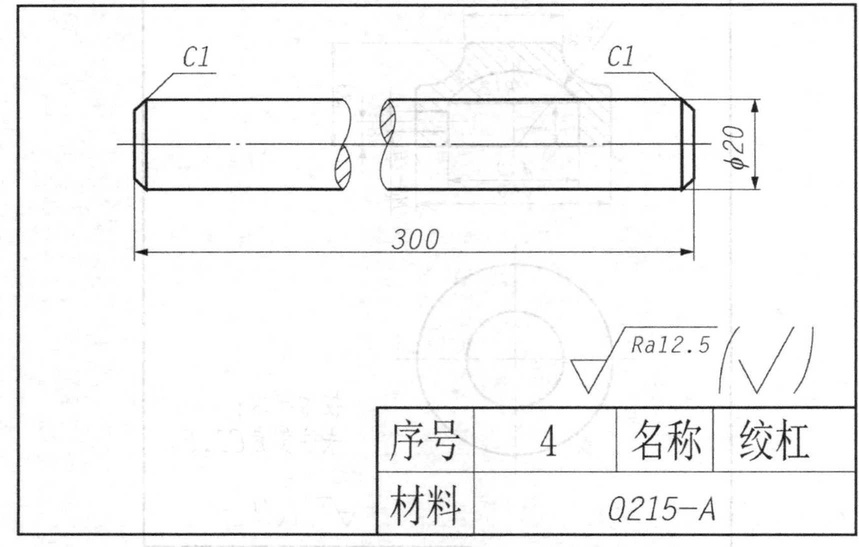

图 5-28　绞杠

（4）螺套（如图 5-29 所示）

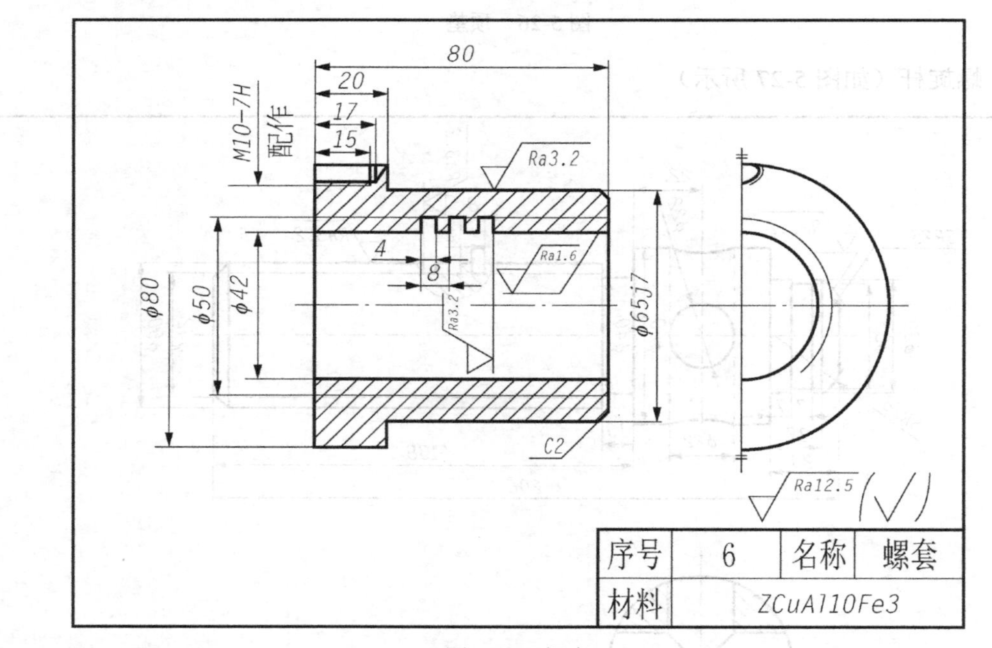

图 5-29　螺套

（5）底座（如图 5-30 所示）

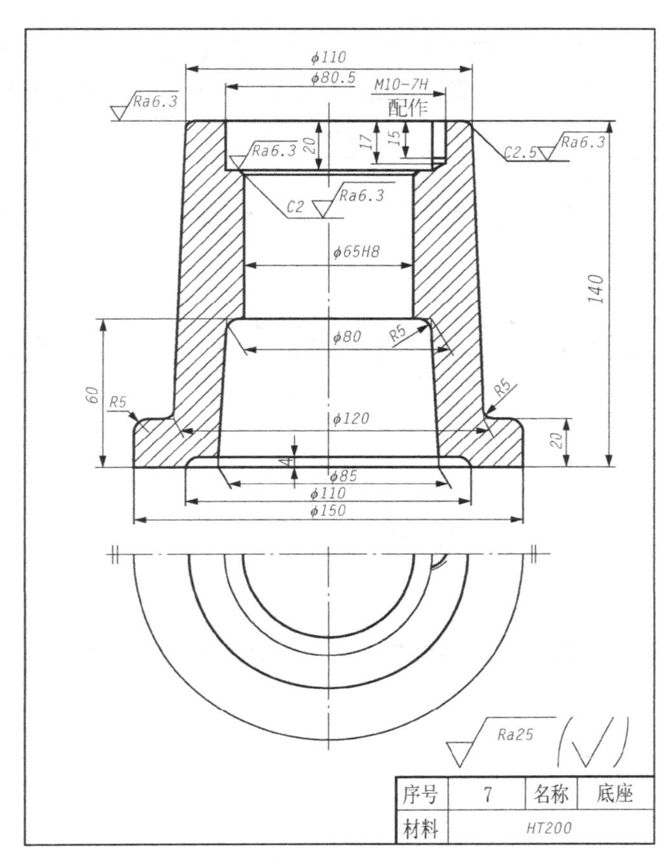

图 5-30　底座

5.2.6　项目小结

采用拼装法绘制装配图简单易行，但装配时出现多余线条需要修改；螺纹连接位置按照外螺纹来绘制，修改有关线型，并需要重新填充剖面线；装配图的内容要齐全，零件编号按顺序整齐排列，标题栏和明细栏按要求绘制并填写相关内容；注意上述问题并加以练习，可大大提高绘制装配图的速度。

5.3　项目 11——铣刀头装配图的绘制

采用直接绘制法绘制装配图和图板手工绘图的方法基本一致，在选择表达方案和确定装配路线的基础上，按照由内到外或者由外到内的顺序依次绘制。通常在没有详细零件图的基础上采用直接绘制法，该种方法和手工绘制装配图的方法基本一致，在此通过铣刀头装配图进行简单介绍。

5.3.1　项目要求

1．铣刀头的工作原理

铣刀头结构图如图 5-31 所示，它主要由座体、轴、轴承、轴承端盖、V 形带轮及连接用的键、定位用的销和紧固用的螺栓等零件组成。其工作原理是电动机的动力通过V带带动带轮转动，带轮通过键把运动传递给轴，轴将动力通过键传递给刀盘，从而进行铣削加工。

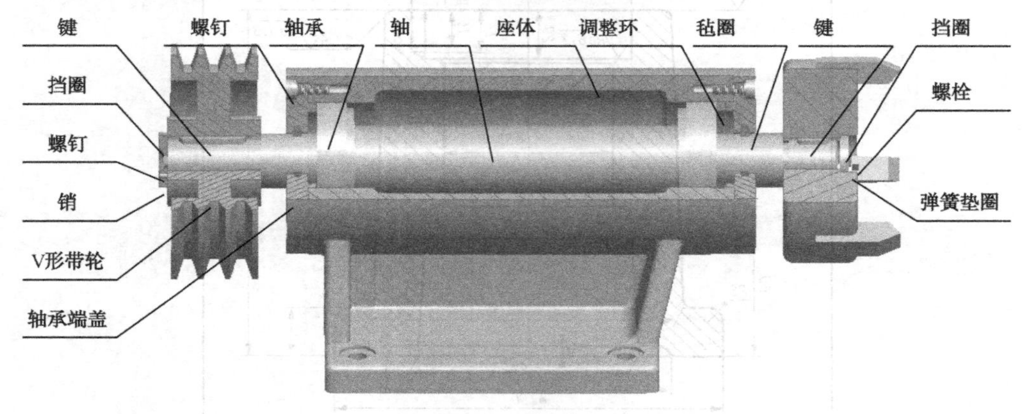

图5-31　铣刀头结构图

2. 绘制要求

按照国标要求设置好绘图环境、图层等内容，选择合适的图纸幅面和表达方案绘制铣刀头装配图。

5.3.2 项目导入

1. 项目分析

该项目要求采用直接绘制法绘制铣刀头装配图，该方法与手工绘图的方法和步骤基本一致。首先对铣刀头进行分析，了解工作原理、零件的形状特征和零件之间的装配关系，确定装配干线，然后选择主视图，再选择其他视图，确定好表达方案；选择合适的图纸幅面，按照装配图绘制的步骤绘制装配图即可。

2. 相关知识背景

（1）选择主视图

一般将部件或机器按工作位置放置，主要表达部件或机器的整体形状特征、工作原理、主装配干线零件的装配关系及较多零件的装配关系。在机器或部件中，将装配在同一轴线上装配关系密切的一组零件称为装配干线，为了清楚表达这些装配关系，一般都通过这些装配干线（轴线）选取剖切平面，画出剖视图来表达。

（2）选择其他视图

根据已选定的主视图，选择其他视图，以补充主视图未表达清楚的部分。其他视图选择的原则是：在表达清楚的前提下，视图数量应尽量少，方便读图和画图。

（3）确定比例和图幅

确定比例和图幅要综合考虑机器或部件的大小、复杂程度、全部视图所占面积及标注尺寸、序号、技术要求、标题栏和明细栏需占的面积。

（4）画装配图的方法

画装配图时，从画图顺序来分有两种方法：由内向外和由外向内。由内向外是从各装配体的核心零件开始，按照装配关系逐层扩展画出各个零件，最后画壳体、箱体等支撑、包容零件。

由外向内是先将支撑、结构复杂的箱体、壳体或支架等零件画出，再按照装配干线和装配关系逐个画出其他零件。第一种方法常用于剖视图的绘制，可以避免不必要的先画后擦，有利于提高绘图效率和清洁图面。具体采用哪一种画法，应视作图方便而定。

5.3.3　项目实施

由于直接绘制法绘制装配图的方法和手工绘图方法基本一致，在此进行简单的介绍。

1．确定表达方案

（1）选择主视图

铣刀头工作时一般呈水平位置，这样放置有利于反映铣刀头的工作状态，也可以较好地反映其整体形状特征。主视图的投射方向垂直装配干线，并将主视图画成通过轴线的全剖视图，基本上表达了铣刀头装配干线上零件间的装配关系、运动路线和工作原理。根据前面对铣刀头的表达分析，主视图按工作位置选定，以垂直于铣刀头轴线的方向作为主视图的投射方向，并在主视图采用全剖视表达内部各零件间的装配关系。

（2）选择其他视图

对于铣刀头装配体来说，为了表示主要零件座体的主要结构形状和紧固端盖的螺钉分布情况，采用左视图，并采用拆卸画法，以避免 V 形带轮对座体的遮挡。

2．选比例、定图幅

根据铣刀头的表达方案的需要，选择合适的比例和图幅。

3．布置视图的位置

画出各视图的基准线，如对称线、主要轴线和大的断面线，注意留出标注尺寸、零件序号、明细栏等所占的位置，如图 5-32 所示。画出各视图的主要基准，如铣刀头主视图可先画轴线；在左视图上画出轴的对称中心线。

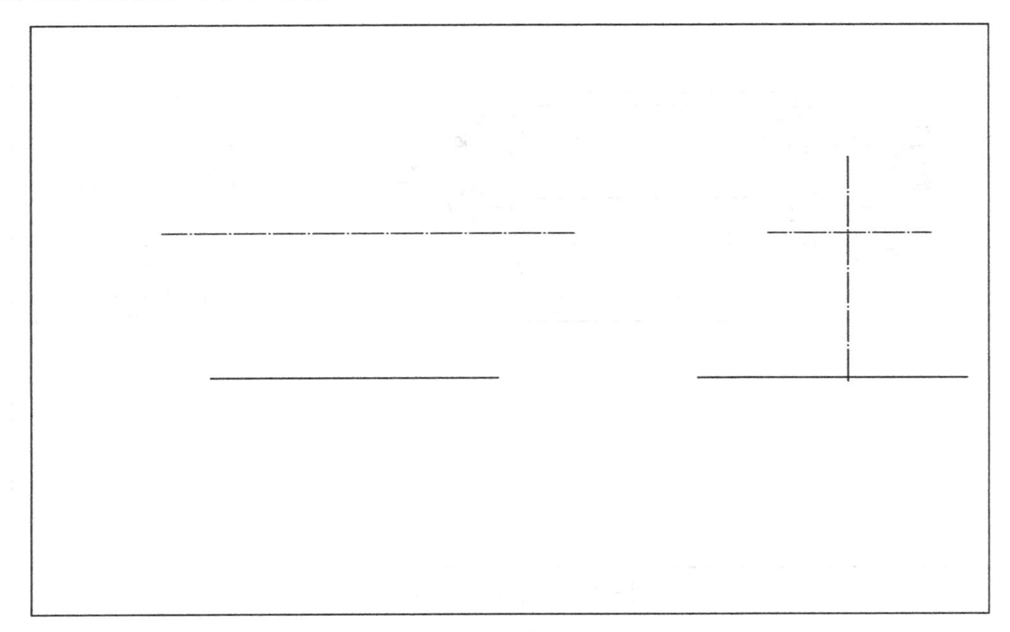

图 5-32　画基准线

4. 画出各零件视图的主要轮廓

围绕着装配线，一般从主视图开始，几个基本视图同时进行，先画主要轮廓。对于铣刀头，应由内而外先画轴，再画轴上的轴承和支承轴以及轴承的座体，如图 5-33 所示。接着画端盖、带轮，画剖视图时通常可先画出剖切到零件的剖面，然后再画剖切面后的零件。画外形视图时应先画前面的零件然后画后面的零件，这样被遮住零件的轮廓线可以不画，如图 5-34 所示。

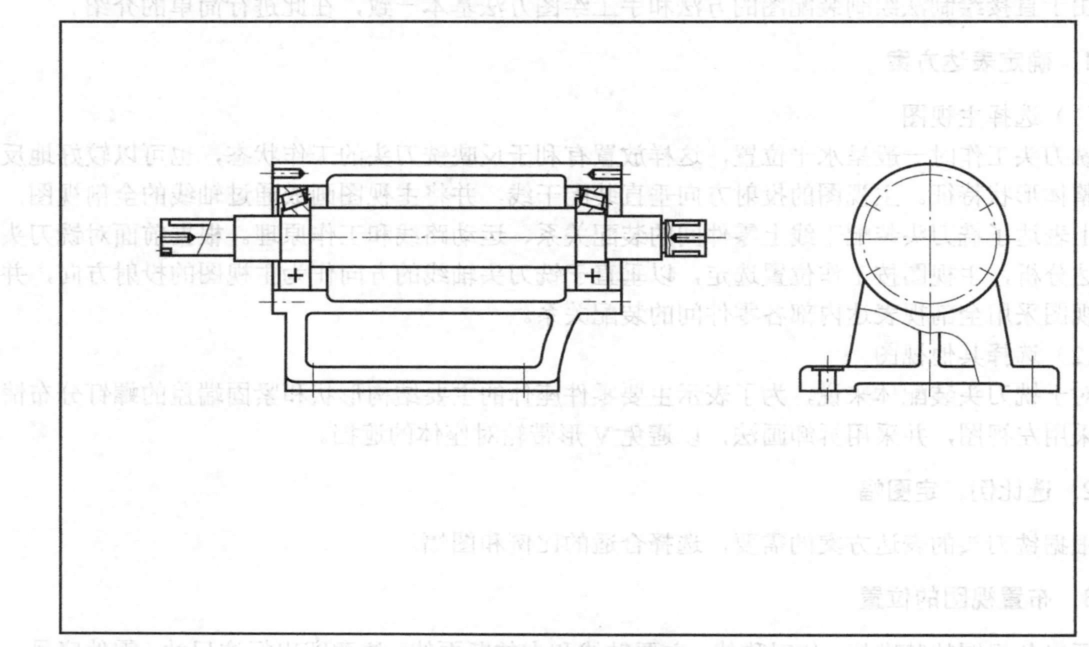

图 5-33　依次画轴、轴承和座体

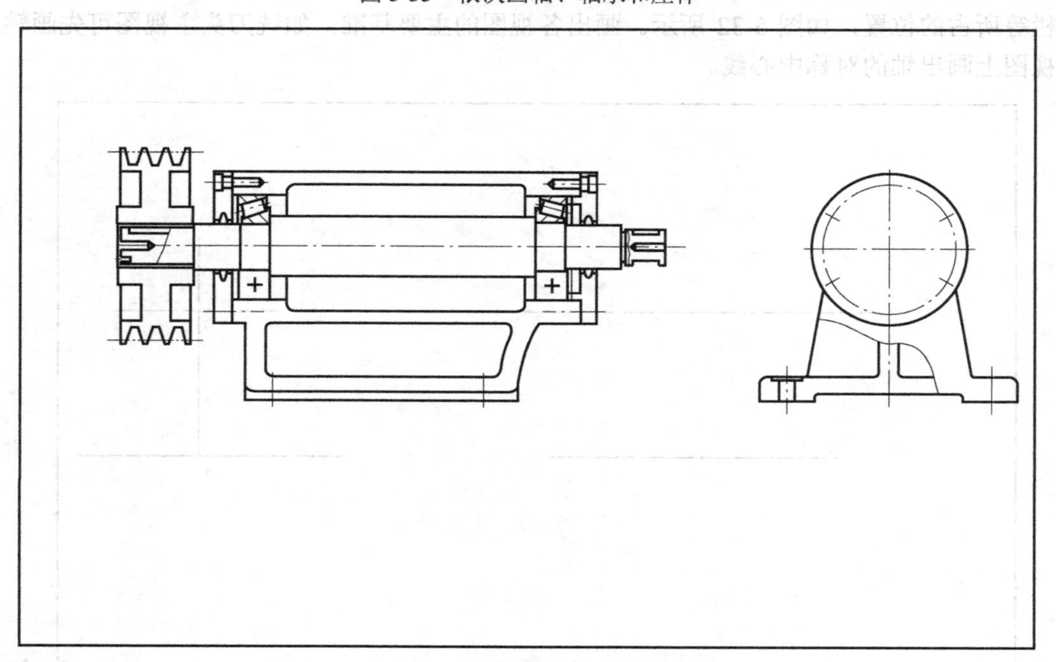

图 5-34　绘制端盖、带轮

5．逐个画出铣刀头的其他零件和细部结构

在铣刀头主视图上可逐个画上调整环、键连接、挡圈、螺钉连接等，完成细部结构，如图 5-35 所示。

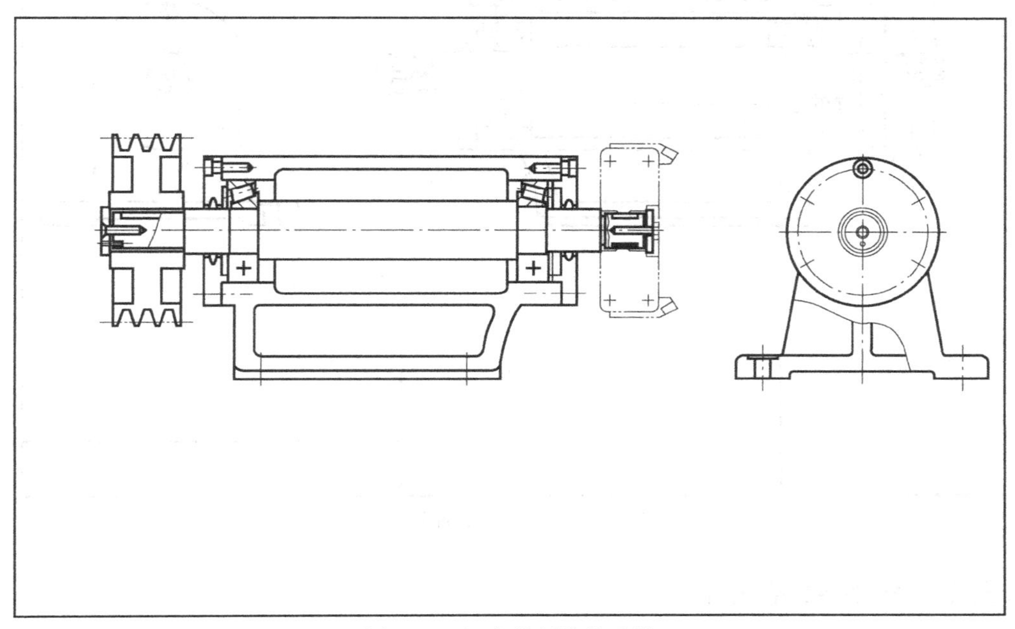

图 5-35　逐个绘制其他零件

6．完成装配图

检查、校核后注上尺寸和公差配合，画剖面线，如图 5-36 所示。标注尺寸、序号、技术要求，填写标题栏和明细栏，最后完成装配图，如图 5-37 所示。

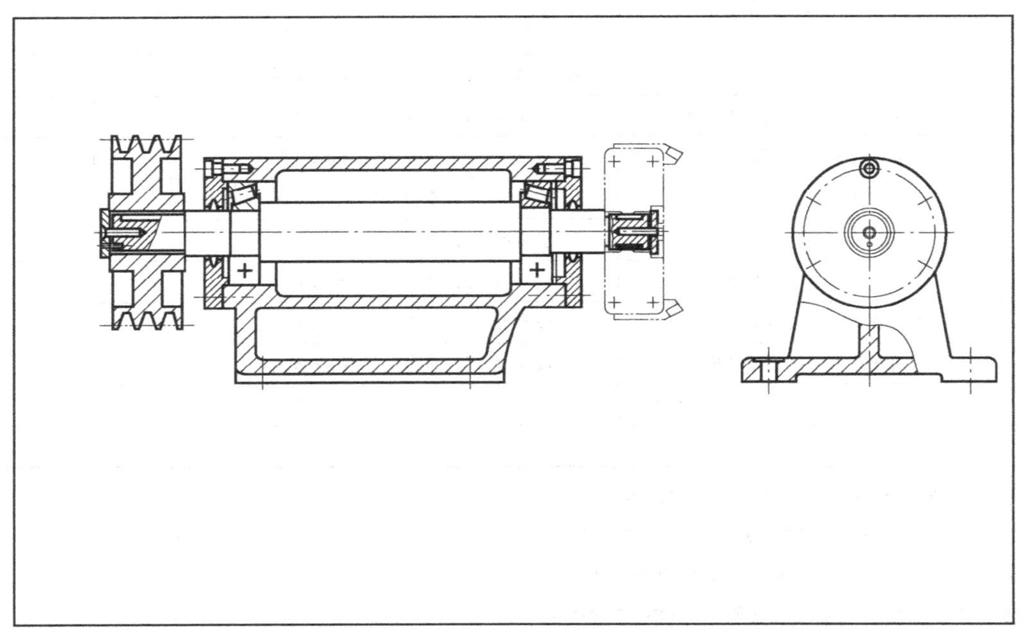

图 5-36　画剖面线

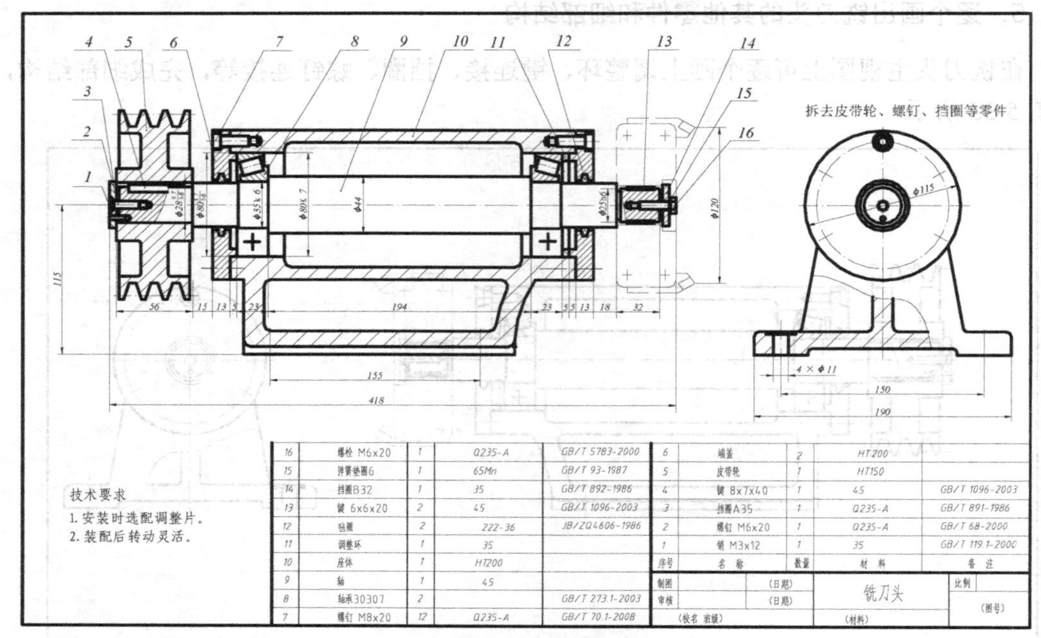

拆去皮带轮、螺钉、挡圈等零件
技术要求
1. 安装时选配调整片。
2. 装配后转动灵活。
16 螺栓 M6x20 1 Q235-A GB/T 5783-2000
15 弹簧垫圈6 1 65Mn GB/T 93-1987
14 挡圈B32 1 35 GB/T 892-1986
13 键 6x6x20 2 45 GB/T 1096-2003
12 毡圈 2 222-36 JB/ZQ4606-1986
11 调整环 1 35
10 座体 1 HT200
9 轴 1 45
8 轴承30307 2 GB/T 273.1-2003
7 螺钉 M8x20 12 Q235-A GB/T 70.1-2008
6 端盖 2 HT200
5 皮带轮 1 HT150
4 键 8x7x40 1 45 GB/T 1096-2003
3 挡圈A35 1 Q235-A GB/T 891-1986
2 螺钉 M6x20 1 Q235-A GB/T 68-2000
1 销 M3x12 1 35 GB/T 119.1-2000
序号 名称 数量 材料 备注
制图 (日期)
审核 (日期)
(校名 班级)
铣刀头
(材料)
比例
(图号)

图 5-37　完成的装配图

5.3.4　项目检查与评价

该项目检查表如表 5-3 所示。

表 5-3　项目检查表

项目名称	铣刀头装配图的绘制			
序号	检查内容	掌握程度（分值）	学生自检	教师检查
1	装配图内容齐全	1．没掌握　2．掌握　3．熟练掌握		
2	装配图表达方案正确	1．没掌握　2．掌握　3．熟练掌握		
3	剖面线选择正确表达清晰	1．没掌握　2．掌握　3．熟练掌握		
4	螺纹连接画法正确	1．没掌握　2．掌握　3．熟练掌握		
5	图线表达规范	1．没掌握　2．掌握　3．熟练掌握		
6	标注必要的尺寸	1．没掌握　2．掌握　3．熟练掌握		
7	零件编号按序排列整齐	1．没掌握　2．掌握　3．熟练掌握		
8	工作原理、连接关系表达清楚	1．没掌握　2．掌握　3．熟练掌握		
9	标题栏和明细栏绘制规范	1．没掌握　2．掌握　3．熟练掌握		
10	注写技术要求标题栏和明细栏	1．没掌握　2．掌握　3．熟练掌握		
		合计		

检查情况说明：没掌握 1 分，掌握 2 分，熟练掌握 3 分。

15 分以下：没有掌握，不能独立完成项目，需要认真学习。

15 分～20 分：基本掌握，需要针对部分知识点加强学习。

20 分～25 分：掌握，能独立完成项目，不熟练知识点需要加强练习。

25 分～30 分：较好掌握，能够较好地完成该项目及类似项目。

5.3.5　项目拓展

根据折角阀的零件图和示意图拼画其装配图。

1．折角阀的工作原理及示意图

折角阀是控制流体流量的装置。它的特点是进出管道为特定的角度（本例为 120°）。通过扳手带动阀杆旋转，转至图示位置时流量最大，继续旋转时流量减少直至关闭管路，如图 5-38 所示。

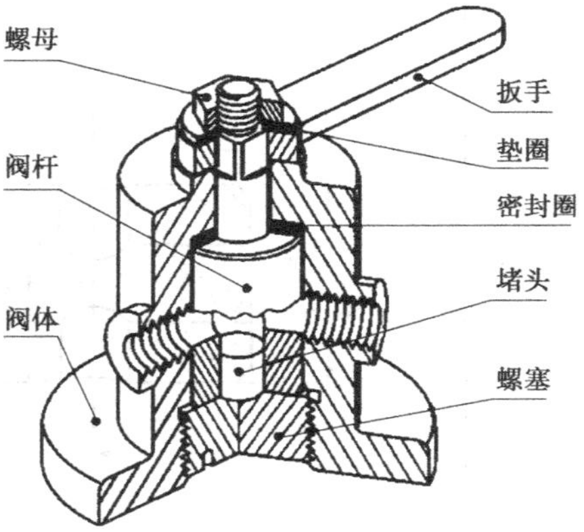

螺母
扳手
垫圈
阀杆
密封圈
堵头
阀体
螺塞

图 5-38　折角阀示意图

2．具体要求

① 选用 A3 的图幅。按照如图 5-39 所示的尺寸绘制 A3 图幅的图框、标题栏，不标注它们的尺寸。

② 按照 1∶1 的比例，完整清晰地表达该部件的工作原理和装配关系，标注必要的尺寸。

③ 编注零件序号、填写明细栏和标题栏。

3．所需零件图及相关说明

所用到的零件图如图 5-39 至图 5-46 所示，所有零件的绘制比例为 1∶1。

阀体零件图如图 5-39 所示。

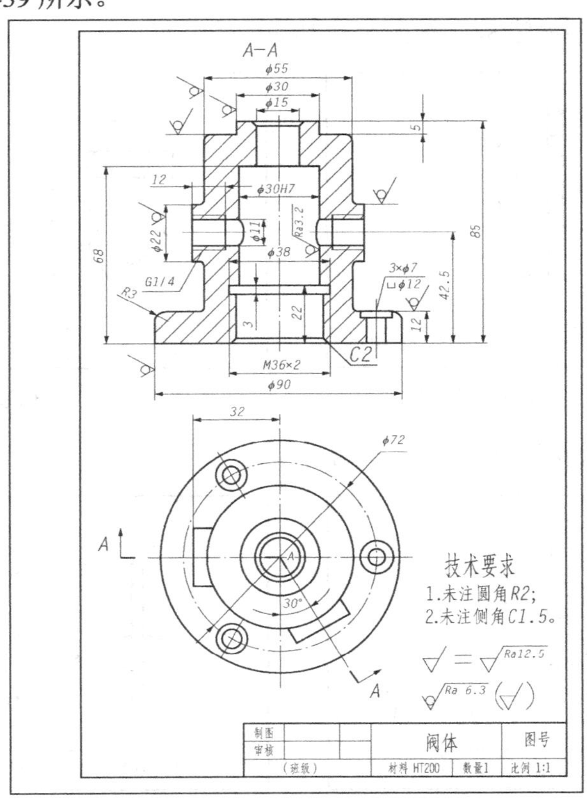

注：G1/4 管螺纹的大径为 13.157。

图 5-39　阀体零件图

阀杆零件图如图5-40所示。

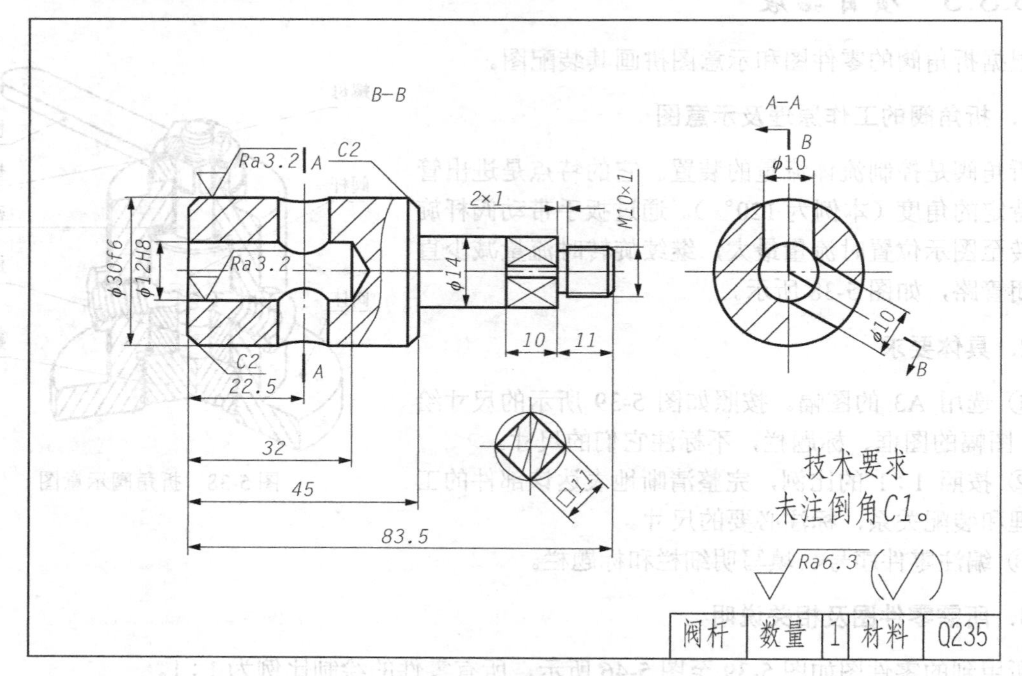

图5-40 阀杆零件图

密封圈和螺母零件图如图5-41和图5-42所示。

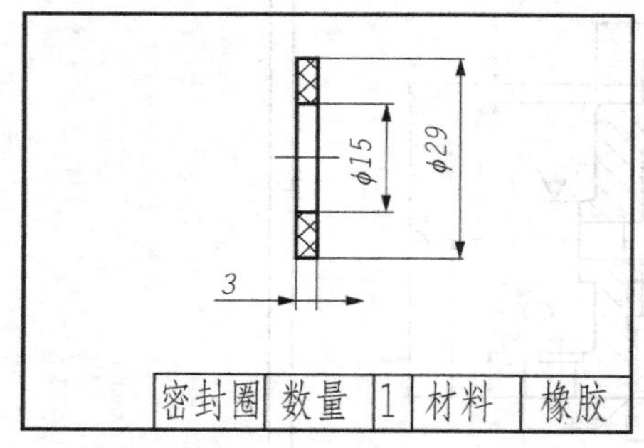

图5-41 密封圈零件图

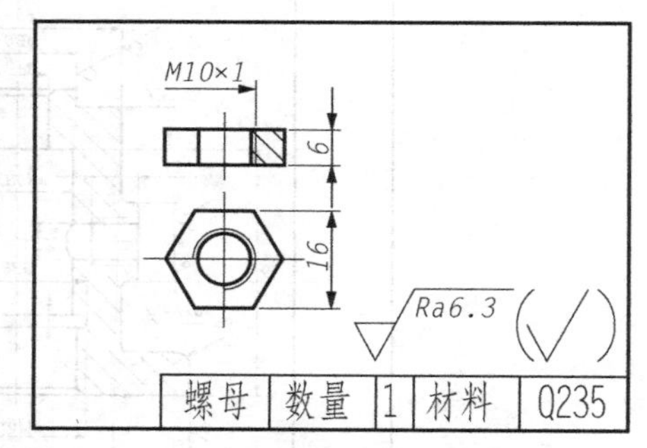

图5-42 螺母零件图

堵头和垫圈零件图如图5-43和图5-44所示。

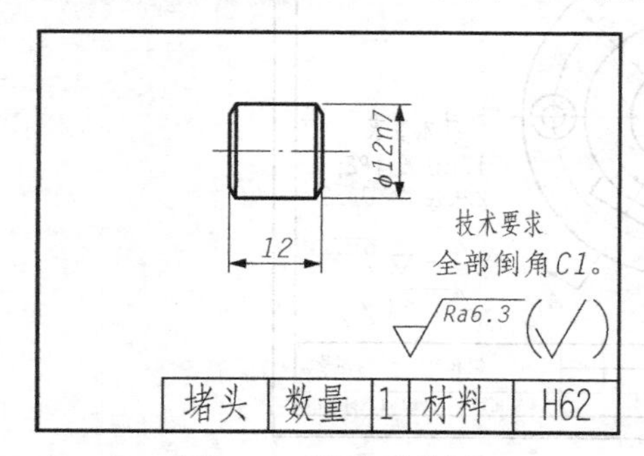

图5-43 堵头零件图

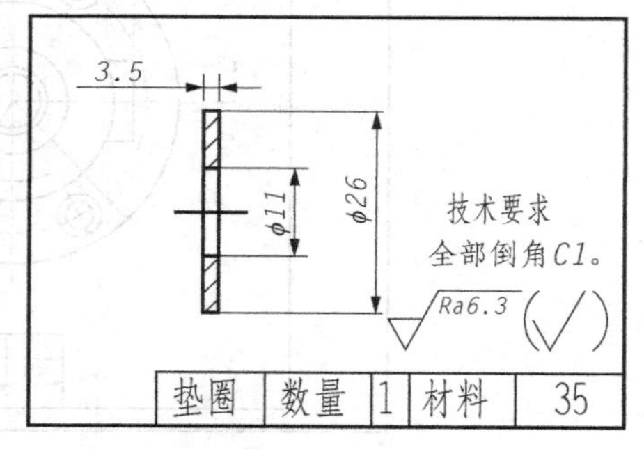

图5-44 垫圈零件图

扳手零件图如图 5-45 所示。

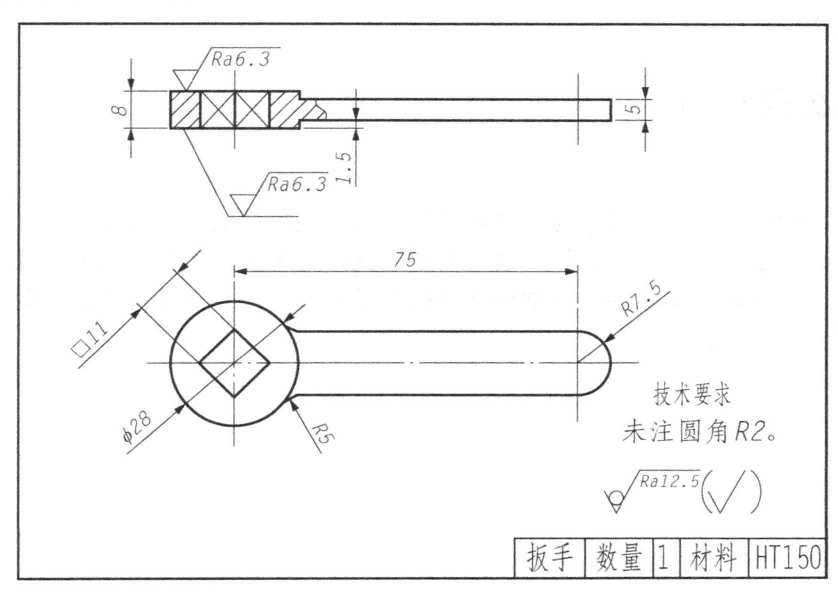

图 5-45　扳手零件图

螺塞零件图如图 5-46 所示。

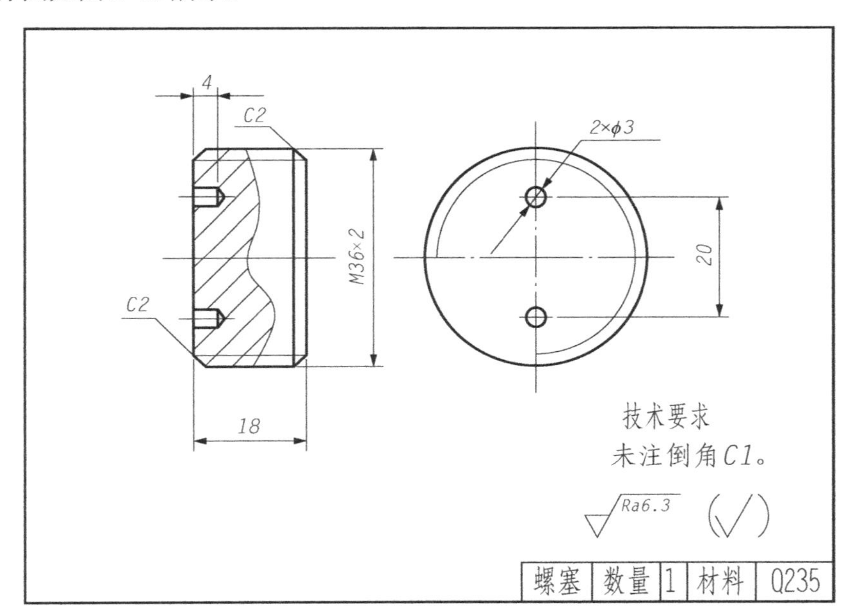

图 5-46　螺塞零件图

5.3.6　项目小结

采用直接绘制法绘制装配图和手工绘图方法基本一致，要能较好地完成装配图，表达方案的选择比较关键；在表达方案确定的情况下，采用由内向外绘制比由外向内绘制较好，由内向外绘制可以避免产生多余的线条；绘制过程中要充分考虑装配关系，按装配顺序绘制可以避免装配不合理、干涉等问题的产生；螺纹连接画法和剖面线也是经常容易出错的地方，需要在练习中多加注意；绘制装配图较复杂，要掌握好需要不断的练习并加以应用，通过经验积累，逐步提高绘图效率。

5.4 本章小结

本章通过两个项目介绍了直接绘制法和拼装法绘制装配图的两种方法，在已有零件图的情况下采用拼装法较快，在产品的设计阶段，多采用直接绘制法。两种方法都是以机械制图为基础，要想快速规范的绘制装配图必须掌握好机械制图相关知识并加以计算机绘图练习，才能更好、更快地绘制装配图。

附录 A

绘图命令

"绘图"工具栏（如图 A-1 所示）中的每个工具按钮都与"绘图"菜单中的绘图命令相对应，是图形化的绘图命令，具体功能与操作如表 A-1 所示。

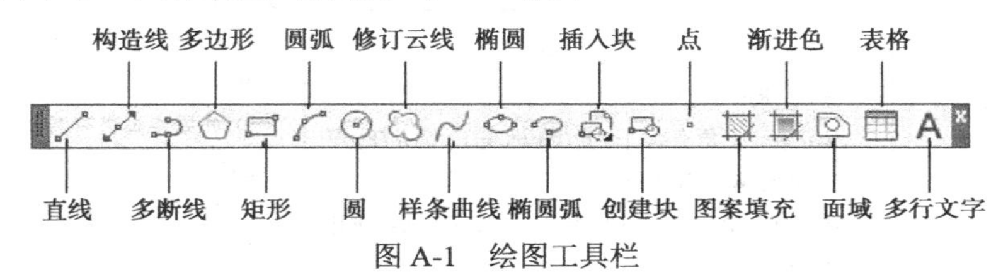

图 A-1　绘图工具栏

表 A-1　常用的绘图命令

命 令 输 入	功能及操作示例	说　　明
工具图标： 菜单："绘图"→"直线" 命令行：LING↙	画直线 命令: _LINE 指定第一点: 10,10 指定下一点或 [放弃(U)]: @10,20 指定下一点或 [放弃(U)]: @0,-10 指定下一点或 [闭合(C)/放弃(U)]: c	① 最初由两点决定一条直线，若继续输入第三点，则画出第二条直线，以此类推。 ② 坐标输入可采取绝对坐标或相对坐标；第三点为相对坐标输入。 闭合(C)：图形封闭； 放弃(U)：取消刚绘制的直线段
工具图标： 菜单："绘图"→"构造线" 命令行：XLINE↙	画构造线 命令: _XLINE 指定点或 [水平(H)/垂直(V)/角度(A)/二等分(B)/偏移(O)]: 5,10 指定通过点: @15,30 指定通过点:（单击右键结束命令）	构造线没有起点和终点，主要用于绘制辅助线。指定一点为构造线的通过点，再确定另外一点为其第二个通过点；如再确定第三点，则画出通过第一点和第三点的构造线。 水平(H)：绘制水平构造线； 垂直(V)：绘制垂直构造线； 角度(A)：绘制某一倾角构造线； 二等分(B)：绘制将两条直线夹角平分的构造线； 偏移(O)：绘制与某一条直线相平行的构造线，且带有一定的距离

续表

命令输入	功能及操作示例	说明
工具图标： 菜单："绘图"→"正多边形" 命令行：POLYGON↙	画 3～1024 边的正多边形 命令: _POLYGON 输入边的数目 <4>: 5 指定正多边形的中心点或 [边(E)]: 400,400 输入选项 [内接于圆(I)/外切于圆(C)] <I>: I (选择画正多边形的方式) 指定圆的半径: 200 (输入半径)	POLYGON 画正多边形有三种方法： 设置外切于圆的半径(C)； 设置内接于圆的半径(I)； 设置正多边形的边长(E)
工具图标： 菜单："绘图"→"矩形" 命令行：RECTANGLE↙	画矩形 命令: _RECTANG 指定第一个角点或 [倒角(C)/标高(E)/圆角(F)/厚度(T)/宽度(W)]: 50,100 指定另一个角点或 [面积(A)/尺寸(D)/旋转(R)]: @400,200	该命令可以绘制不同线宽的矩形，以及带圆角的矩形。 ① 如果要改变矩形的线框，在提示项中先选(W)； ② 如果要画带有圆角的矩形，在提示项中先选(F)； ③ 如果要画带有倒角的矩形，在提示项中先选(C)
工具图标： 菜单："绘图"→"圆弧" 命令行：ARC↙	画一段圆弧 命令: _ARC 指定圆弧的起点或 [圆心(C)]: 100,100 指定圆弧的第二个点或 [圆心(C)/端点(E)]: C 指定圆弧的圆心: @150,200 指定圆弧的端点或 [角度(A)/弦长(L)]: A 指定包含角: 175	默认按逆时针画圆弧。若所画圆弧不符合要求，可将起始点及终点倒换次序后重画；如果有回车键回答第一次提问，则以上次所画线或圆弧的中点及方向作为本次所画弧的起点及起始方向。 (绘制圆弧共有 10 种方法，用户可根据需要进行选择)
工具图标： 菜单："绘图"→"圆" 命令行：CIRCLE↙	绘制圆 命令: _CIRCLE 指定圆的圆心或 [三点(3P)/两点(2P)/相切、相切、半径(T)]: 100,100 指定圆的半径或 [直径(D)]: 50	① 半径或直径的大小可直接输入或在屏幕上取两点间的距离； ② CIRCLE 命令主要有以下选项： 2P——用直径的两个端点决定圆； 3P——三点决定圆； TTR——与两物相切配合半径决定圆； C，R——圆心配合半径决定圆； C，D——圆心配合直径决定圆

续表

命 令 输 入	功能及操作示例	说 明
工具图标： 菜单："绘图"→"样条曲线" 命令行：SPLINE↙	绘制样条曲线 命令: _SPLINE 指定第一个点或 [对象(O)]: 指定下一点: 指定下一点或 [闭合(C)/拟合公差(F)] <起点切向>: 指定下一点或 [闭合(C)/拟合公差(F)] <起点切向>: 指定起点切向: 指定端点切向:	用输入一系列点和首末点的切线方向画一条样条曲线。机械制图中的波浪线，就需用此命令绘制。 一根波浪线至少要取 4 个点，起点和终点必须在轮廓线上（若在轮廓线外，可用编辑命令（Trim）将多余的线修剪掉）
工具图标： 菜单："绘图"→"椭圆" 命令行：ELLIPSE↙	绘制椭圆 命令: _ELLIPSE 指定椭圆的轴端点或 [圆弧(A)/中心点(C)]: 指定轴的另一个端点: 指定另一条半轴长度或 [旋转(R)]:	在绘制椭圆和椭圆弧时执行的是同一个命令，即 ELLIPSE
工具图标： 菜单："绘图"→"点" 命令行：POINT↙	绘制点 命令: _POINT 当前点模式: PDMODE=0 PDSIZE=0.0000 （按 Esc 键结束命令）	在 AutoCAD 2012 中，点对象有单点、多点、定数等分和定距等分 4 种。 PDMODE 为点的样式设置命令，左图为 PDMODE=3 的点的样式。 PDSIZE 为点的大小设置命令

附录B

修改命令

在 AutoCAD 中，要绘制较为复杂的图形，就必须借助于图形编辑命令。在选择对象后，可以使用夹点或“修改”菜单和“修改”工具栏中的编辑命令对图形进行编辑修改。

1. 编辑对象的方法

在 AutoCAD 中，用户可以使用夹点对图形进行简单编辑，或者综合使用“修改”菜单和“修改”工具栏中的多种编辑命令对图形进行较为复杂的编辑。

（1）使用夹点编辑对象

在选择对象时，在对象上将显示出若干小方框，这些小方框用来标记被选中对象的夹点，夹点就是对象上的控制点。然后单击其中一个夹点作为基点，可进行拉伸、旋转、移动、缩放及镜像等图形编辑操作。

（2）“修改”菜单

“修改”菜单用于编辑图形，创建复杂的图形对象。“修改”菜单中包含了 AutoCAD 2012 的大部分编辑命令，通过选择该菜单中的命令或子命令，可以完成对图形的所有编辑操作，合理地构造和组织图形，保证绘图的准确性，简化绘图操作。

（3）“修改”工具栏

如图 B-1 所示，“修改”工具栏的每个工具按钮都与“修改”菜单中相应的绘图命令相对应，单击即可执行相应的修改操作，具体功能如表 B-1 所示。

图 B-1 “修改”工具栏

表 B-1 常用的实体编辑命令

命令输入	功能及操作示例	图例
工具图标： 菜单：“编辑”→“删除” 命令行：ERASE↙	删除图形中部分或全部实体 命令: _ERASE 选择对象: （选择欲删除的实体）	

续表

命令输入	功能及操作示例	图例
工具图标： 菜单："编辑"→"复制" 命令行：COPY↙	复制一个实体，原实体保持不变 命令: _COPY 选择对象: 找到 6 个 指定基点或 [位移(D)] <位移>: 指定第二个点或 <使用第一个点作为位移>:P1 指定第二个点或 [退出(E)/放弃(U)] <退出>: P2	P1 P2
工具图标： 菜单："编辑"→"镜像" 命令行：MIRROR↙	将实体作镜像复制，原实体可保留也可删除 命令: _MIRROR 选择对象: 指定对角点: 找到 6 个 选择对象: 指定镜像线的第一点: 指定镜像线的第二点: 要删除源对象吗？[是(Y)/否(N)] <N>:	P1 P2
工具图标： 菜单："编辑"→"阵列" 命令行：ARRAY↙	将选中的实体按矩形或环形的排列方式进行复制，产生的每个目标可单独处理。 在对被选中的实体进行环形阵列时，如果选中"复制时旋转项目"所对应的复选框，则旋转被阵列实体，否则不旋转	Y N
工具图标： 菜单："编辑"→"移动" 命令行：MOVE↙	将实体从当前位置移动到另一新位置 命令: _MOVE 选择对象: 找到 6 个 指定基点或 [位移(D)] <位移>: P1, 指定第二个点或 <使用第一个点作为位移>: P2	P1 P2
工具图标： 菜单："编辑"→"偏移" 命令行：OFFSET↙	复制一个与选定实体平行并保持距离的实体到指定的那一边 命令: _OFFSET 当前设置：删除源 = 否 图层 = 源 OFFSETGAPTYPE=0 指定偏移距离或 [通过(T)/删除(E)/图层(L)] <10.0000>: 10 选择要偏移的对象或 [退出(E)/放弃(U)] <退出>: 指定要偏移的那一侧上的点或 [退出(E)/多个(M)/放弃(U)] <退出>: 选择要偏移的对象或 [退出(E)/放弃(U)] <退出>:	
工具图标： 菜单："编辑"→"旋转" 命令行：ROTATE↙	将实体绕某一基准点旋转一定角度 命令: _ROTATE UCS 当前的正角方向: ANGDIR=逆时针 ANGBASE=0 选择对象: 找到 6 个 指定基点: 指定旋转角度或 [复制(C)/参照(R)] <300>: 30	30° P1 P2

续表

命令输入	功能及操作示例	图例
工具图标： 菜单："编辑"→"拉伸" 命令行：STRETCH↙	移动或拉伸对象，操作方式根据图形对象在选择框中的位置决定。执行该命令时，可以使用"交叉窗口"方式或者"交叉多边形"方式选择对象，然后移动或拉伸(或压缩)与选择窗口边界相交的对象。 命令: _STRETCH 指定拉伸点或 [基点(B)/复制(C)/放弃(U)/退出(X)]:	P1　P2
工具图标： 菜单："编辑"→"修剪" 命令行：TRIM↙	以某些实体作为边界，将另外某些不需要的部分剪掉 命令: _TRIM 选择要修剪的对象，或按住 Shift 键选择要延伸的对象，或[栏选(F)/窗交(C)/投影(P)/边(E)/删除(R)/放弃(U)]:	修剪前　修剪后 注意：选择被剪切边时，必须选在要删除的部分
工具图标： 菜单："编辑"→"延伸" 命令行：EXTEND↙	以某些实体作为边界，将另外一些实体延伸到此边界 命令: _extend 选择边界的边... 选择对象或 <全部选择>: 选择要延伸的对象，或按住 Shift 键选择要修剪的对象，或[栏选(F)/窗交(C)/投影(P)/边(E)/放弃(U)]:	
工具图标： 菜单："编辑"→"拉长" 命令行：LENGTHEN↙	修改线段或者圆弧的长度 命令: _LENGTHEN 选择对象或 [增量(DE)/百分数(P)/全部(T)/动态(DY)]: de 输入长度增量或 [角度(A)] <0.0000>: 2 选择要修改的对象或 [放弃(U)]:	
工具图标： 菜单："编辑"→"打断于点" 命令行：BREAK↙	将对象在一点处断开成两个对象，它是从"打断"命令中派生出来的。 命令: _BREAK 选择对象: 指定第二个打断点 或 [第一点(F)]: _f 指定第一个打断点: 指定第二个打断点:	
工具图标： 菜单："编辑"→"打断" 命令行：BREAK↙	将线、圆、弧和多义线等断开为两段。 命令: _BREAK 选择对象: 指定第二个打断点 或 [第一点(F)]: 说明：如果输入"@"表示第二个断点和第一个断点为同一点，相当于将实体分成两段	

续表

命 令 输 入	功能及操作示例	图　　例
工具图标： 菜单："编辑"→"合并" 命令行：JOIN↙	连接某一连续图形上的两个部分，或者将某段圆弧闭合为整圆。 命令: _JOIN 选择源对象: 选择圆弧，以合并到源或进行 [闭合(L)]: L 已将圆弧转换为圆	合并前　合并后
工具图标： 菜单："编辑"→"倒角" 命令行：CHAMFER↙	对两条直线或多义线倒斜角 命令: _CHAMFER 选择第一条直线或 [放弃(U)/多段线(P)/距离(D)/角度(A)/修剪(T)/方式(E)/多个(M)]: D 指定第一个倒角距离 <0.0000>: 2 指定第二个倒角距离 <2.0000>: 2 选择第一条直线或 [放弃(U)/多段线(P)/距离(D)/角度(A)/修剪(T)/方式(E)/多个(M)]: 选择第二条直线，或按住 Shift 键选择要应用角点的直线:	
工具图标： 菜单："编辑"→"缩放" 命令行：SCALE↙	将实体按一定比例放大或缩小 命令: _SCALE 选择对象: 找到 6 个 指定基点: 指定比例因子或 [复制(C)/参照(R)] <1.0000>: 0.5	
工具图标： 菜单："编辑"→"圆角" 命令行：FILLET↙	对两实体或多义线进行圆弧连接 命令: _FILLET 指定圆角半径 <0.0000>: 2 选择第一个对象或 [放弃(U)/多段线(P)/半径(R)/修剪(T)/多个(M)]: 选择第二个对象:	
工具图标： 菜单："编辑"→"分解" 命令行：EXPLODE↙	将矩形、块等由多个对象边组成的组合对象分解成独立的实体 命令: _EXPLODE 选择对象: 找到 1 个 选择对象:	

2．编辑对象特性

对象的颜色、线型、图层、线宽、尺寸和位置等，可以直接在"特性"对话框中设置和修改对象的特性。选择"修改"→"特性"命令，或选择"工具"→"特性"命令，也可以在"标准"工具栏中单击按钮，打开"特性"对话框。

如图 B-2 所示，"特性"对话框中显示了当前选择集中对象的所有特性和特性值，如图 B-2（a）、（b）所示；当选中多个对象时，将显示它们的共有特性，如图 B-2（c）所示。

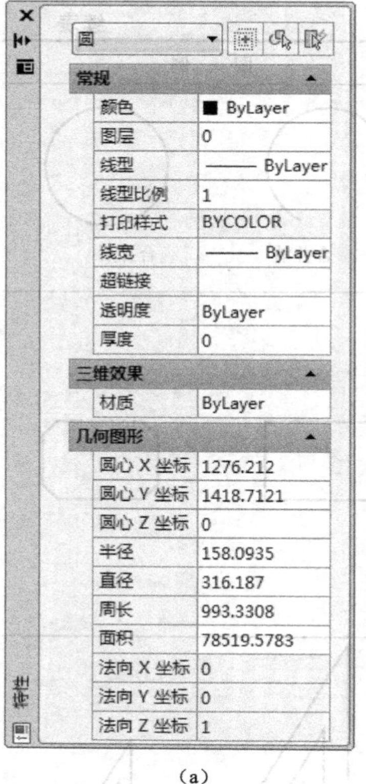

（a）

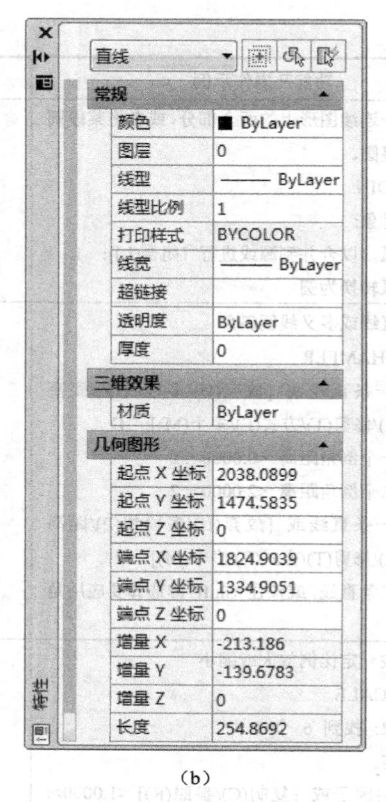

（b）

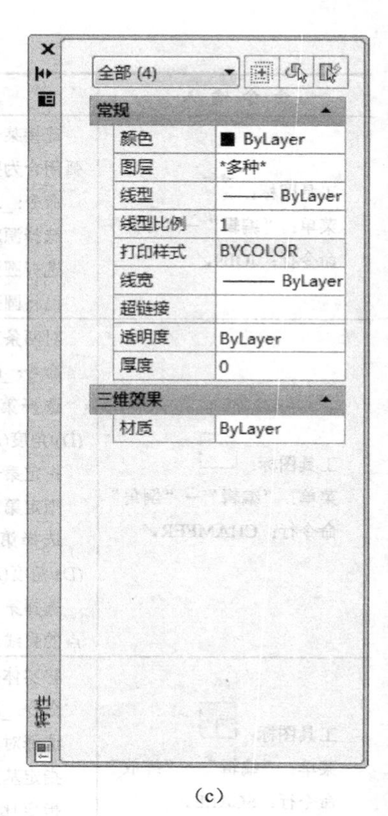

（c）

图 B-2 “特性”对话框

附录 C

尺寸标注样式

尺寸标注是一个复合体，它以块的形式存储在图形中，其组成部分包括尺寸线、尺寸线末端（两端起止符号、箭头或斜线等）、尺寸界线、尺寸数字及尺寸公差等，所有这些组成部分的格式都由尺寸样式来控制。

在标注尺寸前，用户一般都要创建尺寸样式，否则，AutoCAD 将使用默认样式 ISO-25 来生成尺寸标注。在 AutoCAD 中可以定义多种不同的标注样式并为之命名，标注时，用户只需要指定某个样式为当前样式，就能以所选的当前尺寸标注样式进行标注。

1．打开标注样式对话框的方法

通过下面的几种方法可以打开“标注样式管理器”对话框。

- 工具栏：“标注样式” 按钮，如图 A-1 所示。
- 下拉菜单：“格式”→“标注样式”，如图 C-1 所示；或“标注”→“标注样式”，如图 C-2 所示。

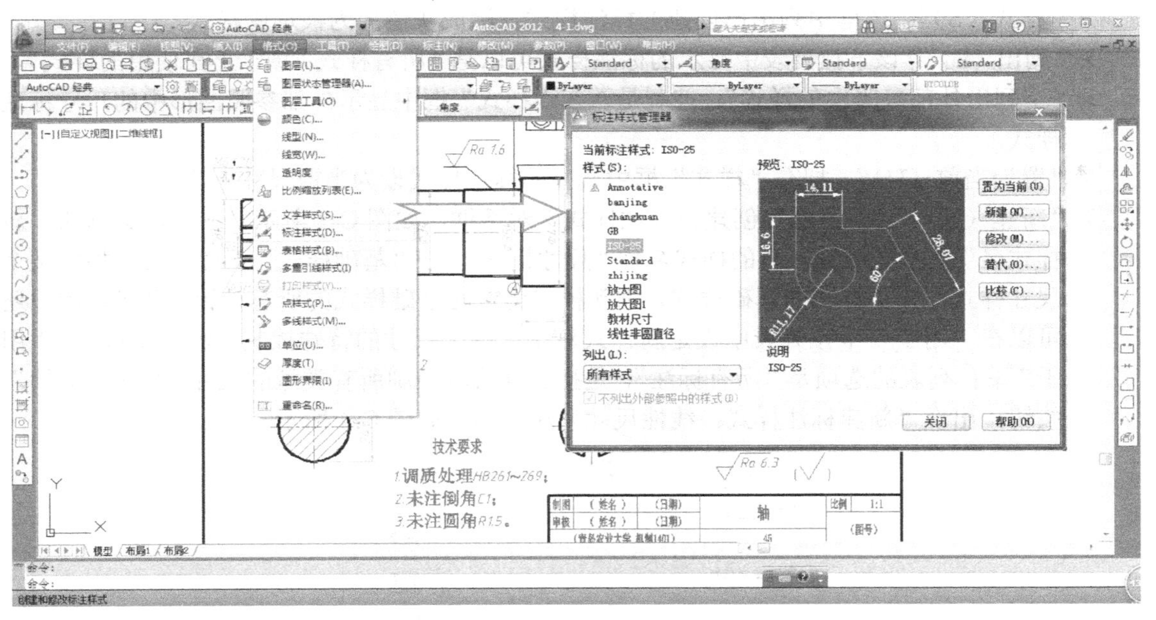

图 C-1 “标注样式管理器”对话框的调出方法 1

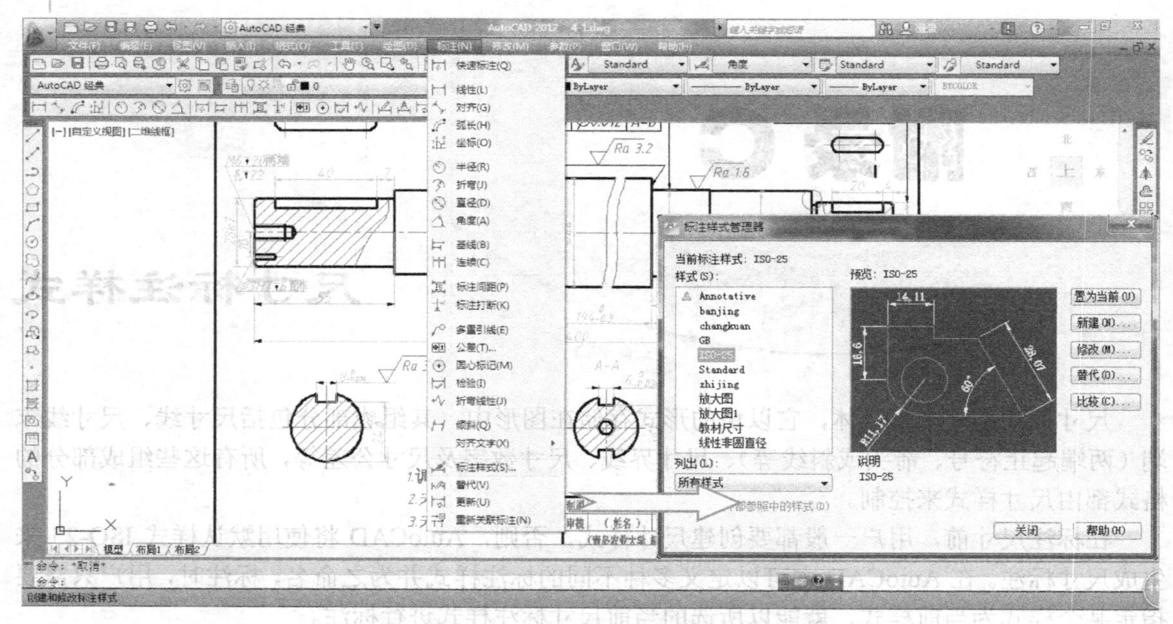

图 C-2 “标注样式管理器”对话框的调出方法 2

➢ 命令：DIMSTYLE（或 DDIM）。

2. “标注样式管理器”对话框中主要项的功能介绍

➢ “当前标注样式”：列出当前标注样式的名称。图 C-1 中的当前样式为“ISO-25”，这是系统提供的样式，不可被删除。

➢ “样式（S）”：该框中列出已创建的标注样式；涂成灰色的为被选中样式。

➢ “列出（L）”：该下拉列表中显示的标注样式可以是“所有样式”或“正在使用的样式”。

➢ “不列出外部参照中的样式”：控制是否在“样式”框中显示外部参照图形中的尺寸标注样式。

➢ “置为当前（U）”：把在“样式”框中选择的标注样式设为当前尺寸标注样式。

➢ “新建（N）…”：显示“创建新标注样式”对话框，如图 C-3 所示。在该对话框的“新样式名”文本框中输入新的样式名称“尺寸标注”，在“基础样式”下拉列表中指定某个尺寸样式作为新样式的基础样式，则新样式将包含基础样式的所有设置。此外，用户还可以在“用于”下拉列表中设定新样式对某一种类尺寸的特殊控制。默认情况下，“用于”下拉列表的选项是“所有标注”，是指新样式将控制所有类型的尺寸。单击“继续”按钮，出现“新建标注样式：线性尺寸”对话框，如图 C-4 所示。

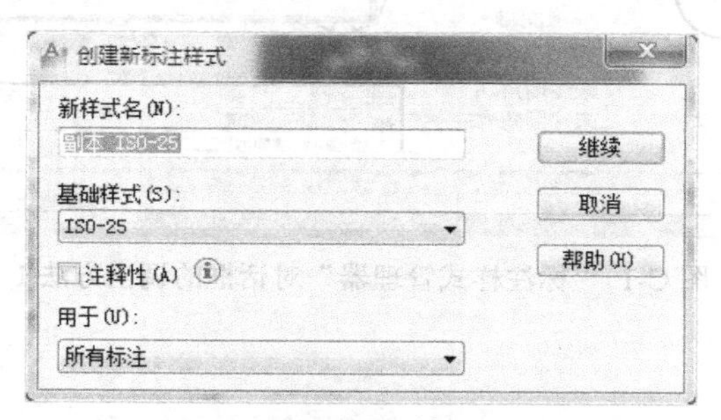

图 C-3 “创建新标注样式”对话框

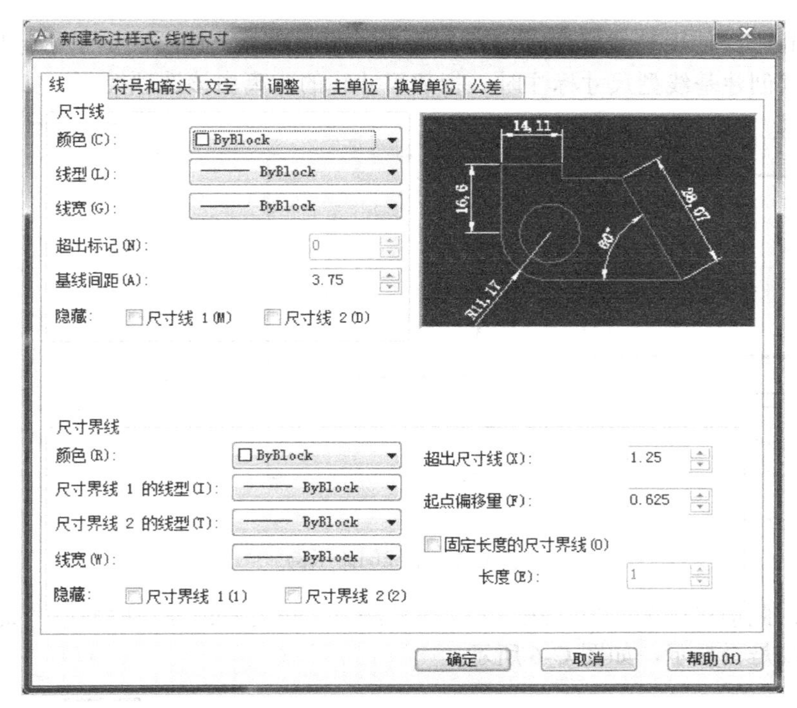

图 C-4 “新建标注样式：线性尺寸”对话框

➢“修改（M）…”：单击该按钮，显示“修改标注样式”对话框。从中可以设定标注样式的临时替代值。该对话框选项与“新建标注样式：线性尺寸”对话框中的选项相同。

➢“替代（O）…”：单击该按钮，显示“替代当前样式”对话框，从中可以设定标注样式的临时替代值。该对话框选项与“新建标注样式：线性尺寸”对话框中的选项相同。替代将作为未保存的更改结果显示在“样式”列表中的标注样式下。

➢“比较（C）…”：单击该按钮，显示“比较标注样式”对话框，用于比较两个标注样式在设置参数上的不同。在此对话框中的“比较”和“与”列表中选择不同样式，系统将在下面显示出它们的区别；在“比较”和“与”列表中选择相同样式或在“与”中选择“无”选项，则在下面显示该样式的全部特性。

3．标注样式设置选项板

在“新建标注样式”对话框中，包括“线”、“符号和箭头”、“文字”、“调整”、“主单位”、“换算单位”和“公差”7 个选项卡，各选项卡的主要功能如下。

（1）“线”选项卡

该选项卡用于设置尺寸线、尺寸界线的格式和属性，图 C-4 即为与“线”选项卡对应的对话框。

①“尺寸线”：设置尺寸线的格式，有如下选项：

➢“颜色”：设置尺寸线的颜色。

➢“线型”：在下拉列表框中选择尺寸线的线型。

➢“线宽”：在下拉列表框中选择尺寸线的宽度。

颜色、线型和线宽一般选择 ByBlock 选项，则三者格式和所选尺寸线图层一致。

➢“超出标记”：当箭头采用斜线等标记时，确定尺寸线超出尺寸界线的长度。

➢“基线间距”：使用基线标注时设置各尺寸线间距离。此选项决定了平行尺寸间的距离。例如，当创建基线型尺寸标注时，相邻尺寸线的距离由该选项控制，如图 C-5 所示。

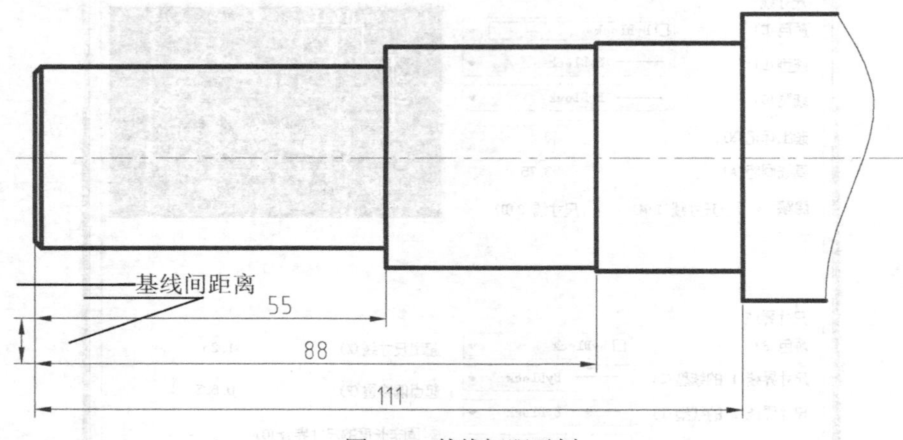

图 C-5 基线间距示例

➢“隐藏”：此项对应的“尺寸线 1”、“尺寸线 2”开关按钮分别控制第一条尺寸线和第二条尺寸线是否显示，如图 C-6 所示。

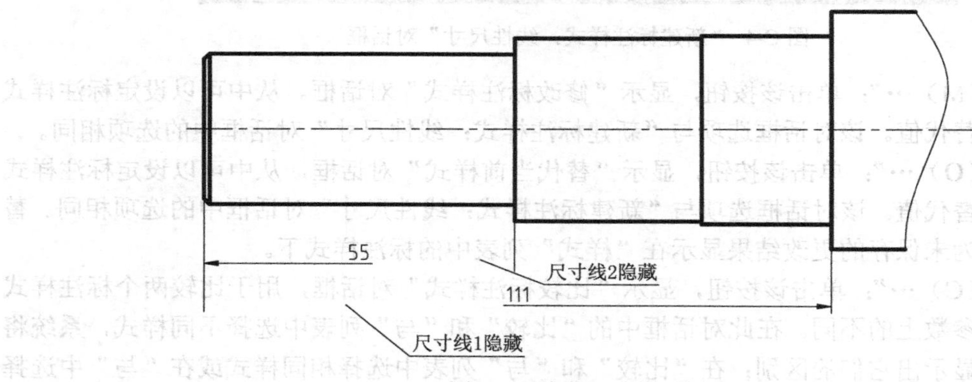

图 C-6 隐藏尺寸线示例

②“尺寸界线”：设置尺寸界线的格式。其中颜色、线型、线宽、隐藏选项和尺寸线的相应选项相同，不同的选项有：

➢“超出尺寸线”：确定尺寸界线超出尺寸线的距离，如图 C-7 所示。国标规定，尺寸界线一般超出尺寸线 2～5mm。

➢“起点偏移量”：设置尺寸界线相对于尺寸界线起点的距离，如图 C-7 所示。

➢“固定长度的尺寸界线”：启用固定长度的尺寸界线。

（2）“符号和箭头”选项卡

该选项卡用于设置箭头、圆心标记、折断标注、弧长符号、半径折弯标注和线性折弯标注的格式和属性，图 C-8 即为与“符号和箭头”选项卡对应的对话框。

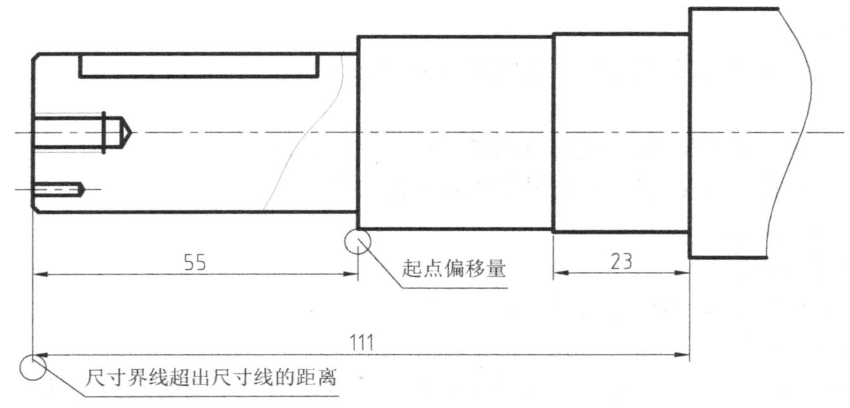

图 C-7　尺寸线格式设置

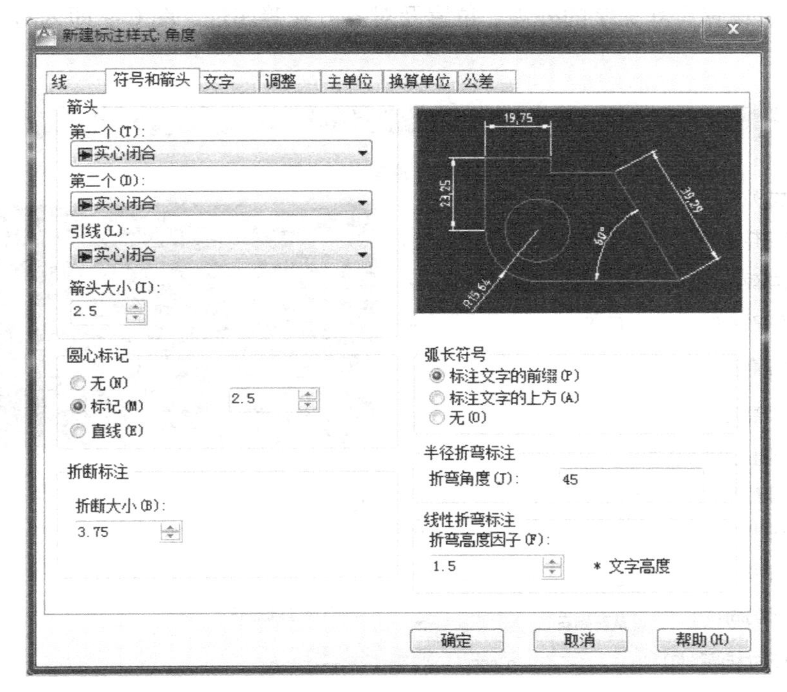

图 C-8　“符号和箭头”选项卡

①“箭头”。

➢“第一个”：设定第一条尺寸线的箭头，在下拉列表框中选择不同种类的样式。当更改第一个箭头的类型时，第二个箭头将自动更改与第一个箭头相匹配。

➢“第二个”：设定第二条尺寸线的箭头。

➢“引线”：设定引线箭头，在下拉列表框中选择设置引线标注时的引线起始点的样式。

➢“箭头大小”：确定箭头的大小。

②“圆心标记”：确定圆或圆弧的圆心标记类型和大小。

➢“无”：不创建圆心标记或中心线。

➢“标记”：创建圆心标记。

➢“直线”：创建中心线。

③“折断标注”。

➢“折断大小”：显示和设定用于折断标注的间隙大小。

④“弧长符号”。

➢“标注文字的前缀”：将弧长符号放置在标注文字之前。

➢“标注文字的上方”：将弧长符号放置在标注文字的上方。

➢“无”：不显示弧长符号。

⑤“半径折弯标注”。

➢“折弯角度”：设置半径标注时折弯的角度。

⑥“线性折弯标注”。

➢“折弯高度因子”：通过形成折弯角度的两个顶点之间的距离确定折弯高度。

(3)“文字”选项卡

该选项卡用于设置尺寸文字的外观、位置及对齐方式等属性，图 C-9 即为与“文字”选项卡对应的对话框。

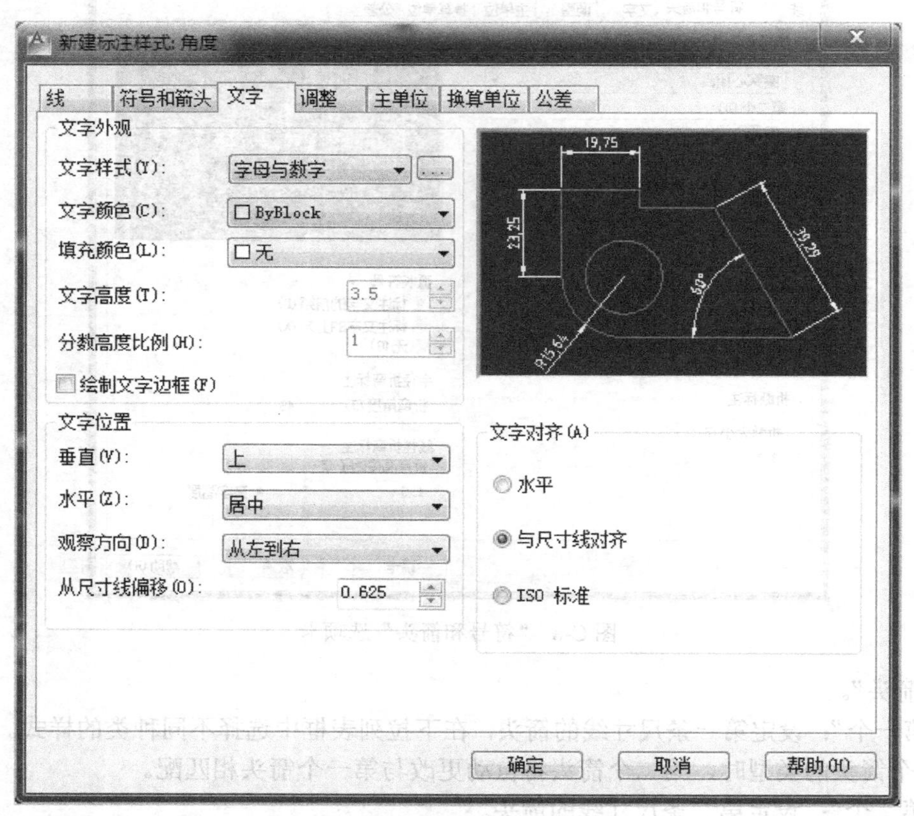

图 C-9 “文字”选项卡

①“文字外观”：设置尺寸文字的格式和大小。

➢“文字样式”：在此下拉列表中选择文字样式或单击其右边的[...]按钮，打开“文字样式”对话框，利用该对话框创建新的文字样式。

➢“文字颜色”：一般选择 ByBlock，则文字和尺寸线、尺寸界线、箭头等与所在尺寸线层设置一致。

➢“文字填充”：一般选择“无”。

➢ “文字高度”：设定当前标注文字样式的高度，在文本框中输入值。如果在“文字样式”中将文字高度设定为固定值（即文字样式高度大于 0），则该高度将替代“文字样式”设定的文字高度。如果要使用在“文字”选项卡上设定的高度，需确保“文字样式”中的文字高度设定为“0”；如果设定不为“0”，则文字高度输入框为灰色，不可输入数值。

②“文字位置”：设置尺寸文字的位置。通过“垂直”、“水平”、“观察方向”及“从尺寸线偏移”选项设置文字位置。

➢ “从尺寸偏移（O）”：该选项用于设定标注文字与尺寸线之间的距离。

③“文字对齐”：设置尺寸文字的对齐方式，通过“水平”、“与尺寸线对齐”和“ISO 标注”等选项设置。

➢ “水平”：该设置下文字字头方向不随尺寸线等因素变化，文字字头一律向上。

➢ “与尺寸线对齐”：文字与尺寸线对齐，即文字字头方向与尺寸线垂直。对于国标标准，应选择此项。

➢ “ISO 标准”：当文字在尺寸界线内时，文字和尺寸线对齐。当文字在尺寸界线外时，文字水平排列。

（4）“调整”选项卡

该选项卡用于控制标注文字、箭头、引线和尺寸线等的位置，如图 C-10 所示。

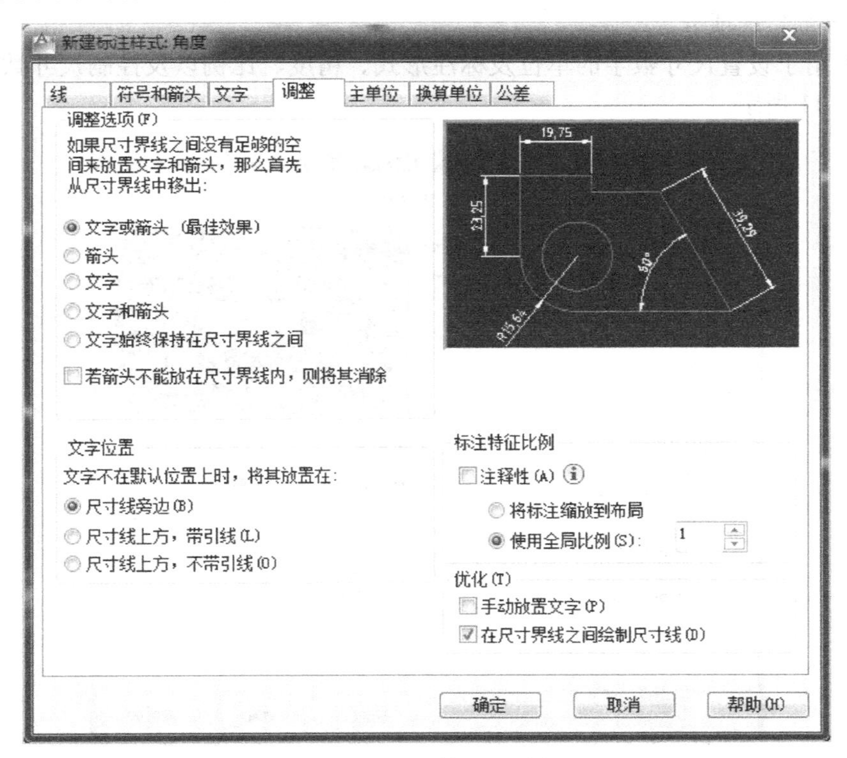

图 C-10　“调整”选项卡

①“调整选项”：根据两尺寸界线间的距离调整尺寸文字和箭头的位置。当尺寸界线之间距离较小，不能同时放置尺寸文字和箭头时，用户可以选择从尺寸界线之间移出尺寸文字或箭头或将两者全部移出。相应的选项有：“文字或箭头（最佳效果）”、“箭头”、“文字”、“文字和箭头”、“文字始终保持在尺寸界线之间”、“若箭头不能放在尺寸界线内，则将其消除”。

②“文字位置”：确定文字从默认位置移出后所放置的位置，有三个选项可供选择：“尺寸线旁边”、“尺寸线上方，带引线”、“尺寸线上方，不带引线”。

③“标注特征比例”。

➢“注释性”：指定标注为注释性。使用此特性，用户可以自动完成缩放注释的过程，从而使注释能够以正确的大小在图纸上打印或显示。

确定尺寸的缩放关系，有如下选项：

➢“将标注缩放到布局”：根据当前模型空间视口与图纸空间的比例确定比例因子。

➢“使用全局比例”：此比例值会影响尺寸标注所有组成元素的大小，如标注文字和尺寸箭头的大小。该缩放比例并不更改标注文字的测量值。例如，当该比例因子为1时（默认状况），标注的尺寸文字为系统的实际测量值；当该比例因子为10时，所标注尺寸的尺寸箭头和文字大小是系统测量值的10倍，但文字数值仍为系统实际测量值。

④“优化”。

➢“手动放置文字”：忽略所有水平对正设置并把文字放在“尺寸线位置”提示下制定的位置。

➢“在尺寸界线之间绘制尺寸线”：在尺寸箭头移出放在尺寸线之外时，也在尺寸界线之内绘出尺寸线。

（5）“主单位”选项卡

该选项卡用于设置尺寸数字的单位及标注形式、精度、比例以及控制尺寸数字 0 的处理方式，如图 C-11 所示。

图 C-11 “主单位”选项卡

①“线性标注”：设置线性标注时单位的格式与精度，有如下选项：

➢“单位格式”：设置线性标注时的尺寸单位，可在“科学”、“小数”、“工程”、“建筑”、“分数”等项中选择。

➢“精度”：尺寸标注时的尺寸精度，可在下拉列表框中选择设定。

- “分数格式”：标注单位采用分数时，选择其标注形式。
- “小数分隔符”：确定小数的分隔符形式，可在下拉列表中“句点”、“逗点”和“空格”选项中选择。
- “舍入”：确定除“角度”之外的所有标注类型标注测量值的舍入数值。如果输入 0.25，则所有标注距离都以 0.25 为单位进行舍入，如标注测量值为 25.2，则标注为 25.25，如果测量值为 25.4，则标注为 25.5；如果输入 1.0，则所有标注距离都将舍入为最接近的整数。小数点后显示的位数取决于“精度”设置。
- “前缀”和“后缀”：确定尺寸文字的前缀和后缀，可在其相应的文本框中输入即可。可以输入文字或使用控制代码显示特殊符号。

②“测量单位比例”。

- “比例因子”：测量单位的缩放系数。设定此值后的标注值将是测量值与该比值的乘积。

③“消零”：确定是否显示标中小数的前导 0 或尾数 0，如用.5 代替 0.5 或用 6 代替 6.00。

④“角度标注”：确定角度标注的单位、精度等，有“单位格式”、“精度”、“消零”选项供选择。

（6）“换算单位”选项卡

“换算单位”选项卡如图 C-12 所示，用于设置替代单位的格式和精度，该选项中的多数选项和“主单位”选项类似，不再赘述。

图 C-12 “换算单位”选项卡

（7）“公差”选项卡

该选项卡用于控制公差的显示和标注格式，如图 C-13 所示。

图 C-13 “公差”选项卡

①“公差格式”：确定公差的标注格式，有如下选项：

➢“方式”：用于确定标注公差的方式。用户可在下拉列表框“无”、“对称”、“极限偏差”、“极限尺寸”、“基本尺寸”选项间选择。

➢“精度”：设置尺寸公差的精度。

➢“上偏差”、“下偏差”：在文本框中输入尺寸的上偏差、下偏差。

➢“高度比例”：确定公差文字相对于尺寸文字的分数比例。仅当在“主单位”选项卡上选择“分数”作为“单位格式”时，此选项才可用。输入值乘以文字高度，可确定标注分数相对于标注文字的高度。

➢“垂直位置”：确定公差文字相对于尺寸文字的位置，可在下拉列表框“上”、“中”、“下”选项间选择。

➢“消零”：是否消除公差值的前导零或后续零。

②“换算单位公差”：当标注换算单位时，确定换算单位的精度以及是否消零。

附录D 尺寸标注命令与编辑

了解尺寸标注的组成与规则、标注样式的创建和设置方法后，可以使用标注工具标注图形了。AutoCAD 2012 提供了完善的标注命令，如使用“直径”、“半径”、“角度”、“线性”、“圆心标记”等标注命令，可以对直径、半径、角度、直线及圆心位置等进行标注。

1. 尺寸标注命令

AutoCAD 将尺寸标注命令进行了分类，常用的尺寸标注命令如表 D-1 所示。

表 D-1 常用的尺寸标注命令

命令输入	说明	图例
图例： 菜单：“标注”→“线性” 命令行：DIMLINEAR↙	线性尺寸标注命令，用于标注水平、垂直线性尺寸 命令: _DIMLINEAR 指定第一条尺寸界线原点或 <选择对象>: 指定第二条尺寸界线原点: 指定尺寸线位置或[多行文字(M)/文字(T)/角度(A)/水平(H)/垂直(V)/旋转(R)]: 标注文字 ＝22	22 20
图例： 菜单：“标注”→“对齐” 命令行：DIMALIGNED↙	对齐（平行）型尺寸标注命令，用于倾斜尺寸的标注 命令: _DIMALIGNED 指定第一条尺寸界线原点或 <选择对象>: 指定第二条尺寸界线原点: 指定尺寸线位置或[多行文字(M)/文字(T)/角度(A)]: 标注文字 =10	10
图例： 菜单：“标注”→“弧长” 命令行：DIMARC↙	弧长标注命令，可以标注圆弧线段或多段线圆弧线段部分的弧长 命令: _DIMARC 选择弧线段或多段线弧线段: 指定弧长标注位置或 [多行文字(M)/文字(T)/角度(A)/部分(P)/引线(L)]: 标注文字 ＝17	⌒17
图例： 菜单：“标注”→“基线” 命令行：DIMBASELINE↙	基线型尺寸标注命令，用于以同一条尺寸界线为基准，标注多个尺寸。在采用基线方式标注之前，一般应先标注出一个线性尺寸（如图中尺寸 10），再执行该命令。 命令: _DIMBASELINE 指定第二条尺寸界线原点或 [放弃(U)/选择(S)] <选择>: 标注文字 ＝23 指定第二条尺寸界线原点或 [放弃(U)/选择(S)] <选择>: 系统重复该提示，采用空响应可结束该命令(尺寸线间的距离由尺寸标注样式的设置所决定)	23 10

续表

命 令 输 入	说 明	图 例
图例： 菜单："标注"→"连续" 命令行：DIMCONTINUE↙	连续型尺寸标注命令，用于首尾相连的尺寸标注，在采用该方式标注之前，应先标注出一个线性尺寸，在执行该命令 命令: _DIMCONTINUE 指定第二条尺寸界线原点或 [放弃(U)/选择(S)] <选择>: 标注文字 ＝13 指定第二条尺寸界线原点或 [放弃(U)/选择(S)] <选择>:(系统重复该提示，采用空响应可结束该命令)	10 13
图例： 菜单："标注"→"半径" 命令行：DIMRADIUS↙	半径型尺寸标注命令，标注圆和圆弧的半径尺寸 命令: _DIMRADIUS 选择圆弧或圆: 标注文字 ＝15 指定尺寸线位置或 [多行文字(M)/文字(T)/角度(A)]:	R15
图例： 菜单："标注"→"折弯" 命令行：DIMJOGGED↙	折弯型尺寸标注命令，可以折弯标注圆和圆弧的半径，但需要指定一个位置代替圆或圆弧的圆心 命令: _DIMJOGGED 选择圆弧或圆: 指定中心位置替代: 标注文字 ＝88 指定尺寸线位置或 [多行文字(M)/文字(T)/角度(A)]: 指定折弯位置:	R88
图例： 菜单："标注"→"直径" 命令行：DIMDIAMETER↙	直径型尺寸标注命令，用于标注指定圆和圆弧的直径尺寸；该命令先选择需要标注的圆和圆弧，然后给出尺寸数字的位置。 当通过"多行文字(M)"和"文字(T)"选项重新确定尺寸文字时，需要在尺寸文字前加前缀%%C，才能使标出的直径尺寸有直径符号Φ	ϕ25
图例： 菜单："标注"→"角度" 命令行：DIMANGULAR↙	角度型尺寸标注命令，可以标注圆和圆弧的角度、两条直线间的角度，或者三点间的角度 命令: _DIMANGULAR 选择圆弧、圆、直线或 <指定顶点>: 选择第二条直线: 指定标注弧线位置或 [多行文字(M)/文字(T)/角度(A)]: 41	41°
图例： 菜单："标注"→"圆心标记" 命令行：DIMCENTER↙	圆心标记命令，可标注圆和圆弧的圆心。此时只需要选择待标注其圆心的圆弧或圆即可 命令: _DIMCENTER 选择圆弧或圆:	
图例： 菜单："标注"→"坐标" 命令行：DIMORDINATE↙	坐标标注命令，标注某点相对于用户坐标原点的坐标 命令: _DIMORDINATE 指定点坐标: 指定引线端点或 [X 基准(X)/Y 基准(Y)/多行文字(M)/文字(T)/角度(A)]: 108，67	108,67
图例： 命令行：QLEADER↙	引线型（旁注）尺寸标注命令，可以实现多行文本的引出功能旁注指引线既可以是折线，又可以是样条曲线；旁注指引线的起始端可以有箭头，也可以没有箭头。 执行该命令，命令提示为：指定第一个引线点或 [设置(S)] <设置>:给定引线起点，若输入 S，则可进行该命令的设置，其设置内容如图 D-1 所示	C5

续表

命 令 输 入	说　明	图　例
图例： 菜单："标注"→"快速标注" 命令行：QDIM↙	快速标注尺寸命令。该命令可以快速创建成组的基线、连续、阶梯和坐标标注，快速标注多个圆、圆弧，以及编辑现有标注的布局。 命令: _QDIM 选择要标注的几何图形: (可选择一个或多个) 指定尺寸线位置或 [连续(C)/并列(S)/基线(B)/坐标(O)/半径(R)/直径(D)/基准点(P)/编辑(E)/设置(T)] <连续>:	

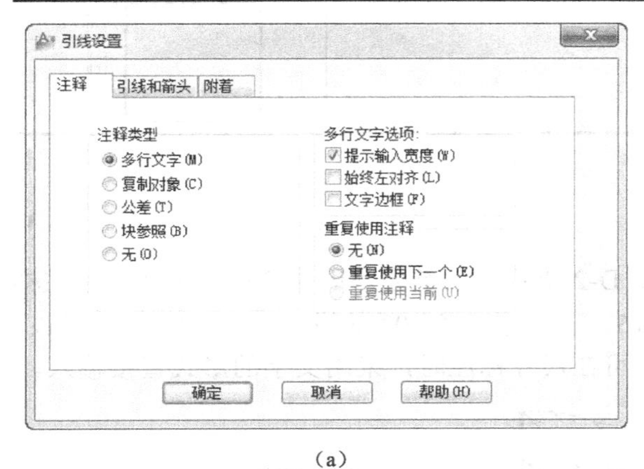

(a)

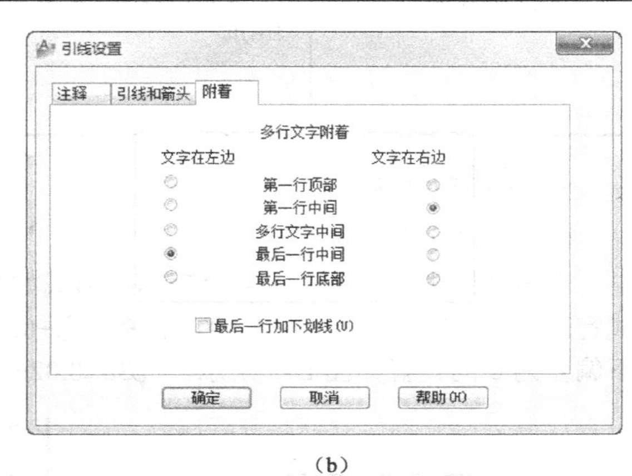

(b)

图 D-1 "引线设置"对话框

2. 编辑尺寸标注

尺寸标注完成以后，用户还可以方便地对其进行编辑修改。例如，对已标注对象的文字、位置及样式等内容进行修改，而不必删除所标注的尺寸对象再重新进行标注，具体功能如表 D-2 所示。

表 D-2 尺寸编辑命令

命 令 输 入	说　明	图　例
图例： 菜单："标注"→"倾斜" 命令行：DIMEDIT↙	编辑标注命令，用于修改尺寸文字的内容，或调整文字的位置或改变尺寸界线的方向等 命令: _DIMEDIT 输入标注编辑类型 [默认(H)/新建(N)/旋转(R)/倾斜(O)] <默认>:	22 20 ↓ 22 20

续表

命令输入	说明	图例
图例： 菜单："标注"→"编辑标注文字" 命令行：DIMTEDIT↙	尺寸标注（文字移动和旋转标注）文字编辑命令，用于修改尺寸文字的位置 命令: _DIMTEDIT 选择标注: 指定标注文字的新位置或 [左(L)/右(R)/中心(C)/默认(H)/角度(A)]:	22 20 ↓ 22 20

3．公差的标注

（1）尺寸公差的标注

在零件图中，常见的尺寸公差标注形式如图 D-2 所示。该类公差尺寸的标注可在"标注样式管理器"对话框中进行。其中，上偏差为+0.015、下偏差为+0.002 的设置；上偏差为+0.021、下偏差为 0 的设置如图 D-3 所示。"ϕ30±0.026"可在尺寸标注时，采用文字的形式直接输入。

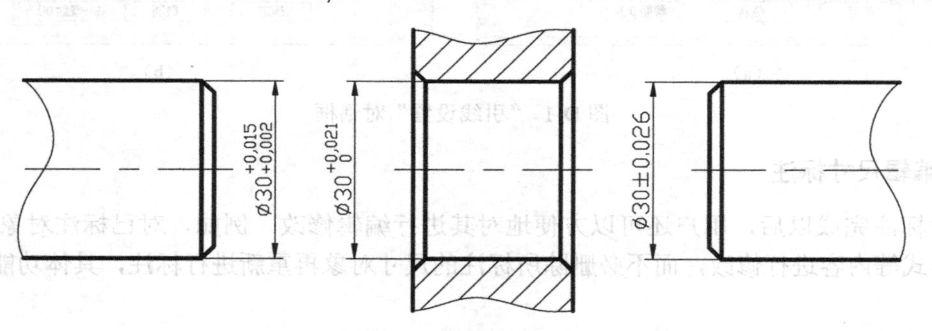

图 D-2　公差标注参数设置

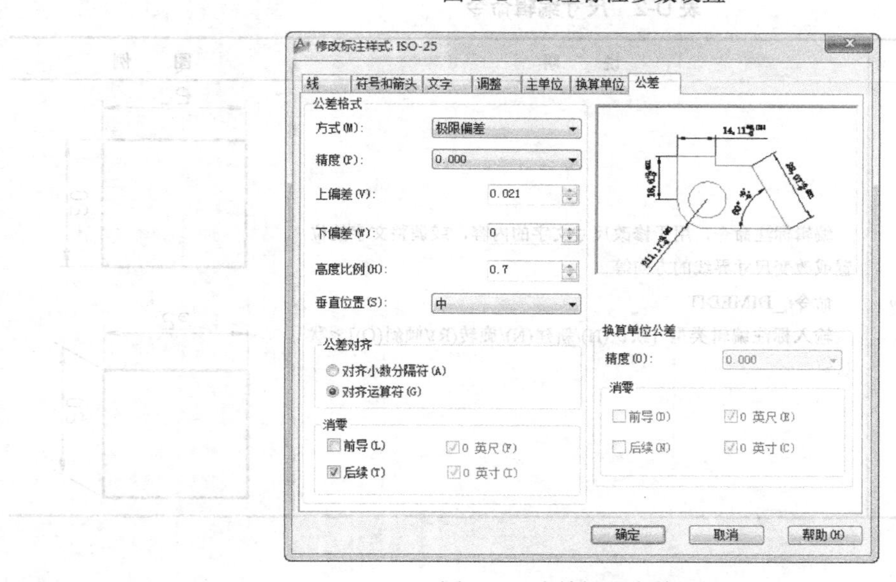

图 D-3　公差标注参数设置

（2）形位公差标注

在图样上标注形位公差时采用代号标注。标注形位公差代号，一般可以采用两个命令实现：其一是采用“引线”型尺寸标注命令，注写带引线的形位公差代号；其二是采用“公差命令”，注写不带引线的形位公差代号。

如图 D-4 所示，现以轴的同轴度为例，介绍“引线”型尺寸标注命令标注形位公差的方法。

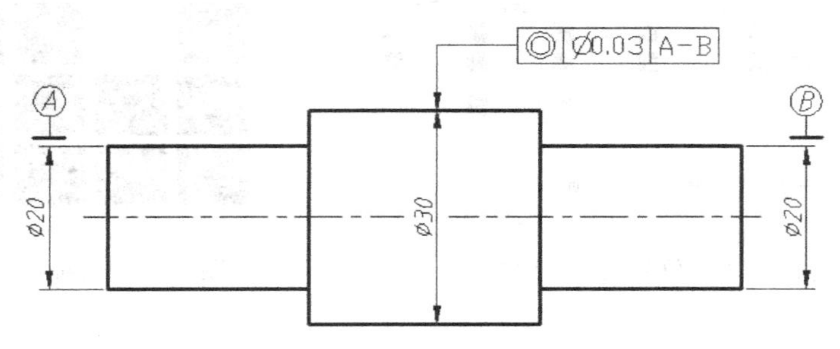

图 D-4 形位公差标注示例

方法：执行“引线”命令（单击按钮），设置“引线设置”对话框，注写形位公差代号。在命令提示行中输入“S”，即可调出“引线设置”对话框，其设置如图 D-5 所示。

图 D-5 “引线设置”对话框

具体执行步骤如下所示：

命令: _QLEADER

指定第一个引线点或 [设置(S)] <设置>：S

指定第一个引线点或 [设置(S)] <设置>：给定被测要素上点

指定第一个引线点或 [设置(S)] <设置>：给定指引线上一点

指定第一个引线点或 [设置(S)] <设置>：给定折线上一点，并弹出“形位公差”对话框，如图 D-6 所示

指定第一个引线点或 [设置(S)] <设置>：

指定下一点：

指定下一点：点击符号栏，可弹出形位公差项目的“符号”窗口，选择相应的项目符号，如图 D-7 所示；在“公差 1”栏内填写公差数值，也可根据需要，单击公差数值前后的“直径符号”或“包容条件代号”；单击“形位公差”对话框中的“确定”按钮，即可在指定标出形位公差代号。

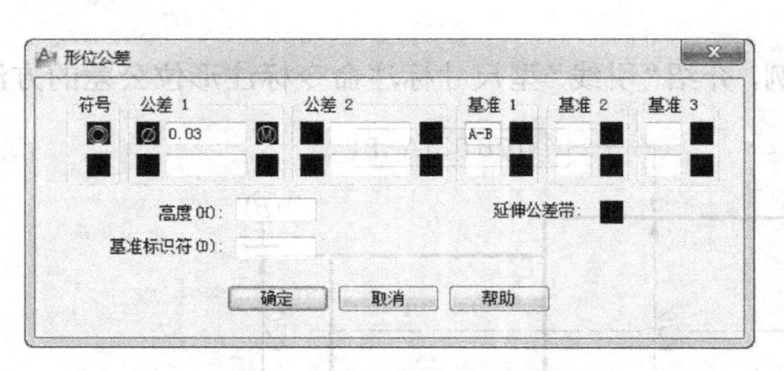

图 D-6 “形位公差”对话框

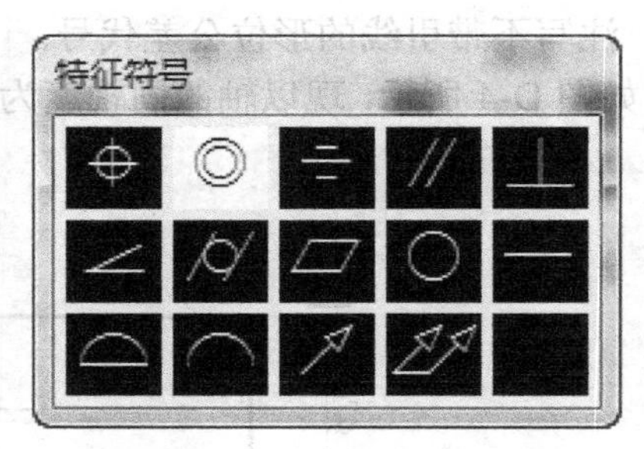

图 D-7 “特征符号”对话框

附录E

图案填充与图块

1. 图案填充

在 AutoCAD 2012 中，图案填充属于二维图形对象，是一种使用指定线条图案来充满指定区域的图形对象，常常用于表达剖切面和不同类型物体对象的外观纹理。

选择“绘图”→“图案填充”或在“绘图”工具栏中单击按钮，打开“图案填充和渐变色”对话框的“图案填充”选项卡，可以设置图案填充时的类型和图案、角度和比例等特性，如图 E-1 所示。

图 E-1 “图案填充和渐变色”对话框

(1)“类型和图案”选项组

在该组中，可以设置图案填充的类型和图案等选项，主要选项的功能如下。

- “类型”下拉列表框：设置填充的图案类型，包括“预定义”、“用户定义”和“自定义”3 个选项。其中，“预定义”选项，可以使用 AutoCAD 提供的图案；选择“用户定义”

选项，则需要临时定义图案，该图案由一组平行线或者相互垂直的两组平行线组成；选择“自定义”选项，可以使用事先定义好的图案。

- “图案”下拉列表框：设置填充的图案，当在“类型”下拉列表框中选择“预定义”时该选项可用。
- “样例”预览窗口：显示当前选中的图案样例，单击所选的样例图案，也可打开“填充图案选项板”对话框选择图案。
- “自定义图案”下拉列表框：选择自定义图案，在“类型”下拉列表框中选择“自定义”类型时该选项可用。

（2）“角度和比例”选项组

在“角度和比例”选项组中，可以设置用户定义类型的图案填充的角度和比例等参数，主要选项的功能如下：

- “角度”下拉列表框：设置填充图案的旋转角度，每种图案在定义的旋转角度都为零。
- “比例”下拉列表框：设置图案填充时的比例值。每种图案在定义时的初始比例为 1。
- “双向”复选框：当在“图案填充”选项卡中的“类型”下拉列表框中选择“用户定义”选项时，选中该复选框，可使用相互垂直的两组平行线填充图形；否则为一组平行线。“相对图纸空间”复选框：设置比例因子是否为相对于图纸空间的比例。
- “间距”文本框：在“类型”下拉列表框中选择“用户自定义”时，用于设置填充平行线之间的距离。
- “ISO 笔宽”下拉列表框：填充图案采用 ISO 图案时用于设置笔的宽度。

（3）“图案填充原点”选项组

在“图案填充原点”选项组中，可以设置图案填充原点的位置。主要选项的功能如下：

- “使用当前原点”单选按钮：可以使用当前 UCS 的原点(0，0)作为图案填充原点。
- “指定的原点”单选按钮：可以通过指定点作为图案填充原点。

（4）“边界”选项组

在“边界”选项组中，包括“拾取点”、“选择对象”等按钮，其功能如下：

- “拾取点”按钮：以拾取点的形式来指定填充区域的边界。单击该按钮切换到绘图窗口，可在需要填充的区域内任意指定一点，系统会自动计算出包围该点的封闭填充边界，同时亮显该边界。如果在拾取点后系统不能形成封闭的填充边界，则会显示错误提示信息。
- “选择对象”按钮：单击该按钮将切换到绘图窗口，可以通过选择对象的方式来定义填充区域的边界。
- “删除边界”按钮：单击该按钮可以取消系统自动计算或用户指定的边界。
- “重新创建边界”按钮：重新创建图案填充边界。

（5）其他选项功能

在“选项”选项组中，“关联”复选框用于创建其边界时随之更新的图案和填充；“创建独立的图案填充”复选框用于创建独立的图案填充；“绘图次序”下拉列表框用于指定图案填充的绘图顺序，图案填充可以放在图案填充边界及所有其他对象之后或之前。

此外，单击“继承特性”按钮，可以将现有图案填充或填充对象的特性应用到其他图案填充或填充对象；单击“预览”按钮，可以使用当前图案填充设置显示当前定义的边界，单击图形或按 Esc 键返回对话框，单击、右击或按 Enter 键接受图案填充。

2．图块的创建与设置

在绘制图形时，如果图形中有大量相同或相似的内容，或者所绘制的图形与已有的图形文件相同，则可以把要重复绘制的图形创建成图块（简称为块），并根据需要为块创建属性，指定块的名称、用途及设计者等信息，在需要时将这组对象插入到图中任意指定位置，还可以按不同的比例和旋转角度插入，从而提高绘图速度、节省存储空间、便于修改图形。

（1）创建块：选择“绘图”→“块”→“创建”命令(Block)，或在“绘图”工具栏中单击“创建块”按钮，打开 “块定义”对话框，可以将已绘制的对象创建为块。

①“名称”下拉列表框：块的名称可以是中文或字母、数字、下划线构成的字符串，如“表面粗糙度”等。

②“基点”选项组：选择一点作为被创建块的基点，可以在对话框中输入基点的坐标值(x,y,z)，也可以单击按钮，在绘图区域选择一点。

③“对象”选项组：选择定义块的内容，单击按钮，在绘图区域选择要转换为块的图形对象。选择完毕后，重新显示对话框，并在选项组最下一行显示：“已选择 X 个对象”，并且被选对象在预览框中显示出来，如图 E-2 所示，表面粗糙度块的创建过程。该栏中有 3 个单选按钮，其中，“保留”表示保留构成块的对象；“转换为块”表示将选取的图形对象转换为插入的块；“删除”表示定义块后，将删除生成块定义的对象。

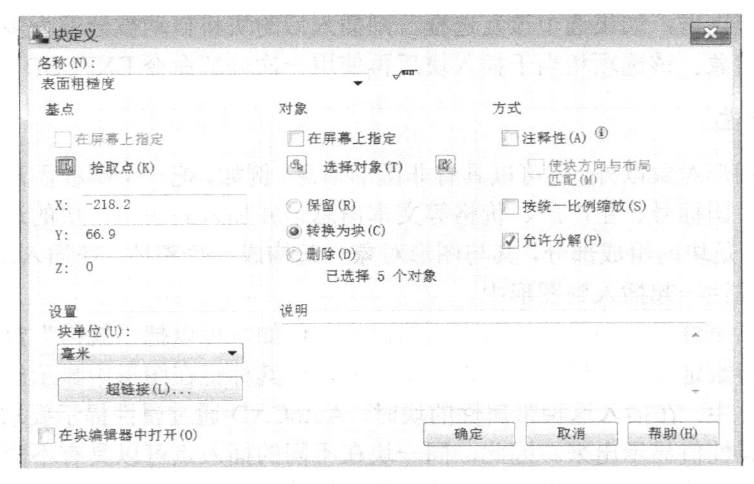

图 E-2 创建表面粗糙度块

④“设置”选项组：一般情况该选项组内容默认设置就可以。如果要选择其他的单位，则可点击“块单位”下面的“倒三角”，此时出现下拉菜单，并列出所有单位，可根据需要进行选择。如果希望块在被插入后不能被分解，则可将“允许分解”复选框中的“√”去掉。

需要注意的是：AutoCAD 中的块分为两种，“内部块”和“外部块”。这两种块的区别在于：用 BLOCK 命令定义的块成为“内部块”，它保存于当前图形中，只能在当前图形中通过块插入命令被引用；而 WBLOCK 定义的“外部块”则不同，一旦定义了“外部块”，它会以图形文件的形式保存在硬盘上，而且可以被所有的图形文件引用。

（2）插入块：选择“插入”→“块”命令（Insert），或在“绘图”工具栏中单击“插入块”按钮，打开如图 E-3 所示的“插入”对话框。用户可以利用它在图形中插入块或其他图形，并且在插入块的同时还可以改变所插入块或图形的比例与旋转角度，结果如图 E-4 所示。

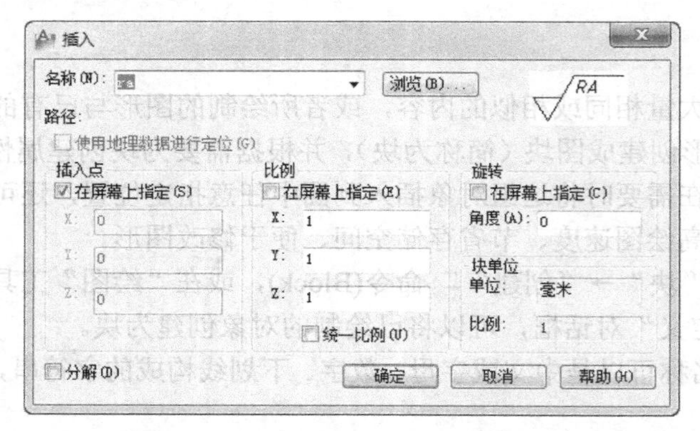

图 E-3 “插入”对话框

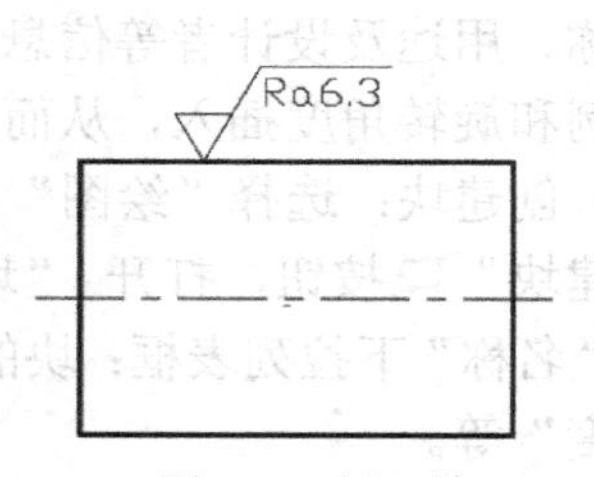

图 E-4 插入块

①“名称”下拉列表框：输入要插入的块的名称。在下拉列表中列出的块都是“内部块”，如果要选择一个“外部块”，则单击“浏览”按钮，从弹出的“选择文件”对话框中进行选择。

②“插入点”选项组：输入要插入块的基点的坐标值或在绘图区域选择一点。

③“缩放比例”选项组:设置块插入的比例，默认在3个方向上都为1：1。可以直接输入比例数值或者通过在屏幕上拖动鼠标来确定。

④“旋转”选项组：输入块插入时的旋转角度。方法参见旋转命令的使用。

⑤“分解”复选框：如果选中该复选框，则插入后的块将自动被分解为多个单独的对象，而不是整体的块对象。该选项相当于插入块后再使用一次分解命令EXPLODE。

3. 定义块属性

块除了包含图形对象以外，还可以具有非图形信息。例如，把一个螺栓图形定义为块以后，还可以把其规格、国标号、生产厂、价格等文本信息一并加入到块中。块的这些非图形信息，叫做块的属性，它是块的组成部分，其与图形对象一起构成一个整体，在插入块时AutoCAD把图形对象连同其属性一起插入到图形中。

一个属性包括属性标记和属性值两方面的内容。例如，可以把“规格”定义为属性标记，而将具体的规格参数定义为属性值。属性定义好后，以其标记在图形中显示出来，而把有关信息保存在图形文件中。在插入这种带属性的块时，AutoCAD通过属性提示要求输入属性值，块插入后，属性以属性值显示出来。因此，同一块在不同的插入点可以具有不同的属性值。若在定义属性时，把属性值定义为常量，则系统不询问属性值。

（1）创建并使用带有属性的块：如图E-5所示，选择“绘图”→“块”→“定义属性”命令（ATTDEF），可以使用打开的“属性定义”对话框创建块属性。各选项功能如下：

①“模式”选项组：由于定义属性的模式。其中“不可见”表示属性值不直接显示在图形中；“固定”表示属性值是固定不变的，不能更改；“验证”表示在插入块时不能更改属性值，但是可以通过修改属性的办法来修改。

②“属性”选项组：用来定义属性。在“标记”和“值”中分别输入属性标记和属性值，“标记”不能空白；在“提示”中输入在命令行显示的提示信息。

③“插入点”选项组：通过鼠标在屏幕上选取或者直接输入坐标的方法来确定文本在图形中的位置。

④“文字选项”选项组：用于定义文字的对齐方式、文本样式、字体高度和旋转角度。其中，高度和角度可以在图形中拖动鼠标决定。

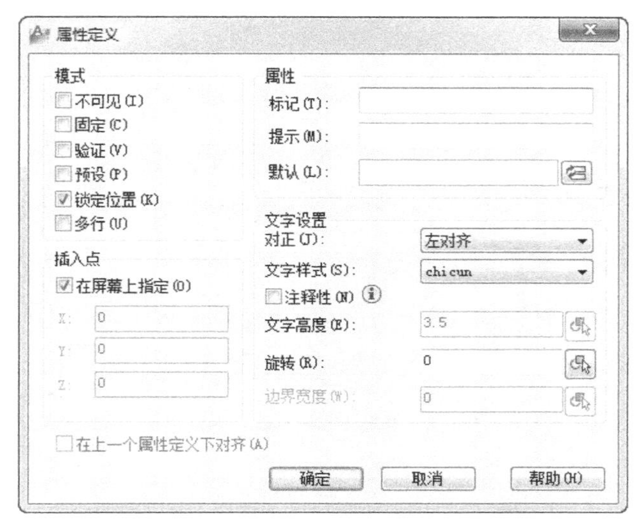

图 E-5 “属性定义”对话框

（2）在图形中插入带属性定义的块：在创建带有附加属性的块时，需要同时选择块属性作为块的成员对象。带有属性的块创建完成后，就可以使用“插入”对话框，在文档中插入该块。

（3）编辑块属性：选择“修改”→“对象”→“文字”→“编辑”命令（DDEDIT）或双击块属性，选择“修改”→“对象”→“属性”→“单个”命令（EATTEDIT），或在“修改Ⅱ”工具栏中单击“编辑属性”按钮，都可以编辑块对象的属性。如图 E-6 所示，在绘图窗口中选择需要编辑的块对象后，系统将打开“增强属性编辑器”对话框。

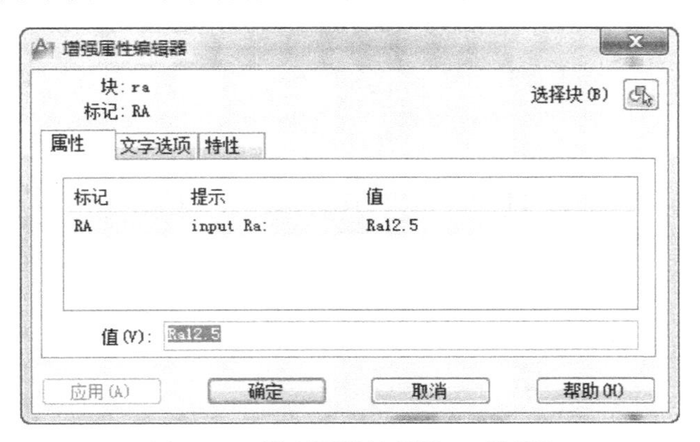

图 E-6 “增强属性编辑器”对话框

（4）存储块：AutoCAD 提供的块存盘命令 WBLOCK 是定义“外部块”的命令。执行 WBLOCK 命令将打开“写块”对话框。实质上，“外部块”就是一个图形文件，在保存为块文件后其文件名的扩展名为.dwg。

图 E-5 "属性定义"对话框

(2) 在图形中插入带属性定义的块：在创建带有附加属性的块时，需要同时选择块属性作为块的成员对象。带有属性的块创建完成后，就可以使用"插入"对话框，在文档中插入该块。

(3) 编辑块属性：选择"修改"→"对象"→"文字"→"编辑"命令（DDEDIT）或双击块属性，选择"修改"→"对象"→"属性"→"单个"命令（EATTEDIT），或在"修改II"工具栏中单击"编辑属性"按钮，都可以编辑块对象的属性。如图 E-6 所示，在绘图窗口中选择需要编辑的块对象后，系统将打开"增强属性编辑器"对话框。

图 E-6 "增强属性编辑器"对话框

(4) 写块：AutoCAD 提供的块存盘命令 WBLOCK 是定义"外部块"的命令。执行 WBLOCK 命令将打开"写块"对话框。实质上，"外部块"就是一个图形文件，在保存为块文件后其文件名的扩展名为.dwg。

举报电话：（010）88254396；（010）88258888

传　　真：（010）88254397

E-mail:　　dbqq@phei.com.cn

通信地址：北京市海淀区万寿路 173 信箱

　　　　　电子工业出版社总编办公室

邮　　编：100036